新型职业农民培育工程通用教材

现代农业产业化经营与管理

◎ 吴晓林 主编

中国农业科学技术出版社

图书在版编目（CIP）数据

现代农业产业化经营与管理 / 吴晓林主编.—北京：中国农业科学技术出版社，2017.10（2022.11重印）
（新型职业农民培育工程通用教材）
ISBN 978-7-5116-3271-5

Ⅰ.①现… Ⅱ.①吴… Ⅲ.农业产业化-经营管理-技术培训-教材 Ⅳ.①F320.1

中国版本图书馆 CIP 数据核字（2017）第 235754 号

责任编辑 徐 毅
责任校对 马广洋

出 版 者 中国农业科学技术出版社
北京市中关村南大街 12 号 邮编：100081
电　　话 (010)82106631(编辑室) (010)82109702(发行部)
(010)82109709(读者服务部)
传　　真 (010)82106631
网　　址 http://www.castp.cn
经 销 者 各地新华书店
印 刷 者 北京建宏印刷有限公司
开　　本 700 mm×1 000 mm 1/16
印　　张 14.5
字　　数 260 千字
版　　次 2017 年 10 月第 1 版 2022 年 11 月第 7 次印刷
定　　价 52.00 元

《现代农业产业化经营与管理》

编　委　会

主　　编　吴晓林

副 主 编　张　炬　金四云　张立洁　张庆香

编写人员　姚月平　王莉萍　姚琛杰　林　楠

朱　峰　奚志豪　吴　华

前言

农业产业化是以满足市场需求为导向，以提高经济效益为目标，以某种农产品为经营对象，实行规模化生产、区域化布局、品牌化经营，产供销、贸工农紧密结合，形成一体化的经营体制机制的过程。

当前，我国已经进入全面建成小康社会的关键阶段，“四化同步”发展对于全面建成小康社会有着特别重大的战略意义。由于各方面的原因，我国现代农业的发展长期滞后于整个社会的现代化，如何改变我国小农经济的现状，改变农业弱势地位、培育农业核心竞争力、增加农民收入，补齐农业现代化短板，需要找准目标，更需要选择科学的途径，而农业产业化正是农业现代化的内在要求，也是当代世界各国现代农业的发展趋势。

在我国，农业产业化是继家庭承包经营制度之后，又一次农业经营体制机制的重大创新，是农业生产力发展到一定水平的必然产物，是市场经济发展到新的阶段产业协调发展的客观要求。党的“十八大”以来，党中央高度重视“三农”问题，将“三农”问题列为全党工作的重中之重，以改革为动力，以问题为导向，以创新为突破口，深化农业供给侧结构性改革，全面破解影响农业产业化发展的各种制度障碍，全国各地在坚持家庭承包经营基本制度不变的情况下，大力推进土地流转，以农业龙头企业、家庭农场、农民专业合作社为核心的新型农业产业化经营主体迅速壮大，同时，全国各地为了解决“今后谁来种地”，农业后继乏人的问题，大规模开展新型职业农民的培育工程，为农业产业化的发展提供人才支持。

“十三五”期间，农业产业化作为改变城乡两元结构，推进城乡一体化发展的关键举措，将受到各方面的关注。但是农业产业化是一个系统性的渐进工程，不仅仅涉及农业生产力要素的重新组合，还涉及生产关系的深层次调整，同时，农业产业化涉及从田头到餐桌全产业链的组织、协调、控制，不仅仅需要宏观经济体制的演进，还涉及微观经济实体经营管理的措施方法。为此，现代农业产业化的健康发展，必须加快各类农村实用人才的培养。本书的编写，主要目的就是为了满足农业产业化发展对于人才培养的需要，但是由于编写时间比较仓促以及农业产业化本身涉及内容广泛，许多概念的边界比较模糊，为此，本书的观点与内容难免存在瑕疵，望读者见谅。

吴晓林

2017 年 5 月 7 日

目　录

第一章 绪 论

当前，我国已经进入全面建成小康社会的决定性阶段，加快实现农业现代化成为实现民族复兴中国梦的关键所在。我国是一个传统的农业大国，又是小农经济历史悠久、农业人均资源匮乏国家，实现农业现代化任务远比工业化、城镇化、信息化更为艰巨。因此，为了防止农业成为“四化”的短板，保障“四化同步”发展，必须举全国之力推进农业生产力水平的提高，创新农业的发展模式，调整不适应生产力发展的生产关系，着力推进农业供给侧改革。在推进农业现代化的过程中，必须注意发展中国特色、注入中国元素，坚持走中国特色的农业现代化之路。农业产业化是农业现代化的内在要求，也是当代世界各国现代农业的共同特征，推进现代农业产业化经营与管理是加速我国农业现代化进程的战略举措，也是改变农业弱势地位、培育农业核心竞争力、增加农民收入的必然选择。

第一节 农业产业化的概念和内涵

所谓“产业化”是指某种商品的生产与销售，以市场需求为导向，以提高效益为目标，形成规模化、系列化和品牌化的生产经营方式和组织形式的过程。对于农业产业化的概念，目前并没有形成统一的界定，比较主流的观点认为：农业产业化，是以满足市场需求为导向，以提高经济效益为目标，以某种农产品为经营对象，实行规模化生产、区域化布局、品牌化经营，把产供销、贸工农、经科教紧密结合起来，形成一体化的经营体制机制的过程。

农业产业化的具有丰富的内涵，具体包含如下基本要求与特点。

一、要有牵头产业化的核心“老大”

农业产业化实行产加销、贸工农一体化经营。即将农产品的生产、加工、销售、服务等生产经营活动联为一体。各类经营主体共同参与生产和营销，这里需要有一个核心组织，这个组织者就是产业化系统中的“老大”，一般由农业龙头企业或者是大型农业合作社担当。有了龙头老大，农业产业化的组织系统，就可以增加组织的领导力，集成利用资本、技术、人才等生产要素，带动农户发展专业化、标准化、规模化、集约化生产。实现系统科学分工，利用系统集成优势，统一加强品牌建设，在产品质量、生产成本、流通渠道等方面形成核心竞争力。

二、要有产业化的“拳头”产品

工业企业的拳头产品是指具有鲜明特色的同类中的佼佼者，也比喻企业特有的、别人难以胜过的“看家”产品。农业拳头产品是指具有区域生产优势，经过长期种养实践培育形成的特色农产品或者优质畜禽品种。一般这类产品具有市场广泛的知晓度，有稳定的顾客群体。例如，上海市浦东的“三黄鸡”，脚黄、体黄、嘴黄，体型大、抗病能力强、口感好，在上海几乎家喻户晓。再例如，上海市金山的皇母蟠桃、施泉葡萄，在市场上有很好的口碑，在同类产品中有很强的优势。只可惜这些长期形成具有地方特色的农产品和畜禽品种，由于保护不力，产业化跟不上，优良品种有被杂交、异化、退化的危险。例如，在市场上各种蟠桃都打出“皇母”的招牌，鱼目混珠，让人深感惋惜。

三、要建立合适的一体化运行机制

农业产业化需要协调整个产业链的运行，为此，必须建立合适的管理体制和机制。由于农业产业化的组织形式不一样，既有紧密型的利益共同体，也有松散型的经营联合体，不同的一体化所建立的运行机制必然有区别。一体化的运行机制有的可以以协议合同的形式加以确立，有的则以股权的形式加以明确。农业产业化的运行机制应该包括如下基本制度：一是领导组织架构以及职能分工规定；二是系统内部分工协助制度，包括整个产业链供产销的分工负责制度；三是质量保障与品牌建设制度，包括生产操作标准、质量监督测评、品牌维护管理制度；四是利益分享与风险应对制度，既要明确利益共享的分配制度，特别是保障第一线生产者的利益，确保农民增收，又要防范可能的风险，重视风险的控制，明确各个合作单元的风险承担责任范畴；五是关于区域化布局、专业化生产、规模化经营、企业化管理的有关制度，以保障农业产业化项目的科学化管理，能够可持续发展，不断提高经济效益和社会效益，培育强大的竞争力。

四、要明确农业产业化是一个渐进的过程

一个地区的农业产业化不可能一蹴而就，农业产业化和所有的“化”具

有共同的特点，它有一个不断推进、不断完善的过程，包括规模生产的形成、产业链的有机组合，需要一定的时间跨度。当前，我国正在大力推行农村土地的“流转”，实行土地所有权、承包权、经营权“三权”分置的管理制度，家庭农场、农业合作社呈现爆发式增长，这对于加快推进农业的产业化，无疑是前所未有的机遇和推动力。

五、要允许农业产业化的多样性

农业产业化的发展，一方面受到自然资源和自然环境条件的影响；另一方面受到社会经济条件和社会制度的影响。在不同国家和地区，不同的历史阶段，农业产业化有不同的要求和特征，农业产业化不能搞一刀切、一个模板。我国的农业产业化应该强调区域特色、地区特点，充分利用好当地的自然资源和自然条件，充分尊重农民的意愿，调动农民在农业现代化、城乡一体化进程中的主人翁精神。

第二节 加快推进农业产业化的重大意义

农业产业化是区别于传统农业生产方式和组织形式的机制创新，是在市场经济条件下，解决目前我国农业、农村深层次问题和矛盾的必然选择，是加快改变农业生产落后状况实现农业现代化的主要途径，是全面实现农村城镇化、城乡一体化、消除城乡差距的战略举措。

实践证明，农业产业化经营在推动农业现代化和农村经济发展、增加农民收入、提高农产品竞争力等方面能够作出特殊的贡献。因此，我们要按照与时俱进和科学发展观的要求，全面认识新形势下，发展农业产业化的重大意义。

一、推进农业产业化经营，是实现城乡统筹协调发展的现实需要

实现城乡统筹发展，是全面建成小康社会的根本途径。新一届党中央提出了“两个一百”民族复兴的奋斗目标，要完成这一伟大历史的壮举，其重点和难点是解决我国长期以来形成的“三农”问题，关键在于改变目前的城乡二元经济结构，加快农村城市化、城乡经济一体化发展步伐。习近平总书记曾经指出：中国要强农业必须强，中国要美农村必须美，中国要富农民必须富。事实证明，发展农业产业化是缩小城乡差距，改变农业弱势地位，让农业强起来、让农民富起来现实选择，是新阶段我国农业和农村经济发展的必然趋势，也是实现城乡协调发展和全面建成小康目标的战略措施。通过大力发展农业产

业化经营，促进区域经济联动发展，壮大农村经济实体，加快农村劳动力的转移，实现以城带乡、农工商融合、城乡经济同步的发展格局，有效解决“三农”问题，实现城乡统筹协调发展目标。

二、推进农业产业化经营，是农业增效、农民收入的重要举措

习近平总书记多次强调：“小康不小康，关键看老乡”“没有农村的小康，特别是没有贫困地区的小康，就没有全面建成小康社会”。可见，中国全面建成小康社会的关键在农村，关键在于缩小城乡居民之间收入差距。发展农业产业化经营，可以有效地延长农业的产业链，促进农村剩余劳动力转移，拓宽农民增收渠道，提高农产品的附加值和农业的综合经济效益；实现农民分散生产与社会化大市场的有效对接，降低市场风险和交易成本；合理配置各种生产要素和资源，加快提高农业的劳动生产率和比较效益。各地的情况都证明，凡是产业化经营搞得好的地方，那里的农民收入就明显的增加。大力推进农业产业化经营，可以促使农业产业各个层面、各个环节更加合理和优化，使龙头企业、合作经济组织、农产品基地发挥综合示范效用，把市场信息、技术服务、销售渠道直接而有效地带给农民，避免分散农户自发调整产业结构所带来的盲目性和趋同性，解决好小农户与大市场之间的矛盾，推进农业科技进步，扩大农业经营规模，提高农业经济效益，确保农民增收，促进农村全面建成小康社会。

三、农业产业化推进农产品深加工，提高农业抗风险能力

农业产业化经营，能够带动农产品深加工产业的发展。一方面农产品的深加工，促进农产品的储存保鲜技术发展，这样当农户遭遇自然灾害的时候，抵抗自然灾害的能力就会得到提高，就可能有效降低经济损失；另一方面农产品深加工产业，能够发挥稳定市场的作用，避免因供求关系变化造成价格大起大落。在产品供大于求引起积压的时候，起到缓和市场压力、稳定产品价格的作用，而当产品供应量不能满足市场需要时，又可以将深加工产业中库存的产品投放市场，满足市场供应。

目前，我国农业产业化还处于起步阶段，农产品的加工业不够发达。虽然我国的粮食、油料、水果、肉类、禽类、水产品产量均为世界第一，而农产品的加工转化率仅为30%左右，与发达国家80%以上的加工率差距很大。发达国家农产品加工产值相当于农业产值的3倍以上，我国只有80%左右。以马铃薯为例，法国、美国、英国、荷兰等国家马铃薯加工率分别达到59%、48%、

40% 和 40%。由于马铃薯食品品种层出不穷，产量逐渐增加，马铃薯加工产业化、规模化、系列化高速发展，在欧洲冷冻食品中近 20%是马铃薯冷冻食品。美国马铃薯薯条在其国内销售收入达 20 亿美元。据统计显示，发达国家食品工业总产值跟农业总产值之比是（2~3）：1，而我国却只有（0.3~0.4）：1，这反映了我国农产品深加工产业的落后，这也从一个侧面说明我国农业仍然以提供初级产品为主，产业化程度不高，农产品深加工产业还有很大的发展潜力。

四、推进农业产业化经营，是实现农业现代化的有效途径

农业现代化和农业产业化是两个不同的概念，但是两者有着密切的联系。农业产业化对农业现代化有着巨大的推动作用，而农业现代化则内含农业产业化的基本要求。农业产业化对于推动现代化的作用重要表现为 3 个方面。

第一，农业产业化克服小农经济的弱点，提高农业的组织化程度。产业化有利于解决家庭承包经营所造成的经营规模偏小，不适应现代农业专业化、规模化生产的不利因素，将分散经营的千家万户通过产业链与市场对接，这样就解决了一个中国特色农业现代化如何实现规模化的路径问题。各地的实践证明，各类农业龙头企业和专业合作组织可以带领家庭农场、专业大户，以市场需求为导向，将农产品的生产、加工、销售等环节有效连接，延伸产业的价值链，形成合作共赢、相互支撑的经营机制，从而，促进生产规模的逐渐扩大、经济效益和生产力水平的不断提高。

第二，农业产业化有利于提高农业生产技术和生产手段的现代化程度。我国目前仍然处在传统农业和现代农业的交接处，传统农业生产技术、生产手段落后，生产效率低下，抗风险能力差，只能维持简单再生产。而农业产业化项目一般由龙头企业带动，可以得到政府部门的大力支持，得到农村金融业的扶持，可以充分利用各类社会资源，加大科技投入，采用更多的先进技术武装农业，利用现代生物技术，不断提高农产品质量和产量，研发农产品精深加工和综合利用技术、新鲜农产品保鲜储运技术。缩小我国农业在生产技术生产手段方面与发达国家的差距，加快农业现代化的进程。

第三，农业产业化有利于提高农业的现代化管理水平。农业现代化包含管理理念、管理方式和管理手段的现代化。农业产业化发展为农业的企业化管理提供了条件，有利于缩小现代工业企业与农业生产实体之间在管理方面的差距，促进农业生产的管理理念朝着市场化、品牌化、标准化、生态化方向演化，树立质量第一、顾客至上、诚实守信的经营理念。同时，农业产业化有利

于广泛应用信息技术、网络技术、大数据、自动监控等智能管理手段，创新产业链的管理方式和技术，提高整个农业产业的现代化管理水平。

五、农业产业化经营，是提高农产品国际竞争力的重要途径

当今国际农产品市场的竞争日趋激烈。农产品的国际竞争，不仅仅局限于价格、质量方面，还包括品牌化、标准化方面的竞争以及农业经营主体、经营方式在内的整个产业体系的综合竞争。要大力增强我国农业的国际竞争力，必须克服目前我国农业经营分散、劳动生产率低，农产品的质量、档次和安全卫生水准达不到要求的状况，提高农户的专业化、市场化、组织化程度，提高农业生产经营规模和整体效率。大力推进农业产业化经营，可以充分发挥农户家庭经营生产成本低的优势，尽快扩大我国有比较优势农产品的生产规模，建立一批符合专业化、标准化生产条件的农产品原料基地，培育一批有国际综合竞争实力的龙头企业。同时，通过农业产业化的经营方式，依靠龙头企业的牵头作用，积极引进吸收国外资金、技术、管理方式，强化品牌建设，将产品包装、商标、标签及产品特色的视觉形象有机结合起来，瞄准目标市场，进行统一广告宣传策划，提高品牌国际的知名度，以提高我国农产品在国际市场的综合竞争力。

六、农业产业化有助于小城镇建设，加快农民向非农领域转移

“城镇化”是我国新的四个现代化的目标之一，我国实现现代化的过程也是农业劳动力大量转移，农村人口大部分转化为城镇人口的过程。农业产业化的速度和规模将直接影响农村城镇化的进程和水平，小城镇是社会载体，农业产业化将催生农产品加工、储存、包装、物流以及宣传策划、文化休闲等产业的发展，同时，各类为农服务的社会组织、科技教育组织也将在小城镇得到发展，为改变职业身份进入小城镇居住的农民提供就业机会，总之农业产业化可以引导更多的农民进入小城镇，促进农民向非农领域转移，保障农民进城后的生活质量。

七、产业化可加快新型职业农民的培育，提高农民的素质

培育新型职业农民是解决当前农业劳动力老龄化，农业经营者后继乏人，解决“今后谁来种地”的大问题。近几年，中央和国家农业部已经明确培育新型职业农民和培育新型农业经营主体的目标要求。农业产业化与“两新”培育可以互相促进，相互推动。新型职业农民的培育为农业产业化工程提供人力资源，新型农业经营主体的培育可以优化农业产业化的组织体系。农业产业化的发展为新型职业农民培育提供了平台和就业创业的机会，同时，“两新”培育也为农业产业化发展奠定坚实的基础。农业产业化与“两新”培育结合，可以加强农村人才的培育，加强农民的素质教育，有利于社会主义核心价值观的宣传，改变农民的生活理念和传统陋习，提高农村社会的文明程度，促进美丽乡村建设。

八、农业产业化是确保“舌尖上安全”的基础工程

食品安全涉及所有老百姓的切身利益，关系人民群众健康安全，能否解决好食品安全问题是对政府社会治理能力的重大考验。近年来，各级工商行政部分不断加大食品安全检查力度，严厉打击各种危害食品安全的违法案件。但是时不时曝光的各类有毒食品、掺假食品事件依然让人触目惊心，人们对自己的餐桌安全仍然充满了忧虑。我国的食品安全问题为何如此“层出不穷”，这和农业产业化发展不够有一定的关联度。众所周知，我国的农业的基本制度是家庭经营承包责任制。目前，虽说一些大型农业企业和部分农业发达地区已经形成一定规模的产业化农业，但是，许多地方仍然保留着家家种地、人人务农的小农经济生产模式。一方面，这一经营模式的缺点是投入与产出效率相对较低，生产效率难以提高，经济收入难以持续增加；另一方面，更重要的是，这种状况造成监管无法全面覆盖，形成监管不力或者放弃监管，农户为了追求利益最大化，违法使用动植物生长激素、违禁农药的情况就无法彻底遏制。同样在农产品流通环节，一些小商小贩为了使农产品不变质、保持新鲜质感，提高农产品的价格，不惜使用各种有毒防腐剂、颜色添加剂等化学物品毒害消费者。而市场监督者，面对数量众多的不法行为，防不胜防，致使有关法律和管理制度则形同虚设。

农业产业化经营能够有效实施供应链管理，把生产过程系统和供应商产生的数据合并在一起，从一个统一的视角展示产品制造过程的各种影响因素，有利于对供需、采购、市场、生产、库存、订单、分销、发货等的全程监控。从而，有利于我国加快推进农产品质量安全追溯体系建设，健全完善追溯管理与市场准入的衔接机制，以责任主体和流向管理为核心，以扫码入市或索取追溯凭证为市场准入条件，构建从产地到市场到餐桌的全程可追溯体系。农业产业化能够鼓励和促进农产品生产经营主体按照国家平台实施要求，配备必要的追溯装备，积极采用移动互联等便捷化的技术手段，实施农产品扫码（或验卡）交易，如实采集追溯信息，实现信息流和实物流同步运转。为我国构建系统性

农产品安全管理网络，推进我国的社会治理能力跨上新台阶。

第三节 我国农业产业化的现状与问题

农业产业化是农村经济不断发展，农村改革不断深化的产物，是农业专业化和社会分工的结果，是农业小生产与大市场对接的内在要求。了解我国农业产业化的历程、现状和存在的问题，可以更好地研究农业产业化的发展规律和把握未来趋势。

一、我国农业产业化发展阶段

农业产业化是一个逐步形成，不断发展壮大的过程。大致可以分为 3 个不同的发展阶段。

（一）萌芽阶段

这个阶段从 20 世纪 80 年代中期到 90 年代初期。我国的改革开放始于 1979 年，进入 80 年度中期后，我国农村已经全面废除了人民公社体制，确立了以家庭联产承包经营为基础农村经济体制。对农、林、渔业等主要生产资料实行所有权和使用权分离，赋予农民生产经营自主权，革除“大锅饭”平均主义。结束“以粮为纲”，制定了“因地制宜积极发展多种经营”政策，基本解决农民的温饱问题。农村土地承包制突破了人民公社和大锅饭对生产力的束缚，极大地调动了广大农民的生产积极性和创造力。这个时期全面推行以家庭联产承包制为核心，创造出我国特有统分结合的双层经营体制。制度的变革极大地解放了农村生产力，为农业和农村经济的持续健康发展奠定了坚实的基础。但是，随着市场化改革的不断深入和农村经济的快速发展，家庭经营的小生产和大市场不相适应的矛盾逐步显露出来。一方面，生产者规模小、抗市场风险能力差，生产决策缺少需求导向，产生具有一定的盲从性；另一方面，农产品加工商和销售商虽然掌握着经销渠道和市场信息，但却无法控制原料供应。在这种情况下，生产者、加工者和经营者都希望建立一种以市场为导向，稳定的、一体化的经营体制。值得一提是改革开放之初，农业产业化经营曾在局部地区、个别产业有所萌芽，例如，在 80 年代一些农垦企业中就已经存在这种经营形式，当时被称作农工商综合经营，但限于当时的社会经济发展水平和观念，没有产生扩散效应和普遍的认同。

（二）成长阶段

这个时期从 20 世纪 90 年代中期至 21 世纪初。20 世纪 90 年代中期，我国市场经济体制初步确立，市场配置资源的基础性作用开始显现，依靠市场机制引导各种要素有序流动，推动各生产环节的有机结合，实施农业产业化经营，成为市场农业的基本要求，为农业产业化的全面推进拉开了序幕。90年代中期以后，农业产业化进入了成长阶段，其重要标志是《人民日报》根据山东潍坊等地农业产业化经营的成功做法，于1995年12月11日在报道山东潍坊经验的同时，发表了“论农业产业化”社论。该社论阐述了农业产业化的内涵和现实意义，也肯定了山东潍坊经营。于是，农业产业化发展得到了中央和地方各级政府的高度重视和大力支持。1996年2月，农业部和原国家体改委联合在黑龙江省肇东市召开“全国农业产业化座谈会”，各省、自治区、直辖市和各有关部门共150多名代表参加。这次会议对各地推动这项工作起了很好的作用。随后，全国各地都按照农业产业化经营的要求，因地制宜，发挥优势，确立主导产业，完善产业链条，主攻关键和薄弱环节等，把农业产业化经营作为实现农业和农村经济的2个根本性转变的战略举措来抓。

（三）壮大阶段

这个阶段从21世纪初至今。21世纪以来我国国民经济稳步增长，市场经济体制不断完善，农村经济体制改革不断深化，几亿农民外出打工，农村土地经营权开始流转，承包权与经营权开始分离，出现了专业大户、家庭农场、农业合作社等新型农业经营主体，特别是国家出台扶持农业龙头企业发展政策，从2004年以来出台的中央1号文件几乎都提到农业产业化发展的问题，为农业产业化大发展提供了前所未有的政策环境和发展导向。推动农业龙头企业快速发展，成为推进农业产业化的关键力量，据有关资料至2011年我国农业龙头企业已经达到11万家，销售收入突破5.7万亿元，提供的农产品及加工制品占到农产品市场供应量的1/3。同时，农业产业化合作组织也出现快速增长势头，数量超过28万家，带动1亿多农户致富。

二、农业产业化发展中问题

在各级政府部门的大力扶持下，经过了20多年的持续发展，我国农业产业化经营已经初具规模，运行机制日趋完善，经营规模不断扩大，经济效益有所提升，市场竞争能力逐渐增强。但是，由于我国农业产业化起步较晚，加上各地区社会经济发展不平衡，农业产业化还或多或少存在一些发展中的问题。

（一）农业产业化经营组织规模小，地区差距大，竞争力弱

我国地域广阔，自然经济条件差距大，全国各地农村经济发展的不平衡使不同地区、不同农产品的产业化发展水平差异较大。许多地区农业产业化规模

偏小，难以形成规模效应，一些地区的农业产业化只是初步进行初级农产品的粗加工，没有向精深加工转化，导致产品单一，未能向产品的系列化转变，无法对产品销售市场进行横向的和纵向的以及深度的扩展。在产品的品牌建设方面没有下功夫，难以形成核心竞争力。另外，一些地方农民思想观念保守，不愿意进行土地流转，家庭农场发展滞后，农户经营规模无法扩张。导致农业产业化生产组织的规模小，竞争力弱。

（二）市场发育不成熟，实施农业产业化的政策法规不健全

一是当前我国家庭农场和农业专业大户的发展还处在刚刚起步阶段，农户分散经营组织化程度低的状况依然存在，农产品在市场上的交易多呈无组织分散状态，大多数普通农户在市场上总是处于被动地位，缺乏市场竞争力和自我保护能力，难以抗衡社会上各利益集团对农民权益的侵蚀。同时，在宏观上缺乏代表其利益参与市场和自我保护的市场主体，无法适应市场经济的发展和开放的国际市场环境。二是市场交易行为的规范问题。由于市场管理体制机制不完善，诚信监管制度缺失，违法行为成本较低。市场运行中的潜规则横行，部门分割、地区封锁、行业垄断等情况阻碍市场秩序的规范。一些掺杂使假、欺行霸市、虚假宣传，干扰了市场的公平竞争；由于法律、法规不健全，政策规范出台滞后，在实施农业产业化的过程中，调节龙头企业、农业产业化中介组织、农民等之间权利义务关系缺乏约束力。

（三）农业产业化管理体制方面的问题

我国农业管理体制存在条块分割，产加销、贸工农相互脱节现象。农业再生产的各个环节由政府的不同部门分别管理，表面上看农业、财政、规划、商贸、人保劳动等许多部门都在重视抓农业产业化，但由于缺乏有效的沟通协调机制，各部门各自为政，政策措施不配套，难以形成合力，无法产生整体效应，同时，有些主管部门该管的不管，不该管的不愿意放权，习惯于搞运动式的行政动员，违背自然经济规律，下达指标实行绩效考核，结果闭门造车、一哄而上，造成农业产业化不能按市场经济规律运转。另外，我国市场监督管理政出多门，涉及多个部门的管理，包括农业、工商、公共卫生等部门共同参与，各部门按自己的管理思路“出牌”，喜欢搞阶段性突击整治、形象工程。遇到复杂问题可能互相推诿扯皮，有关部门的不作为和瞎作为对政府的权威性，造成方面影响。

（四）农业产业化组织与农户的利益关系不规范

利益分配机制是决定农业产业化项目经营能否长期健康发展重要因素。现阶段，我国一些农业产业化组织的带动者（龙头企业或者合作社）与农户的

利益关系存在着不规范的现象。尽管很多龙头企业都打出了“公司+农户”的旗帜，实际上农民并没有与公司真正形成一体化，在农产品加工、销售中并没有享受较多受益。在农产品难以销售时，龙头企业拒收农产品或压价收购农产品，损害农民利益。当然，也有的农户在农产品价格上升时不按合同约定卖给企业等。目前，在企业与农户的购销关系中，很多都是口头约定或君子协议，真正签订紧密型长期合作协议的只有50%左右，而且违约现象时有发生，至于通过股份制形式，让农户享受整个产业链收益分配的比例就更少，这是我国当前农业产业化与发达国家的主要差别和差距。

（五）土地流转机制与规模经营的问题

为了配合城市化进程，促进农业现代化，最近几年，我国大力推进农村土地流转，在坚持家庭承包基本制度不变的原则下，实行农村土地所有权、承包权、经营权“三权”分离，鼓励大部分农民流转出让承包的土地，为农村专业大户、家庭农场的迅速壮大发展创造了条件。但是，现阶段专业大户和家庭农场的发展仍然存在一些制约，生产规模难以扩大，真正希望长期务农，以农业为终身职业的农民不一定能够得到土地经营权。而一些投机资本和利益群体利用土地流转反包大量农民土地，然后进行非农经营或者再次高价转租的情况时有发生。

发展农业产业化，必须以保留家庭（农户）所有制为前提，从而保障农民的权益，提高农民劳动所得。规范土地流转制度，扩大农业生产规模，促进家庭农场不断壮大，是我国农业产业化健康发展的基础工程。

（六）龙头企业发展不足

农业龙头企业在新型农业经营体系中扮演着重要角色。农业龙头企业植根于农业，是推进农业产业化经营的关键，也是推进现代农业发展的重要力量。但是目前我国农业产业化龙头企业还存在的发展中的问题。一是数量少、规模小辐射带动能力不足。我国现有龙头企业绝大部分规模较小，档次不高，真正能带动一批基地、带动一个产业，并具有较强应变能力的大企业还是比较少。规模小、效益差必然导致竞争力弱，稳定性差，对农户的指导扶持带动能力不足，对农业经济和农民增收的带动力不够强，从而对新农村建设的支撑力不全面。二是产业化经营者素质有待提高。农业龙头企业的经营者大部分出身农村，原有的文化基础较差，“小富即安”“小进则满”的小农意识较浓，市场开拓意识不强，有些农业企业经营者管理决策的随意性较大，内部管理水平不高，不能适应农业产业化发展要求，尚不能完全承担带动一方经济发展、带动农民增收的重任。三是龙头企业的经营管理机制不完善。部分农业产业化龙头企业产权界定不清，未能按现代企业制度形成规范的法人治理结构，实行企业化管理。尤其是从农村成长起来的中小龙头企业，随着规模扩大，简单家族式或合伙制的弊端和矛盾日益突出，影响企业的科学用人和管理决策。在经营机制上，农业产业化龙头企业总体上未能与农户形成牢固的利益共享、风险共担的利益关联机制，农户在利益分配上处于弱势地位，无法真正调动农户的积极性，从而影响到产业化组织的稳定和存在。四是龙头企业科技贡献率较低，信息化程度不高。我国龙头企业的大多数规模较小，主要以中小型为主，吸收先进科学技术能力不足，加上受到资金、人力的限制，难以组织技术上创新。直接导致企业自主技术创新能力弱，加工水平和科技装备与同等行业先进水平比有较大差距。另外，我国农业龙头企业信息化程度不高，缺少高水平的网络服务，农业网络平台建设没有到位。大多数农业产业化龙头企业缺乏信息化专业人才，信息化基础设施建设投资不足。

第四节　农业产业化的发展趋势与对策

随着我国农村城市化进程的加快，大量农村劳动力向非农产业转移，农村土地流转加速，农业专业大户、家庭农场的发展壮大，农业产业化迎来了一个新的发展阶段，呈现新发展趋势。

一、农业产业化的发展趋势

当前，我国农村经济发展进入了一个新的历史时期，农业供给侧改革成为农业产业结构调整的政策导向，农业产业化呈现新的发展趋势与要求。

（一）农业龙头企业呈现加速发展态势

进入 21 世纪以来，国家不断出台对农业产业化经营龙头企业的扶持政策，农业产业化龙头企业呈现加速发展趋势，农产品精深加工比重明显增加，产业链条拓展，产业附加值明显提高，农产品加工率超过 50%。在玉米加工制品、乳制品、肉类制品、果品、蔬菜等已具备一定基础的产业领域内将率先出现一批竞争力强和市场占有率高的龙头企业集群，形成大中小型龙头企业共同发展格局。随着农产品安全质量品牌意思的增强，农产品质量安全和科技水平显著提高，龙头企业中将培育出一大批优质、高效、安全、生态的名牌产品。与此同时我国农业龙头企业不断完善法人治理结构，建立现代企业制度。龙头企业通过兼并、重组、收购、控股等方式，组建大型企业集团。一些国家重点龙头企业上市融资、发行债券、在境外发行股票并上市，增强企业发展实力。

(二) 农业产业化和工业化、城镇化、信息化走向融合发展

农业产业化对工业化、城镇化具有载体性作用,工业化对农业产业化具有带动功能,城镇化对农业产业化具有扩张功能。农业产业化在吸纳资本、技术、人才等生产要素进入农业领域的同时,加快了农业要素向工业部门和城镇的转移。通过农业产业化经营,使城乡之间、工农之间、一二三产业之间的资源要素形成对流转移之势,推动产业化、工业化、城镇化的交融发展。当前,农业产业化、农村城镇化、农村工业化逐步成为推动新农村建设的三驾马车,同时,农村信息化正在成为农业产业化、城镇化、工业化的有机结合的纽带和桥梁。农业产业化、工业化、城镇化、信息化相互渗透、相互推动,成为农业增效、农民增收、农村繁荣和环境改善的强大动力。

(三) 农业产业化的区域化布局、专业化经营的趋势

我国农业长期以小农经济自给自足多种经营为特点,经营规模小、商品率低、农业生产效率低、经济效益差。为此,农业产业化是以农业的专业化生产、区域化布局为基础,专业化生产、区域化布局是农业产业化的发展趋势和必然要求。专业化经营,推动农业产业化企业积极精心打造自己的核心产业,避免盲目贪大求全,把自己擅长的领域发挥到极致,从而在日益激烈的市场竞争中占据一席之地。区域化布局,一方面可以充分开发和利用当地资源的比较优势,因地制宜安排农业生产;另一方面在一定区域范围内相对集中连片生产,形成比较稳定的区域化的生产基地,有利于农产品生产的稳定和集中管理,降低运行成本。此外,专业化经营和区域化布局,有利于大规模进行机械化生产(机械化),更广泛地使用高新技术,提高劳动生产率,增加农产品产量,提高农产品质量,培育农业产业化企业的竞争优势。

(四) 农业产业化发展的生态化趋势

所谓生态化趋势,就是指实现农业产业化和生态环境和谐发展、经济效益和生态效益并重的发展模式。随着全球自然生态环境的日益恶化,人类社会对生态环境的保护意识越来越增强,如何在农业产业化的进程中,减少农业的面源污染,降低农药化肥的使用,提高各种资源的循环利用率,保护或者修复生态环境,使农业产业化的发展建立在生态环境良性循环的基础上,这是农业产业化的发展趋势。例如,最近几年许多大城市纷纷采取措施,在城郊结合部整治畜禽养殖业,设立畜禽禁止养殖区,将许多大型养殖场搬迁到远郊地区,与此同时,在城郊结合区域改革种植结构,扩大水稻种植面积,发挥湿地净化空气,调节局部小气候的作用。这说明农业产业化发展要求不仅仅限于提供优质安全农产品,还应该朝着保护生态和提高生活质量方面,发挥功能。

二、农业产业化的发展对策

农业产业化既是生产力要素优化配置的过程，也是生产关系不断调整完善的过程。大力推进农业产业化是当前解决“三农”问题，促进国民经济又好又快发展，实现四个现代化协调发展的必由之路，也是传统农业适应市场经济发展要求，建设现代农业的必然选择。如何在现有基础上，实现农业产业化经营更好更快发展，需要加强组织领导，突出政策扶持，强化基础建设，完善各项管理措施。

(一) 着力培育龙头企业，发挥辐射带动作用

龙头企业是指以农产品加工或流通为主，通过各种利益联结机制与农户相联系，带动农户进入市场，使农产品生产、加工、销售有机结合、相互促进，在规模和经营指标上达到规定标准并经政府有关部门认定的企业。龙头企业是农业产业化经营的“火车头”，是连接农民与市场的纽带，是农产品转化增值的核心力量。农业产业化龙头企业内连基地，外连市场，辐射带动千家万户，在农业产业化经营中具有“带头羊”的作用，对于推进农业产业化起着举足轻重的作用，其经济实力的强弱和牵动能力的大小，直接决定着产业化经营的规模和成效，是农业产业化赖以生存和发展的关键。各级政府部门应该按照中央要求，“安排支持农业产业化发展的资金，较大幅度地增加对龙头企业的投入，对符合条件的龙头企业的技改贷款，可给予财政贴息”。除国家财政支持外，还可以采取通过市场化股份制、股份合作制等形式对现有企业进行改制、兼并、资产重组以及组建企业集团公司来做大龙头企业的规模，以增强企业的活力、抗风险能力和辐射带动能力。新建龙头企业要按照高起点、高科技、高标准的要求重点推进。要围绕鼓励农产品开发，不断努力提高农产品加工的精度和深度，通过延伸产业链，提高农产品的附加值。要大力培养农业产业化创业人才，特别是重点培养优秀产业化企业家，提升驾驭产业化发展的能力和水平，推行现代企业管理制度，提高开拓国内外市场和驾驭市场竞争的能力。

(二) 打造品牌，提高产业层次

品牌（Brand）是一种识别标志、一种企业精神的象征、一种价值理念，是品质优异的核心体现。品牌也是产业发展水平的重要标志，是提高产业档次、拓展市场的一张王牌。农产品品牌建设对于推进农业产业化，实现农业增收，保障食品安全，有着重要的价值。当前，中国农产品商标注册量成为世界第一，尽管政府与企业已经做了巨大的努力，但我们事实却是我国农业在国际上的竞争力以及农产品的整体比较优势都在下降，农产品安全受到严重威胁，

国内知名的农产品品牌寥寥无几，至今几乎没有一个国际著名品牌。加强品牌建设是农业产业化经营的基础工程，第一，各级地方政府应大力支持农产品品牌建设，鼓励和支持企业开发、培育优秀产品品牌，做大做强具有地方特色的优势品牌，支持企业农业经营主体培育自己的拳头产品，逐渐形成特色品牌。第二，要以产品品牌为基础，培育和创建一批知名农产品加工企业品牌，集聚要素，扩大影响，提升企业规模和产业层次。第三，应培育区域品牌，积极宣传、推介和输出具有浓郁地方特色、文化底蕴的著名区域品牌，创建一村一品、一乡一业的原产地品牌，提高区域产品的市场竞争力。

（三）加快生产基地建设，形成优势主导产业

农业产业化龙头企业的健康发展，有赖于农产品生产基地的建设。主导产业是指一定区域内以一个或一类产品为主，对本区域的经济和发展有重要影响作用的链式经济。我国幅员辽阔，地区之间的社会经济发展水平、自然资源条件、市场发育程度相差较大，许多地区在长期的生产实践中积累了独特的生产技术和传统工艺。发展农业产业化，加快生产基地建设，要充分利用当地的资源条件和经济基础优势，形成主导产业，最好能够突出地方特色。一个地方的农业产业化主导产业，一要立足当地资源。以地方资源为依托的产业，大都具有传统技术优势和得天独厚的自然条件优势，有利于加快生产基地建设，技术推广快，生产成本低，容易形成主导产业的竞争优势。二要根据市场需求。发展主导产业，必须研究市场容量大小，以及发展前景，考量今后产品线及市场销售渠道拓展的可能性。三要注意经济价值。要形成主导产业，必须有好的经济效益，经济效益不高，农民就不接受，即使用行政手段推动，也是劳民伤财难以持久。四要实行科学规划。主导产业的确定要突出重点，宜精不宜多，并要布局合理，规范优先，分步实施，以利于集中力量向前推进，收到良好效果。

（四）依靠科技，延“深”产业链条

农业产业化经营，实质上就是农产品链条的延伸，链条延伸得越长，产业化的程度越高，而链条延伸的关键就是发展农产品精深加工业。随着精深加工链条不断加长，加工产业像滚雪球般越做越大，必将成为农业产业化经营的支柱。目前全国的精深加工只占 15%~20%，发达国家的精深加工一般在 50%以上，发展的潜力和空间还很大。通过精深加工、系列加工、高附加值的加工做大做强加工产业、拉动农业产业化经营上新台阶是必然趋势。

延伸农业产业链条，必须提升自主创新能力，走科技兴企之路，这是应对千变万化大市场的需要，也是实现可持续发展的必然要求。当前市场消费能力

不断提高，消费需求呈现多样性，通过深加工延伸产业链，可以满足不同消费者的需求，提高产品科技含量和附加值，拓展销售渠道。应该积极支持鼓励龙头企业与科研院所、大专院校对接，组建农产品加工研发中心或技术创新机构，提高集成创新能力。培植农产品加工示范企业，大力发展科技含量高、加工程度深、产业链条长、增值水平高、符合综合利用和生态循环经济要求的产品和产业。大力支持龙头企业引进国内外先进技术和优秀专业人才，密切注意农业科技发展的新动向，采取“引进、消化、吸收再创新”策略，引进和吸收国外加工转化的先进工艺与设备，结合实际进行再创新，争取持续提高产业科技含量，依靠科技进步，形成产业核心竞争力。

（五）培育中介组织，完善利益联结机制

中介组织对于提高农民组织化程度、促进加工企业与基地农民对接具有至关重要的作用。中介组织具有创新和完善产业化利益联结机制的功能，是农业产业化健康发展重要措施。围绕农业产业化经营的中介服务组织主要有两大类：一类是农民合作服务组织，包括农民专业协会、农民经纪人协会等；另一类是行业性合作服务组织，包括行业性企业协会或企业和农民共同组成的协会。近年来这两类中介服务组织发展较快，对于推动农业产业化发挥了积极作用，但总体而言，中介组织发展滞后于产业化加快发展的要求，远没有满足未来农业产业化经营的需要。实践证明：中介组织能够在龙头企业和农民家庭经营之间发挥桥梁纽带作用，中介组织在促进龙头企业规范经营，协调不同利益主体合作关系，调解各类利益冲突方面，具有不可替代的作用。从趋势看，中介服务组织在农业产业化经营中的作用和地位不亚于龙头企业，有的中介服务组织本身就是龙头。

培养中介组织，主要做好两方面的工作：一方面要积极扶持中介组织的发展。采取有效措施，鼓励创办各类联结农户与龙头企业关系的中介组织和社会组织，培育职业化为农服务经纪人队伍，政府有关职能部门可以通过购买服务的方式，让中介组织参与协调各类利益关系，发挥特殊的功能。另一方面要加快机制创新。积极引导龙头企业与专业大户、家庭农场、合作社建立长期稳定的产业合作和购销关系。进一步规范有关产业化合作项目的合同管理制度，明确权利责任关系，鼓励龙头企业通过定向投入、定向指导、定向收购等方式，为农户提供专门生产管理技术、特种生产资料和产品储存等多种服务。采取设立风险资金、利润返还等多种形式，与农户建立更加紧密的利益共同体，形成农民与龙头企业双赢的局面。

（六）加强对农业产业化经营的支持力度

加强组织领导、强化政策扶持，是推动农业产业化经营快速、健康发展的重要支撑。政府部门应加强宏观调控和指导服务，引导和规范农业产业化经营健康有序发展。第一，各级地方财政要逐年增加促进农业产业化发展的专项资金，通过贴息、补助、奖励等形式，支持龙头企业发展。整合现代农业发展和综合开发专项资金，集中扶持重点龙头企业，破解资金难题。第二，要积极引导金融机构支持龙头企业发展，增加对龙头企业的信贷投放规模，给予利率优惠。加强政银企合作，完善银企项目对接机制，培育融资担保机构，加快发展龙头企业资本市场，采取注入财政资金、引入社会资本等方法，组建农业投资公司，为加快发展提供充足的资金保障。第三，要落实用地扶持政策。国土资源部门在编制土地利用总体规划和计划时，统筹考虑龙头企业用地需求，优先保障企业建设项目用地需求。引导农产品加工企业向优势产区集中、向加工园区集聚，对纳入规划范围、需搬迁的企业，优先在相应工业园区安排用地指标。第四，要进一步推进土地流转，在减少农业人口的同时，实行土地所有权、承包权、经营权的分离，为家庭农场、专业大户、经济合作社规模化经营提供发展空间，并鼓励新型农业家庭经营主体与龙头企业衔接挂钩，实行一体化产业化经营。

第二章　现代农业和现代农业产业化模式

农业是一个随着人类生产力水平的提高而不断进步的产业，是人类赖以生存的基础产业。农业产业化是农业发展到一定阶段的产物，是现代农业的特征之一。在我国，农业产业化经营是继家庭联产承包制后，出现的一种产加销一体化的生产经营模式，它的形成和发展突破了传统小农经济的局限与束缚，与社会化大生产相联系，促进了农业的专业化分工、区域化生产，推动农村各类产业的融合，为推进我国现代农业的发展增添了强大的动力。

第一节　现代农业的发展和内涵

农业是人类历史上，最悠久最古老的产业，是所有其他产业诞生的基础。在人类社会发展的历史长河中，由于农业生产经验的不断累积、生产方式的不断改进、生产技术的不断优化、生产工具的不断革新，推动农业生产力水平的不断提高。由此，农业的发展形成不同的阶段性特征，而现代农业特指当前人类进行的农业。

一、农业发展的阶段特点

农业的产生与发展有万年以上的历史。每一次生产技术和生产工具的改进或者突破，都会推动农业生产力水平的提高。按照生产技术、生产手段的不同，人们普遍将农业的发展划分为原始农业、传统农业、现代农业发展 3 个阶段。

（一）原始农业

原始农业大体上始于新石器时代，指人类在未使用铁器工具之前的农业，刀耕火种是基本的生产方式。原始农业以简陋石器、棍棒为生产工具，以传统的直接经验为生产技术、以简单的劳动合作为组织形式。

在原始农业产生之前，人们主要以采集、狩猎方式获得生活资料，随着人们对于自然认识的提高以及生产经验的积累，人类逐渐掌握了一些植物的生长规律与动物的生活习性，并采取措施栽培植物和驯养动物，开始了依靠劳动来增加食物的时期，从而产生了原始农业。

原始农业系由采集、狩猎逐步过渡而来的一种近似自然状态的农业，属世界农业发展的最初阶段。原始农业之前，采集和狩猎是人类获得生活资料的主要方式。原始农业的主要特征是使用简陋的石制工具，生产效率低，生产方式粗放，对于自然的依赖性强，改造自然能力弱。原始农业最大的贡献是人类驯化了野生动植物，学会了种植作物和饲养动物，是人类经济史上第一次重大革命。

（二）传统农业

传统农业是指人类开始学会使用铁器农具，一直到使用机械取代手工劳动之前的农业。传统农业从奴隶社会起，经封建社会一直到资本主义社会初期，甚至现在仍广泛存在于世界上许多经济不发达国家。传统农业由于经历了3 000多年漫长的历史，所以，在农业的发展史上，有些学者又把传统农业分为古代农业和近代农业。古代农业的基本特征是用铁木农具代替石器，畜力逐渐成为农业生产的主要动力，拓荒制过渡到轮作制，逐渐形成了一整套建立在传统经验基础上的农业技术。这时候的农业，基本上是自给自足的自然经济。近代农业是由手工工具和畜力农具逐渐转变为半机械化、机械化的农业，是由主要依靠传统经验转向近代科学技术的农业，也是自给自足农业转向商品经济的农业。

我国传统农业历史悠久，大约在战国、秦汉之际已逐渐形成一套以精耕细作为特点的传统农业技术。在其发展过程中，生产工具和生产技术不断得到改进和提高，但就其主要特征而言，没有根本性质的变化。我国是世界上传统农业技术高度发达的国家，形成独特优秀的农耕文明，对人类社会的文明进步产生积极影响，对世界农业的发展作出了特殊的贡献。

（三）现代农业

现代农业是指广泛采用现代科学技术、依靠现代工业装备、实行科学管理的社会化农业。现代农业通常是指当代发达国家的农业，在按农业生产力的性质和状况划分的农业发展史上，现代农业是处在最新发展阶段的农业。

现代农业与传统农业相比较有3个明显的特征：一是广泛运用现代科学技术最新的研究成果，使来自直接经验传统农业技术，发展为建立在自然科学与生物工程基础上的现代农业技术体系；二是依靠现代工业技术装备代替人力畜力劳动，并投入工业系统生产的物质与能量，改变传统农业生态系统的能量物质循环，以获取更高的投入产出比例；三是用现代管理科学来经营的社会化、商品化农业，使得农业成为具有较强竞争力的现代产业。

二、现代农业的基本内涵

现代农业既是历史概念，更是一个动态的概念。现代农业的主要标志是第二次世界大战前后，经济发达国家基本实现农业机器化。总体上现代农业的历史还比较短暂，现代农业仍然处在发展的初级阶段。目前，对于现代农业内涵的描述，基本的观点大同小异，可大致归纳为3个主要方面：一是农业生产的物质条件和技术的现代化，利用先进的科学技术和生产要素装备农业，实现农业生产机械化、自动化、信息化、生物化和化学化；二是农业组织管理的现代化，实现农业生产专业化、社会化、区域化和企业化；三是以市场需求为导向，深度融合一产、二产、三产，在市场机制与政府调控的综合作用下，形成混合型的产业形态和多功能的产业体系。

随着科学技术的不断发展与应用，今后对于现代农业的阶段划分，必将进一步细化，例如，从生产手段的角度将现代农业细分为机器农业阶段、设施农业阶段、智能农业阶段。所谓机器农业阶段，是指用机器劳动替代人力畜力劳动，是现代农业的初级阶段；所谓设施农业，是指利用人工建造的设施，为种植业、养殖业以及产品的储藏保鲜等提供可以控制的环境条件，以获得速生、高产、优质的农产品。设施农业进一步解决了自然环境对农业生产的制约，加强了资源的集约高效利用，从而大幅度提高了农业系统的生产力，使单位面积产出成倍乃至数十倍地增长，设施农业是衡量农业现代化的重要标杆；智能农业目前尚处在起步发育阶段，应该是现代农业的高级阶段，主要包含3个方面的内容，一是农业信息的智能处理，二是农业环境的智能控制，三是农业机器的智能化作业。

随着互联网信息技术新的飞跃、卫星定位技术的精准化、机器人时代的到来，现代农业的衡量标准和内涵将得到不断更新。

第二节 现代农业的分类

一、设施农业

设施农业是现代农业基本特征，是农业产业化发展基础。

（一）设施农业的概念

设施农业是指通过人工建造的设施，控制光照、温度、湿度等影响植物、动物、微生物生长的环境因素，使农业生产能够减少或者摆脱自然条件的束缚，实现全天候生长的现代化“工厂化”科技农业。设施农业打破了气候地理条件的制约，改变传统农业的季节性，使得大部分农产品可以实现全年连续生产，实现农产品的反季节上市，进一步满足多元化、多层次消费需求。

设施农业是个综合性的概念，是一个集成性、综合性的农业科技生产系统。除了必要的硬件设施设备外，为了产出更多更好的农产品，提高经济效益，还必须选用适宜的品种和种养生产管理技术。

（二）设施农业的分类

设施农业从种类上分，主要包括设施园艺和设施养殖两大部分。设施养殖主要有水产养殖和畜牧养殖两大类。

1. 设施园艺

设施园艺又称设施栽培，是指通过建设特定的设施，人为创造适于作物生长的环境，达到保温、增温、降温、防雨、防虫等作用，以生产优质、高产、稳产的蔬菜、花卉、水果等园艺产品的一种环境控制农业。设施园艺按技术类别一般分为玻璃/PC板连栋温室（塑料连栋温室）、日光温室、塑料大棚、小拱棚（遮阳棚）4类。

（1）玻璃温室、PC板连栋温室、塑料连栋温室。玻璃温室和PC板连栋温室一般属于大型现代化温室，具有自动化、智能化、机械化程度高的特点，温室内部具备保温、光照、通风和喷灌设施，可进行立体种植。其优点在于对于温度、光照的调控性能强，具有抗风和抗逆功能，可以更加有效地利用现代技术装备，实现自动化管理，主要制约因素是建造成本过高，管理运行费用大。塑料连栋温室以钢架结构为主，其优点是使用寿命长，稳定性好，具有防雨、抗风等功能，自动化程度高；其缺点与玻璃/PC板连栋温室相似，一次性投资大，对技术和管理水平要求高。

（2）日光温室。日光温室是一种不加温的温室。主要依靠日光的自然温热和夜间的保温设备来维持室内温度。通常作为低温温室来应用。在我国北方应用较多，一般作为晚间的防霜、御寒或者在早春解冻前育苗用。

日光温室是采用较简易的设施，充分利用太阳能，在寒冷地区一般不加温进行蔬菜越冬栽培，日光温室作为一种简易温室，具有鲜明的中国特色，是我国独有的设施。日光温室的结构各地不尽相同，分类方法也比较多。按墙体材料分主要有干打垒土温室，砖石结构温室，复合结构温室等。按后屋面长度分，有长后坡温室和短后坡温室；按前屋面形式分，有二折式，三折式、拱圆式、微拱式等。按结构分，有竹木结构、钢木结构、钢筋混凝土结构、全钢结构、全钢筋混凝土结构、悬索结构，热镀锌钢管装配结构。

(3) 塑料大棚。塑料大棚是我国现阶段使用最广泛规模化生产型的温室，由于成本较低，结构简单，农户易于接受，塑料大棚以其内部结构用料不同，分为竹木结构、全竹结构、钢竹混合结构、钢管（焊接）结构、钢管装配结构以及水泥结构等。总体来说，塑料大棚造价比日光温室要低，还有管理方便、使用方便等优点，特别是容易安装拆卸。上海郊区一些种植瓜果的专业农户，由于瓜果常年连作，病害加重的趋势特别明显，为此，一般种植 3 年后，就要搬迁大棚。塑料大棚的缺点是棚内立柱过多，空间相对温室较为狭窄，不宜进行机械化操作，抵抗自然灾害能力比较弱。

(4) 小拱棚（遮阳棚）。特点是制作简单，投资少，作业方便，管理操作简便。其缺点是抗灾能力差，增产效果不显著，不宜各种装备设施的应用，并且劳动强度大。一般适合小型农户生产，不适合大规模、商品化生产。

2. 设施养殖

设施养殖主要有水产养殖和畜牧养殖两大类。

(1) 水产养殖。在水产养殖方面，围网养殖和网箱养殖技术已经得到普遍应用。网箱养殖具有节省土地资源、充分利用水域资源、设备简单、管理方便、效益高和机动灵活等优点。最近几年上海地区虾类养殖，陆续推广大棚温室养殖方式，尤其对罗氏沼虾和南美白对虾的养殖，在依托以往积累的养殖技术的前提下，通过大棚设施养殖，经济效益明显提高。按照常规的养殖方法，鱼虾苗每年需待外界气温、水温适宜后才能放养，而现在先将虾苗放入大棚温室内进行一段时期的暂养，待外界水温达到适宜虾苗放养要求时再进行分养，此时，向外塘分养的虾苗已达到一定的规格，这就为本茬商品虾的提前上市打下了基础，从而将以较好的季节差价去获取较高的养殖效益。

(2) 畜牧养殖。大型养殖场或养殖试验示范基地的养殖设施主要是开放（敞）式和有窗式，封闭式养殖主要以农户分散经营为主。开放（敞）式养殖设备造价低，通风透气，可节约能源。有窗式养殖优点是可为畜、禽类创造良好的环境条件，但投资比较大。最近几年由于人们对城市环境的要求不断提高，大型养殖场有从近郊转移到远郊地区发展的趋势。

（三）设施农业的主要特点

设施农业是都市农业的基本特征，也是现代化农业的具体体现，是提高农业劳动生产率、土地生产率，发展高产、优质、高效农业的必然要求，与传统农业相比设施农业具有以下特点。

1. 投资大、产出高

我国土地资源有限，设施农业虽然投入大，但可以取得较高的经济效益，是提高土地资源利用率的重要途径。从我国现有情况看，土法上马的大棚，建筑投资一般为每亩在 0.8 万元左右，钢架结构、砖墙（附保温材料层）、覆盖保温被、无立柱式大棚，一般投资为每亩 7 万元左右，国内外设施配套较全的先进大棚，每亩投资高达几十万元，甚至上百万元。土法上马的瓜果蔬菜大棚一般年纯收入在 1 万~3 万元，上海市郊区种植各种高档稀有蔬菜、水果等作物，如果市场营销有方，管理措施先进，每亩温室大棚的年纯收入可以达到 5 万~10 万元。

2. 具有较强的抗灾害能力

设施农业具有较强的抵御自然灾害的能力。可防风、防寒、防涝、防旱，也有利于防治病虫害。一般无加温设施的普通大棚，长江中下游地区的冬季，也能保证作物安全生长，即使刮八级大风，也不会影响作物生长。

3. 有利于各类科学技术的应用

设施栽培是农业高科技的产物，也为农业高科技的应用提供了条件。设施栽培不仅应用了现代工程技术，也应用了现代生物技术。例如，增施二氧化碳技术，对作物生长增产效果明显，在大田作物中无法实现，而大棚温室为其应用提供了可能。在炎热的夏季，反光膜的应用使大棚降温成为可能，因而作物在高温季节也能获得良好的生长环境。此外，现代信息技术、大数据、智能控制、互联网+等最新科技成果，都可以在设施农业环境下，加以迅速结合与应用，推动现代农业的新一轮科技革命。

二、生态农业

生态农业是现代农业发展的基本要求，代表农业产业化发展方向。

（一）生态农业的概念

生态农业泛指按照生态学原理和经济学原理，运用现代生物工程技术成果和现代管理手段，结合传统农业的有效经验，保护生态环境、维护生态平衡，能够获取较高的经济效益、生态效益和社会效益的现代化高效农业。

现代生态农业强调以自然资源的循环利用和生态环境保护为重要前提，根据生产与环境相协调适应的要求，通过物种优化组合，达到能量物质高效率运转、输入输出平衡，实现农业废弃物资源化，充分发挥资源潜力和物种多样性优势，建立良性物质循环体系，促进农业持续稳定地发展，实现经济、社会、生态效益的统一。因此，现代生态农业是一种知识密集型的现代农业体系，是都市现代农业发展的重要模式。

（二）生态农业的发展过程

生态农业最早产生于20世纪30—40年代，首先在瑞士、英国等国家形成生态农业的雏形，60年代欧洲地区的许多农场转向生态耕作，70年代末东南亚地区开始研究符合国情的生态农业，进入20世纪90年代以来，世界各国均积极推进生态农业的发展。建设生态农业，保护生态环境，走可持续发展的道路，已成为世界各国农业发展的普世价值。

根据有关资料，世界生态农业的发展大约分为3个阶段。

第一，起步阶段。20世纪30—70年代。这个阶段生态农业只是个别生产者满足局部市场的需求，而自发地形成的生产方式，这些生产者组合成社团组织或协会。30年代初英国农学家A. 霍华德提出有机农业概念，并相应组织试验和推广，随后有机农业在英国得到了广泛发展。在美国，有机农业的先驱是罗代尔（J. I. Rodale），最早开始生态农业实践，他于1942年创办了第一家有机农场，并于1974年成立了从事有机农业研究的著名研究所（罗代尔研究所）。但这个时期的生态农业，主要侧重于利用生态系统，通过封闭式的生物循环，实现农产品的再生产，由于生产效率低、经济效益不高等原因，影响推广发展的速度。

第二，关注阶段。20世纪70年代后，随着农业生产的规模不断扩大，大量化肥、农药、激素、塑料等工业品投入，导致生态系统的破坏、土壤的贫瘠，加上工业化的高速发展，由污染导致的环境恶化、空气污染达到了直接危及人类的生命与健康的程度。于是许多经济发达的国家越来越意识到，必须加强环境保护以拯救人类赖以生存的地球，确保人类生活质量和经济健康发展，从而推动了以保护农业生态环境为主的各种替代农业研究。西欧发达国家也相继开展了有机农业运动，1972年在法国成立了国际有机农业运动联盟，同时，英国的有机农业在70年代后，在全国得到了广泛的接受和发展。日本70年代以后，为了减少农田盐碱化，农药、化肥的污染，提高农产品品质，开始大力推动生态农业的发展。与此同时，一些发展中国家也开始重视生态农业的发展，其中菲律宾是东南亚地区开展生态农业建设起步较早、发展较快的国家之一，玛雅（Maya）农场是一个具有世界影响的典型，1980年，在玛雅农场召开了国际会议，与会者对该生态农场给予高度评价，世界各国普遍认识到生态农业是农业可持续发展的重要途径。

第三，发展阶段。20世纪90年代后，特别是进入21世纪以来，保护环境、保护生态，实施可持续发展的理念逐渐成为世界各国的共识，可持续农业的地位也得以确立，生态农业作为可持续农业发展的一种基本模式，开始得到各国政府的重视，许多国家政府纷纷出台奖励措施或者补贴政策，鼓励和帮助农业经营者发展生态农业，许多农业科研机构，加大了对生态农业的研究与推广，因此，生态农业进入了一个全面发展的新时期，无论是在规模、速度还是在水平上，都有了质的飞跃。

我国生态农业的发展，起步比较晚。20 世纪 80 年代，农业部针对农业生态环境和生产条件恶化的趋势，提出我国生态农业发展的总体思路，并且组织开展了一系列生态农业的试点和示范。1993 年由农业部牵头组织开展了全国 51 个生态农业试点县建设，取得了显著的经济、环境、社会效益，进入新世纪以来，全国各地更加重视生态农业的发展，到 2002 年年底，全国大部分地区建立了无公害农产品的认证管理机构。目前，我国生态农业建设已经形成从国家层面到地方政府较为完善的管理、推广和技术服务的管理体系，同时，生态农业建设正在逐步走上法制化的轨道，全国大部分省、自治区、直辖市颁布了农业生态环境保护条例或办法。

我国生态农业与西方那种完全回归自然、摒弃现代投入的“生态农业”主张有所不同，主要强调继承中国传统农业的精华——废弃物质循环利用，规避常规现代农业单一作物连年栽培，大量使用化肥、农药等化学品所引发的种种的生态环境问题。

（三）生态农业的特点

1. 生态农业具有综合性的特点

生态农业强调发挥农业生态系统的整体功能，具有综合性的特点。一是表现为功能的综合性，不仅具有提高资源的利用率、经济效益的功能，同时，发挥保护生态环境的功能，再有为城市居民提供优质特色农产品的功能；二是生态农业既吸取了传统农业的农耕文化的精华，同时，运用最新的生物学研究成果以及各种先进农业装备；三是生态农业强调农业生产内部各个产业之间的协调、平衡，相互支持相得益彰，从而提高农业的综合生产力。

2. 生态农业具有多样性的特点

我国地域辽阔，山区、平原、丘陵地形复杂，南北东西之间气候条件、自然资源基础、经济与社会发展水平差异较大，为此，我国生态农业的发展，既要吸取发达国家的经验，运用先进的科学技术，更要充分吸收不同地区传统农业精华，发挥各地自然条件和资源的优势。依据本地区自然、经济、社会特点，扬长避短，充分发挥区位优势，形成多种生态模式、生态工程、技术装备类型生态农业模式。

3. 生态农业具有高效性的特点

生态农业利用生物技术，通过生态系统的物质能量循环，实现资源的多层次综合利用，实现资源利用的最大化，在为建设节约型社会作出贡献的同时，为农业增效、农业增收、农村增色服务。

4. 生态农业具有持续性发展的特征

发展生态农业，能够更加有效地保护和改善生态环境，维护生态平衡，减少或者治理化肥、农药、城市工业污染源对于自然环境的破坏，提高农产品的安全性，使得农业发展符合环境友好的理念，把环境建设同社会经济发展紧密结合起来，在最大限度地满足城市居民对于安全农产品日益增长的需求的同时，提高生态系统的稳定性和持续性，实现高效、低碳农业的长期可持续发展。

三、休闲农业

休闲农业是现代农业功能拓展的表现，是农业产业化多样性的体现。

（一）休闲农业的基本内涵

休闲农业是利用农业田园景观、自然生态资源，结合农业生产设施和经营活动，发展农村观光、休闲旅游、农耕文化体验的一种新型农业生产经营形态。休闲农业是深度开发农村旅游资源，调整农村产业结构，改善农业生态环境，增加农民收入的新途径。可以让城市居民享受回归自然、体验乡土情趣的乐趣，促进城乡交流，推进城乡一体化发展。

休闲农业作为一种产业形态大约产生于19世纪30年代，当时欧洲一些国家城市化区域不断扩大，人口急剧增加，人们希望缓解都市生活的压力，渴望到农村享受暂时的悠闲与宁静，体验乡村生活，于是生态休闲农业逐渐在意大利、奥地利等地兴起，随后迅速在欧美国家发展起来。

我国的休闲农业，作为一个新兴的产业，起步较晚，但是最近十几年发展迅速，产业规模逐年壮大。“十二五”期间全国农家乐已超过150多万家，规模休闲农业园区1.8万多家，年接待人数超过4亿多人次。各地根据自然特色、区位优势、文化底蕴、生态环境和经济发展水平，先后发展形成了形式多样、功能多元、特色各异的模式和类型，休闲农业逐步从零星分布向规模集约，从单一功能向休闲教育体验多功能，从单一产业向多产业一体化经营，从农民自发发展向政府规划引导转变。许多地区围绕“高、新、特、优、雅、奇”努力打造特色休闲品牌，经济效益不断提高，成为带动农民致富的支柱产业和民生产业。

“十三五”期间，我国城市化进程将呈现加速发展的趋势，城市人口的大幅增加，城乡居民消费能力的提高，休闲农业将迎来新的发展机遇。作为一个地域辽阔历史悠久的农业大国，具有优美自然景观和丰富农耕文化以及多彩的乡村民俗风情，休闲农业可持续发展有着得天独厚的条件和广阔的前景。

（二）我国休闲农业的模式

目前我国休闲农业发展的模式多种多样，分类还没有形成统一的标准。以下按照功能介绍几种主要类型。

1.“农家乐”一条龙模式

农家乐起源于欧洲，国内的农家乐产生于20世纪90年代，农家乐以满足城市居民回归自然、返璞归真、欣赏田园风光、回味乡土气息的心理需要为特长，吸引大批游客，已经成为我国旅游业发展的新亮点。

目前，大部分“农家乐”是以农民家庭为基本单位，也有几家农户合作组成接待单位，一般利用自然生态环境资源，以自家庭院、自己生产的农产品及周围的田园风光、自然景观，并以低廉的收费吸引游客前来吃、住、玩、游、娱、购等休闲旅游活动。主要类型有农业观光农家乐、民俗文化农家乐、民居型农家乐、休闲娱乐农家乐、食宿接待农家乐、农事参与农家乐。例如，最近几年浙江长兴、安吉地区，在当地政府的大力扶持下，农家乐形成完整的产业链，这种集旅游休闲观光为一体，吃住行、接送一条龙服务模式，由于服务到位、收费低廉（一般每人每天60~70元），吸引大批上海中老年游客。

2. 农耕体验“市民农园”模式

在大城市周围地区，在农民承包地合理流转集中后，一般有村级集体组织建立休闲农场，将土地划分若干小区，以“认种”方式让城市居民参与园艺耕作劳动，亲自种植花草、蔬菜、果树或经营家庭农艺，使消费者共同参与农业投资、生产、管理和营销等各环节，与农民结成紧密联结关系，体验和参与农业经营和农事活动，该模式在平时也可以委托农民代管、代种，市民主要是利用节假日参与农事耕作与管理。德国是世界上较早发展市民农园的国家，早在19世纪初就出现了市民农园的雏形，我国20世纪90年代开始出现这种模式，其中典型有苏州未来农林大世界，当时称为“市民农园”，将土地分割为50平方米一块，向城市居民招租，现在这种休闲农业在不同地区已经演变成多种类型的经营方式。

3. 村镇旅游观光模式

许多地区在美丽乡村建设的新形势下，将休闲农业开发与小城镇建设结合在一起。以古村镇宅院建筑和新农村格局为旅游吸引物，开发观光休闲旅游。

这种模式一般跟传统农耕文化传承教育相结合，诸如建立一些传统农艺展示厅，展示地方人物历史、民俗风情、传统手工艺、农耕文明历史，让市民在休闲观光的过程中了解当地农耕技艺、农耕用具、农耕节气、农产品加工等历史遗产，享受当地浓郁乡土气息与历史文化。这种模式还可以结合民俗歌舞、民间技艺、民间戏剧、民间表演等，丰富乡土文化休闲旅游的内涵。

4. 科普教育结合旅游模式

这种模式一般以现代农业科技园区为基地，组织游客参观现代高科技农业技术、现代温室大棚的设施农业、无土栽培的生态农业，使游客增长现代农业知识。

这种模式同时以农业科研基地为基础，利用科研设施作景点，以高新农业技术为教材，向各类旅游观光顾客和中、小学生进行农业技术教育，形成集农业生产、科技示范、科研教育为一体的新型科教农业园。这种模式将农业科技成果的展示教育与观光休闲结合起来，为现代农业科技的传播提供了新的途径。目前，我国许多先进的农业科技园，纷纷和农业大学或农业科研单位合作，加强农业科技的研发，成为农业科技成果“孵化”和“后熟”基础平台，大大促进了农业科技成果的转化和辐射推广。

四、创意农业

创意农业是现代农业的重要组成部分，作为一种新型的农业发展模式，具有多种产业相互融合的倾向和内涵丰富的产业文化。通过对农业多种资源的创新组合以及创意元素的渗透，创意农业延伸了价值链，为农业提供更高的附加值，取得综合效益的最大化，为现代农业和新农村的发展开辟了新的途径与空间。

（一）创意及农业的概念

创意是创造意识或创新意识的简称。在经济活动方面，创意是指人们通过创新思维，突破原来的思维定势，对产品的外观造型、功能组合等实现新奇的再造，从而增加或者提升产品与资源的使用价值、经济价值、文化价值、观赏价值。创意是许多创造发明的前奏，是打破常规的思路创新，是超越自我的智慧火花，是人类潜在智能的天然涌泉，是推动社会生产力不断发展的不竭动力。

最近几十年，世界创意产业呈现勃勃生机，创造性地改变了人们的生活习惯，甚至改变了世界的面貌。当前，我国经济发展正在跨越以生产要素与投资为动力的发展阶段，走向以创意为动力、创新驱动的新阶段。我国创意产业正处于蓬勃起步阶段，面临无数的契机，具有广阔的前景。

创意农业属于创意产业的一部分，伴随创意产业的发展而产生。一般认为，创意农业产生于20世纪90年代后期。由于农业科技装备、经营理念的不断创新，农业的功能突破原来仅仅提供生活必需品的基本特征，出现了观光旅游农业、休闲娱乐农业、生活体验农业等新的产业形态。与此同时，创意产业的理念也在英国等欧美发达国家和地区形成，并且迅速在世界各国传播。受到创意产业发展思维和理念的影响，人们开始将许多新的科技成果和人文元素融入农业产业，使得农业的功能不断得到拓展与延伸，于是就逐渐形成了兼有生产功能、观赏价值和生态效益的新型农业形态，即创意农业。

（二）创意农业的类型

创意农业的发展，使人们对农业、农村的功能有了新的认识，对农产品使用价值有了新的发现，对于农业及其产品的经营、消费形成新的理念。创意农业涉及的内容很多，可以从不同的角度加以分类。现主要按照创意的对象分为五类。

1. 农产品的形态创意

产品的形态加工，是一种较为常见的创意农业。是指通过现代生物科技或者特殊的农艺技术、栽培措施，使得农作物生长出形态、色彩、纹理独特的农产品，为农产品注入独特个性外观，赋予农产品新的艺术欣赏和文化价值，而从达到吸引消费群体，提升农产品价值的目标。例如，通过特殊框架让普通的西瓜长出正方形的形态，通过生物技术让葫芦长出特别的造型，通过在农产品生长过程中的特殊工艺，让农产品刻有文字。目前，我国创意农产品的规模化和集约化开发程度不高，多数产品科技含量较低，一般多处于原料型和初加工型生产阶段，创意农产品的开发还有很大的潜力和空间。

2. 农作物、园艺植物的栽培创意

一是通过新的科学规划设计，创新农作物的栽培方式，让农作物在生长期成为一种特殊的绿色风景，让农村的自然环境更具有观赏价值。二是通过采用特殊的农艺设施和农业科技，改变植物的固有的生物学特征，按照人的设计形成特殊的生长形态，从而吸引大众猎奇的心理。

3. 环境与民俗创意

农村优美自然的环境，是休闲观光农业发展的宝贵资源，通过创意思维，将自然环境与人文历史的和谐，呈现一种美的感受，这也是农村环境改造、环境设计，建设美丽乡村的基本要求。也是都市现代农业，在促进乡村一体化方面的要求与方向。

历史文化、民风民俗是珍贵的历史遗产，民俗民风蕴含丰富的农耕文明历史，是创意农业可持续发展的特殊资源。民俗的创意，一方面要尊重历史的原创，注重保留挖掘继承优秀文化历史元素；另一方面要以现代创意的理念，再造民俗新的活力与生命力，达到充分传承利用民俗风情文化资源的目标。

4. 产业融合创意

以农业产业发展为基础，衔接第二、第三产业有效形式与实体，丰富原有农业产业的层次，达到产业链的延伸发展，使得农业附加值大幅提升，实现产业的进化与创意发展，让农业增效、农民增收、农村增色。这类创意农业，融入第二产业中的加工业及第三产业中的休闲度假产业，能够形成集创意农业种植、生态加工销售、休闲旅游等功能一条龙的产业型发展模式。

5. 营销创意

这类创意的内容很多，包括销售渠道的创意，产品促销手段的创意，产品包装装潢的创意，品牌设计的创意等。营销创意，可以为创意农业树立良好的市场形象，培养消费者的认同感，稳定市场份额，开辟新的细分市场，延长产品的生命周期。提高创意农业的核心竞争力。

随着信息技术的迅速发展，互联网技术的广泛渗透，传统产业正在借助于互联网+，实现生产经营方式脱胎换骨的华丽转身。

五、互联网+农业

随着信息技术的迅速发展，互联网技术广泛渗透各行各业，现代农业产业化经营正在借助于互联网+，实现生产经营方式新一轮革命。

(一)“互联网+农业”的概念

“互联网+农业”是指将互联网技术与农业产业各环节的跨界结合，实现农业发展科技化、智能化、信息化，利用互联网平台形成的现代农业的新模式。

随着移动互联网、大数据、云计算、物联网等一系列新的信息技术在社会与经济发展中的广泛应用，互联网与农业的跨界融合所形成的农业新的业态，正在打造一个产出高效、产品安全、资源节约、环境有效的现代都市农业。

(二)“互联网+农业”模式

经过多年的实践和应用，“互联网+农业”已经形成了多种运作模式。

1. 农产品电商模式

这种模式就是通过电商帮助农产品实现销售。农产品电商首要考虑的是目标人群的定位，还有要与顾客建立良好的购物体验，来保证持续购买力及带动相关消费群体。由于农产品的特殊性，配送须要有冷藏冷冻的混合配送车辆以及冷藏周转箱及恒温设备，因此，降低物流配送成本是农产品电商平台发展需待解决的最大问题。

2. 产业链大数据模式

随着大数据技术的兴起，通过全面、快速、准确地捕捉农业全产业链的信息，完全有可能实现农业、物流、商流、信息流的统一，实现全产业链各种资源优化配置和高效运转，推动资源节约型、环境友好型多功能现代都市农业的发展。据农业部网站发布关于推进农业农村大数据发展实施意见，2017 年年底前，跨部门、跨区域数据资源共享共用格局基本形成。到 2025 年，实现农业产业链、价值链、供应链的联通，这将大幅提升农业生产智能化、经营网络化，全面建成全球农业数据调查分析系统。全国性农业数据中心的建设，将推进数据共享开放，完善农业数据标准体系。农业生产种养殖期长，市场预测偏差大，基于大数据支持的市场分析将大幅度提高市场预判的准确性，降低种养殖企业风险和生产型企业原料成本。

3. 专业合作社服务商模式

随着农村改革的推进和农民分工分业深化，合作社的创新形式日益多样。“互联网+”在农民专业合作社的组织形式、产业业态、运行机制、支持方式上将提供更多的服务能力，实现土地、资产、技术等资源要素的合作，并用新理念新技术，在生产销售同类农产品的基础上开展种养循环、产加销一体、休闲旅游等多种经营的新兴业态，逐步形成参与主体多元、利益分配多样、管理决策灵活的运行机制。

4. 农业物联网模式

农业物联网可实现对农业生产环境的智能感知、预警、智能决策和分析，为农业生产提供精准化种植、可视化管理、智能化决策，形成现代都市农业的“智慧大脑”。农业物联网建设需要生产、品控、物流、销售等多部门协作配合才能实现，是一个系统工程。如联想佳沃的农业物联网建设，就是依托联想集团强大的 IT 技术实力建立起农产品可追溯系统，并通过系统对种植、加工各环节的质量安全数据进行采集和分析，监测和控制产品生命周期内的质量安全。

5. 土地流转电商化模式

土地流转电商就是农村土地通过电商平台流转，土地流转可盘活农村土地，是农业现代化的催化剂。目前，一些地区已经建立了土地流转信息平台，网站的服务对象主要为 2 种：一是农民，他们大多数想出租土地，数量比较零散；二是种植户或者土地投资者，有一定实力进行规模化经营的求租土地者。两者之间实现土地流转后能实现农村土地的综合利用。在土流网发布的《中国土地流转市场研究报告（2010—2014 年）》显示，2014 年交易面积达 9 647.3 万亩（1 亩≈667 平方米。全书同），比 2013 年增长 155%，其中，农用土地占了 74.28%，农村土地流转正在进入高速发展时期。研究表明，把土地流转给经营大户，使大型生产机具和农业集成技术能够得到充分利用，不仅提高了土地综合利用率，增加了农业产出，同时，农民变身农业工人，更改变了以往的生产和生活方式，推动农村劳动力向非农产业转移。

6. 农资电商模式

随着农业生产规模的扩大，农业经营者、农资经销商、农资生产企业面临的农业产业升级中农资辨别、使用、销售、流通的难题。而“互联网+”的兴起和国家政策的扶持，传统农资生产企业、传统流通企业、电商平台公司等纷纷布局农资电商，农资电商平台具有的 B2C、O2O、移动互联网、网上支付和移动支付、融入体验分享和社交元素等特征，成为今后农资销售的主要模式。目前，农资行业已经出现数家企业自建的电商平台，如农集网、禾美网、田田圈等各种类型的电商平台。但是农资电商模式的应用推广，还需解决农民传统赊销习惯不符合电商模式；电商化与传统渠道存在利益冲突；农村物流配送体系落后；农资产品的技术服务与售后问题如何保障等难题。

第三节　现代农业产业化的组织模式

农业产业化可以将农产品生产、加工、销售的各个环节紧密联系起来，在家庭经营的基础上，逐步实现农业生产的区域化、专业化、商品化和社会化，解决小农经济难以对接市场获得规模效益的问题，大幅度提高农业的生产效率和经济效益。由于我国疆域辽阔，农业自然资源条件差异大，经济发展不均衡，各地选择农业产业化经营组织模式没有统一的标准，同时，农业产业化经营是一个渐进的发展过程，不同地区、不同产业、不同发展阶段存在不同的模式。

当前，我国农业正在经历从传统农业向现代农业转型的阶段，农村城市化、工业化、农民市民化进程不断加快，推动农村人口的大量向非农产业转移，为大规模农村家庭承包土地的流转，建立以家庭农场为主的新型农业经营主体，创造了社会基础，新一轮土地流转革命，将对优化农业产业化的组织模式和扩大产业化的规模产生前所未有的积极影响。

现阶段我国农业产业化的组织模式，正处在不断创新、不断完善的过程中，存在多种不同模式共存，相互借鉴，共同发展的局面。

以下介绍几种主要的模式。

一、我国农业产业化的主要模式

（一）“公司+农户”模式

“公司+农户”模式是以一个技术先进、资金雄厚的公司作为龙头企业，利用合同契约的形式把农户生产与公司加工、销售联结起来。通过这种模式，公司可以建立起相对稳定的初级农产品收购渠道，保障产品来源，降低采购成本；对农户来说，可以依托龙头公司，降低销售成本，保障所生产的农产品有相对稳定的销路。

但是这种模式没有将公司和农户的利益关系真正捆绑在一起，农产品的购销活动仍然按照市场交换关系进行。公司想买多少、何时买、何地买以及以什么价格买进，都受供求关系的影响和约束，同样，农户出售自己的产品也会受到市场价格波动的影响。由于公司与农户的财产各自独立，互不参与管理，没有利益共享机制。农产品在公司与农户之间难以获得稳定的供求关系，价格低了对农民不利，农民就可能另外开辟销售渠道，以获得更大的收益；价格高了又对公司不利，公司就可能从其他地方采购农产品，以降低采购成本。这种模式本质上，仅仅是公司与农户双方一种外在的结合，经济关系实质上是一种市场买卖行为，难以形成平等的利益共同体。

这种模式下，由于农户生产规模小、力量弱，利益分散缺乏代表自身利益的组织，导致缔约双方地位、力量不平等，使得农户与公司谈判中处于不利地位，龙头企业自然成为真正的市场主体。正因如此，导致利润环节的大部分留在了龙头企业，农户在该模式下，自身利益的获得存在不确定性。

“公司+农户”这种建立于商品契约基础上的产业化经营模式，公司需要面对大量的分散经营家庭承包户，由于规模小的农户，毕竟不同于企业，所以，该模式下，应采取各种方式方法，不断提高合约关系的稳定性。

（二）公司+基地+农户

“公司+农户”模式具有不稳定性，对于公司与农户都存在不确定的隐患，于是便产生了相对稳定的模式“公司+基地+农户”，这种模式的特点是通过基地向公司提供农产品，基地成了公司的代理方。基地对分散的农户进行监督和约束，基地同时也是农民的利益代表，对公司挤占农民利益的行为也能进行约束。在基地管理上，公司提供生产技术、农资供应、政策信息传递等统一的服务。基地作为连接公司和农户的桥梁，保障公司和农户之间的沟通。

这种模式下，公司与农产品生产基地和农户结成紧密的贸工农一体化生产体系，龙头企业通过共建、自建基地引导和组织分散的小农户进入社会化大市场。基地具体的形式可以是公司直接买断土地使用权，让农户成为企业工人；也可以是与农户达成协议，建立股份制生产基地，从产权层面上进行联结。

这种模式有一个显著优点，就是公司与农户签订的契约，通常改变了“公司+农户”模式下规定协议价格的做法，一般只签订了最低保护价格。在规定的收购时限内，如市场整体价格低于保护价格，则按保护价格收购；如市场价格高于保护价格，则按市场整体价格进行收购。这样就能更好保护农民的利益和积极性。

（三）公司+合作社+农户

这种模式在公司与农户之间，加入了合作经济组织的积极作用。通过合作社等合作经济组织把分散的农民组织起来，以公司为龙头，以合作经济组织为纽带，以众多专业农户为基础，提供从技术服务到生产资料服务再到销售服务的产加销、贸工农一体化全方位服务，把公司、农户与合作经济组织紧密联系在一起，形成产业化经营组织。合作社是农民创办的农户间的利益共同体。对外合作社是盈利性经济实体，对内是非盈利性服务组织，合作社的盈利可以在合作社成员间进行分配。

这种模式既发挥龙头企业对农户的拉动作用，又通过农民自愿组建、自愿加入的合作组织，提高了农民的组织化程度。从本质上来说，这个模式与“公司+基地+农户”一样，通过加入第三方的力量，有利于公司与分散的农户之间形成更稳定的利益纽带。

这种模式将单个农户与其他经济主体之间的交易关系内化为与合作社的交易，由合作社组织农民有序生产、进行农资购买和农产品的加工销售，节约了农民进入市场的交易费用，增强了农民的市场话语权，使农民能分享农产品加工和流通环节的增值收益。使得合作社成为实现农业产业化经营的最佳载体。

农业产业化经营组织模式多种多样，正确选择主要取决于农业生产力的发展水平。不同的农业生产力发展水平，应该选择不同的产业化经营组织模式。需要指出的是，随着农业现代化进程的加快以及互联网+的渗透，农业产业化领域的组织形式创新，将会越加多姿多彩。

二、我国现代农业产业化经营模式的发展趋势

党的“十八大”以来，中央和各级地方政府，为了解决城市化进程中，

农村空心化、农民老龄化的问题，解决“今后谁来种地”，确保“两个安全”，开始全面推进土地流转，大力培育和发展农村新型经营主体，特别是家庭农场进入快速发展壮大时期，逐渐成为农业产业化的主导力量。

据农村经营管理情况统计，截至 2015 年 6 月底，县级以上农业部门认定的家庭农场达到 24.0 万个，比 2014 年的 13.9 万个增长 72.7%。按行业划分，从事种植业的家庭农场 14.2 万个，占家庭农场总数的 59.0%，其中，从事粮食生产的 8.4 万个，占种植类家庭农场总数的 59.0%；从事畜牧业的家庭农场 5.0 万个，占家庭农场总数的 21.0%；从事渔业、种养结合、其他类型的家庭农场分别为 1.64 万个、2.34 万个、0.85 万个，分别占家庭农场总数的 6.8%、9.7%、3.5%。各类家庭农场经营土地面积 3 343.7 万亩，其中，种植业经营耕地面积 2 493.2 万亩，占 74.6%，平均每个种植业家庭农场经营耕地 176.1 亩。从种植业家庭农场经营耕地的来源看，流转经营的耕地面积 1 981.5 万亩，占 79.5%，家庭承包经营和以其他承包方式经营的耕地面积 511.7 万亩，占 20.5%。

家庭农场能较大程度地克服传统小规模农户经营的缺陷，为提升农业产业化经营水平提供了广阔的空间。可以相信以家庭农场为核心，以合作社为依托，代表着我国农业产业化模式发展的新趋势。在未来的农业发展中，“家庭农场+合作社”的产业化经营模式将成为联结农户与市场，运用现代科技和扩大经营规模来提高农业经济效益和市场化程度，加快实现农业现代化发展的有效载体。

当前，“家庭农场+合作社”发展模式主要有以下 4 种类型。

（一）“家庭农场+合作社+公司”模式

在这种模式下，家庭农场以专业合作社为依托，与龙头公司建立利益联结机制。先由公司根据市场需求与合作社签订契约，然后合作社按照契约规定的品种、数量、质量组织家庭农场生产。农产品成熟后由合作社验级、收购，而后由公司进行加工和销售。这种模式，一方面，增强了家庭农场与公司的谈判地位，可以有效约束公司的违约行为，保障家庭农场农产品的销路和权益；另一方面，通过合作社的生产监督和集中收购，可以确保公司对加工原料质量和数量的需求。从而，形成双赢的

（二）“家庭农场+合作社+超市”模式

在这种模式下，家庭农场承担农产品的生产，确保产品质量，合作社负责产业化的品牌建设和标准化生产服务，建立农产品质量的可追溯机制，保证超市稳定的货源供应。这种模式将订单农业与现代营销业态有机结合起来，缩短

了农产品采供周期，减少了中间流通环节和物流成本，保证了农产品的新鲜安全，有效地促进了农民增收，适宜规模化和标准化农业经营，适合蔬菜、水果等保鲜要求较高的农产品市场化经营。

（三）“家庭农场+合作社+直销”模式

这种模式由家庭农场联合成立合作社，合作社进入城市社区、街道直销农产品，或者由合作社与学校和企业食堂、餐饮企业等签订供货合同，负责直接供货。另外，近年来，通过建立网上销售平台，市民通过“网上菜场”订购各类农产品，由快递公司或者由合作社自行组织运输，直接将农产品送货上门，正成为一种潮流。

这种模式改变了“收购商—经销大户—批发市场—农贸市场”层层加价的传统销售模式，缩短了“田头”到“餐桌”的距离，缓解了市民“买菜难”和农民“卖菜难”的问题。

（四）“家庭农场+合作社+合作社自办加工企业”模式。

在家庭农场规模不断扩大，经济实力不断强大的基础上，家庭农场联合起来成立合作社，由合作社创办自己的加工企业，对下属家庭农场的农产品进行加工销售。这种模式以大规模的家庭农场存在为基础，以合作社为产业化经营的主导力量，对农业产业链各环节进行统一经营管理，这种模式是四种产业化经营模式中一体化程度最高的模式。合作社内部组织稳定性和合作性得到增强，内部成员利益高度一致，各主体之间的产权关系明晰，家庭农场不仅能够分享出售初级农产品的收益，还能够直接分享纵向农业产业一体化后农产品加工增值的收益。实现了农产品溢出效益索取权和控制权的统一。但这种模式实现的前提和条件是，有大规模家庭农场的集合体，同时合作社必须有规范的治理机制、有强大经济实力和市场竞争能力。

“家庭农场+合作社”产业化模式以我国家庭农场迅速壮大为背景，是坚持农业家庭经营的基础性地位，以家庭农场集约化、专业化、规模化的生产经营为基础，合作社为依托的农业产业化经营模式的创新。

第三章　现代农业产业化经营主体

大力培养现代农业产业化经营主体，是构建新型农业产业化经营体系的基础工程。也是当前推进农业供给侧改革，着力改善农业供给质量和结构，推进农业规模化、专业化、品牌化经营，更好满足市场各类需求，实行四化同步发展的必然要求。

培养经营主体，优化农业产业化经营体系，关键是通过土地流转、土地入股、土地托管、代耕代种、联耕联种、统一经营等多种形式，实现土地的规模化集中经营，在此基础上积极培养造就各类新型农业经营主体，实现一产、二产、三产的融合发展。

所谓发展新型农业经营主体，是指在坚持农村土地家庭承包经营基本制度的前提下，通过促进农村土地合理流转，扩大农业经营规模，创新农业发展的组织形式，重点扶持家庭农场、农业经营大户、农业合作社、公司化农业企业等现代农业经营组织的健康发展，从而增强农业产业的自我发展能力，加快农业的市场化、现代化进程。

加快培育新型农业经营主体，对于推动农业产业化经营体制机制创新、增强农业农村发展活力具有重大现实意义，也是当前转变农业发展方式，改变农业弱势地位，形成集约化、专业化、组织化和社会化相结合的新型农业经营体系，提高农业综合效益和市场竞争力的迫切需要。培养新型农业经营主体有利于从源头上改变目前我国农业兼业化、农村空心化、农民老龄化突出问题，解决好今后“谁来种地”，“地如何种好”全社会关注的焦虑。

根据近几年中央有关文件的规定，目前我国新型农业经营主体主要有：家庭农场、农民合作社、农业产业化龙头企业、专业大户等类型。

第一节　家庭农场

最近几年，各级地方政府采取鼓励措施，推动我国家庭农场迅猛发展，对我国优化土地资源配置，对推进现代农业产业化健康发展，产生重大的影响。家庭农场的产生和发展是我国继家庭联产承包制后，农业经营制度的重大变革，必将对未来的农业产业化发展形成持久的推动力。

一、家庭农场的概念与特征

家庭农场起源于欧洲和美国，是一个舶来词。在我国，大部分家庭农场是由原来的种植业、养殖业大户，进一步扩大规模形成的新型农业经营主体之一。它类似于种养大户的升级版。

家庭农场的概念与特征

1. 家庭农场的概念

家庭农场是指以农户家庭为基本组织单位，以家庭成员为主要劳动力，以种植业、养殖业为主要经营活动，从事农业规模化、集约化、商品化生产经营，经有关部门注册登记或认定，并以农业收入为家庭主要收入来源的新型农业经营主体。

2. 家庭农场的特征

（1）家庭经营的背景。家庭农场的经营以家庭为单位，“家庭”既可以是农业户籍的家庭，也可以是非农户籍的家庭。从业人员以家庭成员劳动力为主体，家庭成员的概念不仅包括户口本上登记的成员，还应包括具有血缘、亲戚关系的亲属；家庭农场也可以雇工，但雇工数不能超过家庭劳动力数，主要用于农忙时节。

（2）适度规模的要求。家庭农场主要依靠家庭成员从事劳动生产作业，有别于企业举办的农场，经营规模必须保持在可控的范围内，“适度”经营是家庭农场的基本特征与要求。必须坚持经营规模与劳动力数量相匹配，坚持与能取得相对较为稳定体面的收入相匹配。随着生产力水平和经营能力的提高，家庭农场有扩大经营规模的趋势。

（3）专业化生产的趋势。家庭农场以商品化生产为主，追求规模效益，专业性生产有利于更好利用当地资源，降低成本，取得竞争优势。目前家庭农场有粮食型、粮经型或种养混合型等类型，大多数采取一业或一业为主的生产模式，运用标准化生产技术，现代化生产手段，高标准安全可追溯制度，提供高产、优质、安全、可追溯的农产品。

（4）高效经营的目的。家庭农场以追求经济效益为目标，由于家庭成员之间的亲情和信任超越任何社会和组织成员之间的联系，因此，家庭农场具有非常强的凝聚力。通过提高成员的能力素质、改进生产设施、引进技术和装备、生产优质商品农产品、采取集约化经营、提高市场竞争力等措施，充分发挥适度规模效应和家庭经营优势，以达到劳动产出率、土地生产率和资源利用率最大化。

(5) 旺盛的生命力。纵观世界各国的农业，无论是发展中国家还是发达国家，家庭农场始终具有旺盛的生命力。家庭农场可以适应农业自然再生产和经济再生产相互交织的特点，适应动植物生长周期和劳动作业季节性变化的管理要求。同时，家庭农场具有灵活经营的优势，善于调整营销策略，更好调节生产活动的安排，针对市场的需要，组织农业产业化生产。

二、家庭农场的产生与发展

(一) 家庭农场的产生

1. 产生背景

从20世纪80—90年代开始，随着改革开放步伐的加快，随着生产和科技的发展，农村劳动力大量转移，部分种田能手通过承包土地和流转土地，从事专业化、规模化生产，已经具备了家庭农场的基本特征。但当时把类似的经营主体称之为“种田大户”“种养能手”。进入21世纪，上海市松江、浙江市宁波、吉林省延边等地在家庭农场培育方面进行了积极探索。

2. 发展历程

直至2008年，“家庭农场”一词首次写入党的十七届三中全会公报，公报指出：“有条件的地方可以发展专业大户、家庭农场、农民专业合作社等规模经营主体”。2009年，“家庭农场”一词，首次写入中共中央国务院一号文件（简称中央一号文件，全书同），标志着这一新型经营主体得到进一步的重视，指出：“逐步加大对专业大户、家庭农场种粮补贴力度。”2013年，中央一号文件进一步把家庭农场明确为新型农业经营主体的重要形式，与专业大户、农民合作社并列出现，同时，提出要鼓励和支持土地流入、加大奖励和培训力度等措施，扶持家庭农场发展。

家庭农场是专业大户的升级版，是新型农业经营主体的主要类型之一。家庭农场的诞生，是农业经营体制的创新，也是对家庭承包责任制这种基本经营制度的传承、创新和完善。

(二) 家庭农场的发展状况

根据农业部2013年首次对全国家庭农场的调查分析（截至2012年年底），家庭农场发展势头迅猛，发展步入正轨，专业化、规模化水平较高。

1. 家庭农场发展较快，已初具规模

全国30个省市区（不含西藏自治区）共有符合本次统计调查条件的家庭农场87.7万个，经营耕地面积达到1.76亿亩，占全国承包耕地面积的

13.4%。平均每个家庭农场有劳动力6.01人，其中，家庭成员4.33人，长期雇工1.68人。

2. 家庭农场九成以上以种养业为主

在全部家庭农场中，从事种植业的有40.95万个，占46.7%；从事养殖业的有39.93万个，占45.5%；从事种养结合的有5.26万个，占6%；从事其他行业的有1.56万个，占1.8%。

3. 家庭农场生产经营规模较大，收益较可观

家庭农场平均经营规模达到200.2亩，是全国承包农户平均经营耕地面积7.5亩的近27倍。其中，经营规模50亩以下的有48.42万个，占家庭农场总数的55.2%；50~100亩的有18.98万个，占21.6%；100~500亩的有17.07万个，占19.5%；500~1 000亩的有1.58万个，占1.8%；1 000亩以上的有1.65万个。2012年，全国家庭农场经营总收入为1 620亿元，平均每个家庭农场为18.47万元。

4. 家庭农场管理服务越来越规范，政府支持力度越来越大

在全部家庭农场中，已经被有关部门认定的或注册的共有3.32万个。其中，农业部门认定的1.79万个，工商部门注册的1.53万个。2012年，全国各类扶持资金总额达到6.35亿元，其中，江苏省和贵州省超过1亿元。

三、家庭农场发展中的问题与趋势

（一）家庭农场发展中的问题

在国家宏观政策的支持下，家庭农场发展迅速。但相关制度急需完善，人员素质急需提高，土地流转急需规范，支持力度急需加强。

1. 制度急需完善

家庭农场作为一个新型的经营主体，目前还处于起步阶段，培育发展需要有一个循序渐进的过程。如何认定家庭农场，如何指导培育发展家庭农场，如何从财政、税收、用地、金融、保险等方面扶持家庭农场发展都在实践和探索之中，农民群众对发展家庭农场的认识还有待提高，各级农业部门的宣传力度还有待增强。另外，有些基层政府部门对家庭农场作为现代农业经营重要主体的地位认识不足，特别是都市现代农业发展地区，土地资源相当紧缺，如果没有建立完善的监督制度体系，一些工商资本就可能以规模经营为借口前来圈地经商，他们无心经营农业，一心期盼得到征地开发补偿，这种状况难免对培育真正的农业经营主体造成负面影响。

2. 人员素质急需提高

农业劳动力技术和经营管理水平较低，经济效益不高。受城乡二元体制的影响，农村青壮年劳动力受教育程度不高，对先进农业生产技术和品种了解较少，缺乏现代的经营管理理念，限制了家庭农场生产集约化水平的提升。加上季节性雇工成本快速上涨等众多因素的影响，家庭农场经济效益难以得到大幅度提升，制约着家庭农场的健康发展。作为家庭农场主，应该具备一定的生产、决策、营销和管理等能力，作为家庭农场的主要成员，也应该懂得一定的生产管理技术，但目前，大多数农场主和家庭主要成员缺乏相应的能力。

3. 土地流转难

首先是农民惜租，部分农民不愿流转，土地流转困难，难以扩大经营规模，而且短期性土地流转难的现象比较普遍，制约家庭农场发展。虽然许多地方已建立了规范的土地流转规程，但实际运行过程中仍然存在一些不规范现象，经济发达地区，租期普遍偏短，不利于农场的持续化发展。且导致大多数农场主对修建灌溉设施、培肥地力等农业基础性项目不愿投入，限制了农业的可持续发展。其次是土地集中连片难，总有其他农民承包地夹在中间，不愿流转，造成家庭农场所经营的土地分散。同时，由于长期单家独户的劳作方式，在耕作方式、茬口安排各不相同，造成农田基础条件较差。再次是土地流转价格上涨快，受土地资源紧缺，物价、工价和高收益工商资本农业项目刺激，土地流转价格逐年攀升，家庭农场经营的成本压力较大。

4. 融资困难

家庭农场在经营初期一次性投入比较集中，如租赁土地、基础设施建设、农资投入、农具和农机购置等，资金需求较大，而大多数家庭农场由于自身资金积累不足，往往需要一定的资金借贷，而大部分投入无法通过资产抵押等方式获取银行贷款，金融机构一般不愿意为农户发放农业生产设备、林权抵押贷款，从而制约其投资发展。

5. 管理方式有待提高

初期的家庭农场大都管理方式落后，创新意识不强，产业化程度较低。家庭农场大多为农业大户发展而来，管理没有章法，基本是“家长式”的自我管理，其掌握的农业知识与技术非常有限，市场化意识不强，对扩大再生产积极性不高。由于缺乏统一规划，家庭农场发展多为：有数量、缺效益，有特色、缺品牌，很难形成产业规模，产品市场竞争力较弱，经济效益不高。

（二）家庭农场的发展趋势

发展家庭农场是现代农业发展的必然要求。是解决“谁来种地、怎样种好地”的根本举措，最近几年国家开始大力鼓励家庭农场发展，成为推动我国农业经营模式改变的基本战略。

“家庭农场”的概念在2013年中央一号文件中是首次出现。文件提出：坚持依法自愿有偿的原则，引导农村土地承包经营权有序流转，鼓励和支持承包土地向专业大户、家庭农场、农民合作社流转，发展多种形式的适度规模经营。2014年11月中央发布《关于引导农村土地经营权有序流转发展农业适度规模经营的意见》指出，“现阶段，对土地经营规模相当于当地户均承包地面积10~15倍、务农收入相当于当地二三产业务工收入的，应当给予重点扶持”。这正是家庭农场的规模。

2015年中央一号文件提出，要着力培育新型经营主体，鼓励和支持承包土地向专业大户、家庭农场、农民专业合作社流转，发展多种形式的适度规模经营。

从2013年提出家庭农场，到2014—2015年大力发展，家庭农场迎来了快速发展时期，国家相关支持政策也相继出台。有关媒体用发展现代农业的号角，2015家庭农场“井喷年”，来形容家庭农场的快速发展。

最近几年的中央一号文件从工作指导、土地流转、落实支农惠农政策、强化社会化服务、人才支撑等方面提出了促进家庭农场发展的具体扶持措施。以往国家对于农业项目的扶持多以提供财政补贴为主，而现在针对家庭农场的扶持政策，则在财政、税收、用地、金融、保险等多个方面给出空前的力度，这对今后我国家庭农场的健康发展将发挥至关重要的作用。

2015年成为我国家庭农场发展“井喷年”，各级政府频频出台鼓励政策，意味着中国通过家庭农场等新型农业经营主体发展现代农业已经成为主流意识。中外现代农业发展的历史证明，家庭农场一种有效的农业经营模式，也是发展现代农业的必然要求，家庭农场的蓬勃发展将使我国农业进入一个新阶段，相信广大家庭农场和新型职业农民，将成为现代农业的最终受益者。

第二节　农民专业合作社

农民专业合作社是农业产业化的另一重要主体。在农业产业化的进程中发挥不可或缺的特有作用。

一、农民专业合作社的基本概念

2007年我国出台的《中华人民共和国农民专业合作社法》的第一章总则

第二条，对农民专业合作社进行了简要的定义，内含2个方面的内容：一方面，从概念上规定合作社的定义，即“农民专业合作社是在农村家庭承包经营基础上，同类农产品的生产经营者或者同类农业生产经营服务的提供者、利用者，自愿联合、民主管理的互助性经济组织”；另一方面，从服务对象上对合作社作了界定，即“农民专业合作社以其成员为主要服务对象，提供农业生产资料的购买，农产品的销售、加工、运输、贮藏以及与农业生产经营有关的技术、信息等服务”。

在国际上，自1844年英国建立罗虚代尔合作社至今，世界合作社运动已经走过160多年的历史。20世纪70年代以来，世界经济发生了很大的变化，许多国家的合作社在适应市场变化的过程中积累了丰富经验，形成许多具有本国特色的农民合作社模式。世界各国关于农民专业合作社的定义大同小异。联合国粮农组织给出的定义是：“合作社是建立在自我帮助、自我负责、民主、平等、公正、团结的价值观基础上的。同时，合作社也是一种企业，人们建立合作社或参加合作社的主要目标是为了全体成员的利益而不只是为了个人的考虑，通过联合行动来改善他们的经济和社会条件”。

在我国，农民专业合作社是农民合作社的一种类型。2013年中央一号文件指出：“鼓励农民兴办专业合作和股份合作等多元化、多类型合作社。”因此，根据相关政策文件，农民合作社可分为专业合作、股份合作、信用合作、土地合作4个领域。

农民专业合作社对保障农村弱势群体利益能起到重要的作用。在我国农村，普通农户经营规模较小，普通农户市场信息不灵通，发展种植、养殖业带有一定的盲目性，并且加工能力弱，农产品的储存、保质和运输都不方便，经济利益无法得到保障。因此，只有通过加入农业合作社，才有可能改变弱势地位。

二、我国农民专业合作社的产生背景与发展历程

（一）农民专业合作社产生的背景

世界上最早的合作社出现在欧洲。在18世纪末期，英国开始工业革命，在生产日益规模化、社会化的同时，产生了大量弱势群体。弱势群体为了能够生存，自发主动的组织到了一起，互帮互利，合作社由此应运而生。

中国历史上第一个合作社——北大消费公社，成立于1918年，是由北大倡导合作思想的胡钧教授及其学生们共同组织创办的。

（二）农民专业合作社发展历程

现阶段中国农民合作社是在改革开放以后发展起来的，大致可分为3个阶段。

第一阶段：农业专业合作开始萌芽（20世纪80—90年代）。这一时期的合作经济组织名称多为“专业技术协会”，活动内容主要是技术合作和交流。农民专业合作在这一时期的特点是：数量少、规模小，组织形式较为松散，管理不够规范。据不完全统计，1986年，我国农村各种专业技术协会就有6万个，1987年有7.8万个，1992年，发展到了12万个。

第二阶段：农业合作经济渐渐步入正轨（20世纪90年代至20世纪末）。一方面，农民合作组织由技术合作型向技术经济合作型升级，除了从事技术合作外，还为会员提供生产资料供应、市场信息、产品销售、农产品贮藏及运输等多项服务；另一方面，政府开始引导农民自愿建立专业合作社和专业协会，于是各类合作经济组织大量兴起、活动范围逐步扩大。

1994年，山西省通过学习日本农协的经验，开始在定襄、临汾等4个县进行专业合作社试点，成为我国最早的农民专业合作社。也是在1994年，山东省莱阳市因出口农产品项目，受日商启发，开始倡导农民专业合作社。之后，山东省的泰安、河北省的邯郸、北京市郊区的顺义、房山等地，相继办起了一批农民专业合作社。

第三阶段：农业合作经济快速发展（21世纪以来）。进入21世纪后，我国各类农民专业合作经济组织发展很快，数量规模不断扩大，并呈现出多样性，如农民专业技术协会、农产品合作社、农产品行业协会等。

《中华人民共和国农民专业合作社法》于2007年7月1日起正式实施。这是我国第一部关于农民专业合作社的正式法律。它的颁布实施，说明我国已经将农民专业合作社纳入法制管理的轨道，这对于农民专业合作社的发展，具有里程碑式的意义。

三、我国农民专业合作社的发展与特征

（一）农民专业合作社发展现状

1. 发展速度快

近几年，我国农民专业合作社总体数量不断扩大，平均增长率达35.86%。随着农民合作形式的多元化发展，现已涌现出社区股份合作、土地股份合作、信用合作、联合社等多种类型的农民合作社。目前我国已有各类农民专业合作社140多万户，出资总额3万多亿元。

2. 覆盖范围较广

农民专业合作社广泛分布在种植、畜牧、农机、渔业、林业、民间传统手工编织等各个产业，其中种植业占 2/5 以上，畜牧业占 1/3。覆盖范围已拓展到农资供应，农技推广，土肥植保，农机作业，产品加工、储藏和销售等各个环节，从事产加销综合服务的占 3/5，以运销仓储服务为主的占 1/10。

3. 能力逐步提升

合作社从简单的技术、信息服务逐渐向农资供应、统防统治服务延伸。有近 50%的合作社能为成员提供产加销一体化服务。各地区合作社在数量增加的同时，也在进一步提升其运营的质量，逐渐重视农产品生产品质、执行国家安全标准、获取无公害、绿色、有机等“三品”认证以及创建自己的商标和品牌。

4. 规范化程度较高

许多农民专业合作社有较为规范的章程，各项管理分配制度较为健全，合作社成员能较好地行使民主选举、民主管理、民主决策、民主监督的权利。

5. 合作形式多样。

2013 年中央一号文件强调，要大力支持发展多种形式的新型农民合作组织，鼓励农民兴办专业合作和股份合作等多元化、多类型合作社。近年来，农民专业合作社从原先单一产品的生产或销售发展为多种形式，包括劳动合作、土地合作、资本合作等，形成了多种生产要素的合作。

（二）农民专业合作社的特征

1. 农民专业合作社的成员以农民为主体

为坚持农民专业合作社为农民服务的宗旨，保证农民真正成为合作社的主人，能够有效地表达自己的意愿。《中华人民共和国农民专业合作社法》第 15 条规定，农民专业合作社的社员中，农民至少应当占社员总数的 80%。这就从制度上保障了农民在合作社中的主体地位。

2. 农民专业合作社是一种经济组织

虽然农民专业合作社秉持为农民服务的宗旨，但它并不是公益组织。农民专业合作社是从事经营活动的实体型农民专业经济合作组织。需要注意的是，一些社区性的农村经济集体组织和社会团体法人类型的农民专业合作组织都不是真正的农民专业合作社。

3. 农民专业合作社遵循自愿、民主的原则

农民专业合作社的一切运作都体现民主精神。根据《农民专业合作社法》第 3 条规定，成员入社自愿、退社自由；成员地位平等，实行民主管理。因

此，任何组织和个人都不得干涉成员的自由意志，不得强迫其从事违背个人意愿的行为。

四、农民专业合作社规范建设与发展成效

（一）农民专业合作社规范建设

农民专业合作社规范化建设从 2007 开始启动。2007 年 7 月 1 日实施的《中华人民共和国农民专业合作社法》，使我国的农民专业合作社的发展走向了规范化的阶段。

2009 年，农业部等 11 个部门联合印发的《关于开展农民专业合作社建设行动的意见》中明确指出，要着力加强规范化建设，以示范促规范，抓规范促发展。

1. 完善法律制度建设

随着《中华人民共和国农民专业合作社法》的出台，以及国家推进农民专业合作社规范化建设的呼吁，各类法律法规、规章制度都陆续出台，为农民专业合作社的规范化建设奠定了法律基础。农业部与财政部、银监会等部门共同下发了合作社示范章程、财务管理制度等制度以及各类指导意见、实施标准，明确了合作社在组织机构、运作机制等方面的基本规范。同时，各地开始结合国家意志和地方实际出台合作社地方性法规。由此，全国的农民专业合作社依法成立、规范运作，形成了良好的发展氛围。

2. 加强人员素质教育

农民是农民专业合作社的主体，要实现合作社的规范化建设，必须提高农民的基本素质和专业能力。因此，国家十分重视对农业人才的培养，开展多种形式培训，提高农民的种养技能和能力。目前，农业部命名了 196 家合作社作为人才培养实训基地，依托新型职业农民培养等项目，有针对性地开展对合作社带头人、合作社骨干人员以及入社农民的培训。同时，各级地方政府也相继在合作社设立田间学校或培训实训基地，为农民专业合作社培养更多实用人才提供方便。

（二）农民专业合作社的发展成效

1. 农业组织化程度得到提高

农民专业合作社通过将农户联合起来，“抱团”参与市场竞争，大幅提高了农业生产和农民进入市场的组织化程度。农民专业合作社可以发挥组织协调作用，可以有效地将分散的资金、劳动力、土地和市场组织起来，联合生产，形成规模，产生组织品牌效应，实现小生产与大市场的有效衔接，能在带领单

家独户进入市场方面发挥独特的桥梁和纽带作用。同时，合作社采取自愿加入的模式，参与合作社的农民是被合作社能为他们带来的实实在在的利益所吸引，这样的组织凝聚力更高，也更持久。

2. 推进农业供给侧结构性改革

当前我国许多农产品呈现总量过多，结构不合理的状况，加强农业供给侧结构性改革，成为我国农业产业结构调整的目标，农民专业合作社组织形式有利于以农业增效、农民增收为出发点，发展绿色优势高效农业，有能力形成以名优特新产品为主导、高新技术为支持、布局合理的区域性优势产业带。农民专业合作社能进行规模经营、专业化生产、企业化管理，能引进和应用新品种新技术，能加快农业标准化进程。这些特质正符合农业供给侧改革的要求。

3. 促进农民增收

实践证明，农民通过参加农民专业合作社，收入大幅提高。特别是一些生产标准化、规模化、品牌化程度较高的农民专业合作社，农民收入增加更加明显。一方面，农民通过参加农业合作专业社，其购买生产资料所需费用大大降低，节约了农业投入成本；另一方面，农民专业合作社实行统一销售，并且在销售时直接面对市场，减少了中间环节，在同等销售规模下农产品销售价格得到了提高。同时，随着农民专业合作社的发展和成熟，农民未来收入增长的渠道得到了拓展。

五、农民专业合作社发展的障碍与趋势

（一）农民专业合作社发展面临的障碍

最近几年，我国农民专业合作社发展迅速，有一哄而起的感觉。但由于发展的历史比较短暂，其自身和外部还存在不少的发展的瓶颈与制约因素。从总体上看，我国农民专业合作社的发展仍处于初级的发展阶段，健康成长还存在一些障碍。

1. 规模较小，忽略品牌建设

虽然近几年合作社在规模和质量上都有了很大提升，但仍然还有很大的上升空间。很多农民专业合作社的规模较小，经营形式单一，只停留在一些简单的农产品生产和销售环节，没有形成自身的产业链。

目前，我国农民专业合作社大多数只关注如何将社员的产品卖出去，忽视了自身的品牌建设。产品的销售一般都是通过农产品中转商来实现，很少自己进行农产品的深加工来提升农副产品附加值。因此，大多数没有培育自己的营销品牌。

2. 运行机制不完善

现阶段，许多农民专业合作组织制度建设滞后，在资金积累、规范运行、风险防范等方面机制尚未建立，抵御风险的能力极其有限。最为突出的是，绝大多数农民专业合作组织内部没有建立风险机制，一旦农产品价格、销路或出现如非典、禽流感这样的疫情风险，组织自身无法抵御，造成不可避免的损失。另外，一些农民合作社组织管理不够民主，管理决策权力集中于少数人手中，导致管理有失公允。

3. 融资难，制约合作社发展

融资难是农民专业合作社在发展过程中遇到的普遍问题，原因有以下几点：第一，一些农民专业合作社从成立之初就没有确切的计划和长远的目标，也就很难获得其他方面的资金扶持。第二，一些农民专业合作社不要求入社农户缴纳入社资金，本身缺乏资金储备，再加上政府投入的扶持资金有限，资金就遇到了瓶颈。第三，金融机构的贷款门槛高。出于对农民信用的不信赖和农民专业合作社缺乏实物抵押的原因，金融机构为了维护自身利益，对合作社提出了较高的贷款条件，不能及时的为农民专业合作社提供贷款。

4. 政策扶持不配套

近几年来，总体而言，各级地方政府对农民专业合作组织建设的重视在加强，但是投入力度与农民专业合作组织加快发展的要求还很不适应。各级财政对农民专业合作组织的扶持投入十分有限，一些农民专业合作组织缺少资产、无实力，特别是无法建设必要的场地和仓库等建筑设施，应对激烈的市场竞争能力差。农民专业合作组织不同于一般性工商企业，有一定的公益性，如何从财政、税收、信贷等方面加大扶持，亟须进一步研究。

(二) 农民专业合作社的发展趋势

1. 功能更具多元化

最初，农民专业合作社只为农民提供农业技术服务，现在许多农民专业合作社已经实现了产加销一体化服务，服务内容贯穿农业生产的产前、产中、产后环节，包括农资采购、技术支持、包装加工、运输营销等。未来随着农业产业化的推进，在市场有利环境的支持下，农民专业合作社的功能将更具多元化。例如，金融服务功能、农业文化传播功能以及社会服务功能都将萌发并逐步优化，农民专业合作社将成为更重要的农村经营的主体。

2. 深化纵向合作，丰富合作形式

一般而言，农民专业合作社成立之初先实行的是横向合作，即相同生产类型或从事相同农业生产环节的农民之间的合作，随着市场经济的发展，农民专业合作社开始实现纵向合作，也就是与产业上下游主体之间的合作。目前，我国主要有两种纵向合作形式，一种是“龙头企业+合作社+农户”的模式；另外一种就是由合作社自己创立上下游产业分工联动模式，直接联结消费者。将来，这两种形式都将不断优化并成为发展的重要方向，同时，也会有更多更好的合作形式出现。农民专业合作社加强纵横合作，定能获得更好的发展空间。

第三节 现代农业产业化龙头企业

农业产业化龙头企业是现代农业产业化的“火车头”，发挥着领头羊的作用。发展壮大农业产业化龙头企业，对于促进农业产业化的发展具有重大战略意义。

一、农业产业化龙头企业的概念与特征

（一）农业产业化龙头企业的概念

所谓农业产业化龙头企业，是指那些在农业产业化过程中，实力比较雄厚，辐射面广、带动力强，按市场化运作，按照供产销一条龙、贸工农一体化经营的原则，从事农业生产资料供应、农产品加工或流通为主的涉农工商企业。

农业产业化龙头企业在现代农业专业化生产、社会化服务、区域化布局中处于关键地位，起着引导作用。龙头企业是连接农户与国内外市场的纽带，对于促进农民增收和农业发展发挥着重要作用。

（二）农业产业化龙头企业的认定标准

关于农业产业化龙头企业的认定标准，各地情况不一样。

1. 农业部规定国家级重点龙头企业认定标准

（1）企业经营的产品。企业中农产品生产、加工、流通的销售收入（交易额）占总销售收入（总交易额）70%以上。

（2）生产、加工、流通企业规模。总资产规模：东部地区 1.5 亿元以上，中部地区 1 亿元以上，西部地区 5 000 万元以上；固定资产规模：东部地区 5 000 万元以上，中部地区 3 000 万元以上，西部地区 2 000 万元以上；年销售收入：东部地区 2 亿元以上，中部地区 1.3 亿元以上，西部地区 6 000 万元以上。

（3）农产品专业批发市场年交易规模。东部地区 15 亿元以上，中部地区 10 亿元以上，西部地区 8 亿元以上。

(4) 企业效益。企业的总资产报酬率应高于现行一年期银行贷款基准利率；企业应不欠工资、不欠社会保险金、不欠折旧，无涉税违法行为，产销率达93%以上。

(5) 企业负债与信用。企业资产负债率一般应低于60%；有银行贷款的企业，近2年内不得有不良信用记录。

(6) 企业带动能力。龙头企业通过建立合同、合作、股份合作等利益联结方式带动农户的数量一般应达到：东部地区4 000户以上，中部地区3 500户以上，西部地区1 500户以上。

(7) 企业从事农产品生产、加工、流通过程中，通过合同、合作和股份合作方式从农民、合作社或自建基地直接采购的原料或购进的货物占所需原料量或所销售货物量的70%以上。

2. 上海市规定申报《农业产业化上海市重点龙头企业》基本标准

(1) 企业登记。在本市注册登记、从事农产品生产、加工或流通、符合上海现代农业发展导向的农业企业。

(2) 企业规模。初级农产品生产、流通企业总资产规模5 000万元以上，其中，固定资产规模在2 000万元以上；农产品加工企业总资产规模8 000万元以上，其中固定资产规模在3 000万元以上。

(3) 企业销售。初级农产品生产企业年销售额8 000万元以上；农产品加工、流通企业年销售额1亿元以上；农产品专业批发市场年交易规模10亿元以上。

(4) 企业经营。企业农产品生产、加工、流通的销售收入（交易额）占总销售收入（总交易额）70%以上。

(5) 企业效益。企业的总资产报酬率不低于中国人民银行发布的金融机构一年期银行贷款基准利率；产销率达93%以上。

(6) 企业负债与信用。企业资产负债率一般不超过60%；发生融资行为的企业，近2年内没有不良信用记录；近2年内没有偷漏税款的记录。

(7) 企业带动能力。龙头企业通过农民专业合作社或直接带动农户，建立合同（协议）、订单、合作、股份合作等利益联结方式带动本市农户1 000户以上；或采购、销售本市地产农产品4 000万元以上。

(8) 企业产品竞争力。在同行业中，企业的产品质量、科技含量、新产品开发能力处于领先水平，企业有注册商标；产品符合国家产业导向和环保要求，并获得相关质量管理标准体系认证；近2年内未发生产品质量安全事故；农产品生产企业初级农产品应通过无公害农产品认证。

二、农业产业化龙头企业产生背景与发展历程

我国的农业产业化和龙头企业发端于20世纪80中后期，至今已近30年的历程。其发展过程，经历了从小到大、从弱到强的过程，虽然时间不长，但发展速度很快，特别是近几年发展速度更快。总的来看，可分为4个阶段。

第一阶段（20世纪90年代之前）：这一阶段，龙头企业还处于自发的发展状态，没有历史经验可以参照，基本没有国家的扶持，没有起到很大的引领作用。多数企业对农户有拉动作用，但不是直接而是间接拉动，没有与农户形成稳定的利益连接关系。根据历史资料，这一阶段的农业产业化企业主要集中于畜禽养殖和加工行业。

第二阶段（20世纪90年代前期）：这期间，发展最快的就是沿海地区。这一阶段的主要特点是：农产品加工企业快速发展，少数企业得到政府的支持。同时，"公司十农户"的经营模式正式诞生，这种模式得到了国内多数学者的认同，也得到了部分地方政府的扶持，但并没有获得社会的广泛认可。

第三阶段（20世纪90年代中后期）：这一阶段，农产品加工企业发展更快，政府也逐渐加大扶持，开始大力推动农业产业化的发展。由农业部牵头、国家发改委、财政部、商务部、人民银行等部门共同组成的全国农业产业化联席会议，建立了齐抓共管的工作协调机制。另外，企业在发展过程中逐步形成了"公司+农户""公司+合作社+农户"经营的多种模式。

根据资料显示，1996—2000年，产业化组织数量年均增长53.1%，带动农户数量平均增长31.1%，来自产业化经营的户均收入年均增长56.5%。

第四阶段（21世纪至今）：这一阶段，国家开始重点扶持龙头企业，2001年评定并命名了首批国家级农业产业化龙头企业150个。到2005年年末，共评定国家级农业产业化龙头企业580多个。据农业部统计，2010年我国农业产业化龙头企业的销售总额达5.7万亿元，其带动农户达1.1亿户。农业龙头企业对我国现代农业发展起到了巨大的作用。

随着国民经济的转型发展，农业产业化发展也会发生变革，相信农业龙头企业也会加强技术改造和升级，进入转型发展的新阶段。

三、农业产业化龙头企业发展的现状和存在的问题

（一）农业产业化龙头企业的发展现状

总体而言，进入21世纪以来，农业产业化得到进一步发展，已形成一定规模，农业产业化龙头企业一直呈现出较好的发展势头。

1. 数量和实力增长较快

农业产业化龙头企业增长速度快。据农业部数据，2004—2013 年，龙头企业数量由 4. 97 万家增加到 12. 34 万家，年均增长 10. 63%；销售收入由 14 260. 54 亿元增加到 78 579. 96 亿元。同时，龙头企业的职工和农户数量也在增长。2007—2009 年，894 家龙头企业的职工数和带动农户数的年均增长率分别为 7. 4%和 8. 6%。在行业方面，国家级龙头企业的行业分布广泛，共涉及 15 个行业，但是行业集中度很高，一半以上的国家级龙头企业从事食品加工行业，14%的国家级龙头企业从事传统农业种养殖行业。

2. 地区分布不均衡

目前，由于地区经济发展的不平衡性，我国农业产业化龙头企业主要分布在东南沿海地区，中部及西部地区龙头企业数量及规模相对较小，表现出明显的地区不均衡性。第一、第三、第四批公布的龙头企业在各地区的占比分别为：东部地区 46. 4%、45. 8%、43. 9%，中部地区 37. 2%、30. 7%、32. 3%，西部地区 16. 4%、23. 5%、23. 8%、由此可见，龙头企业在东部地区发展最好，在西部发展最差。农业部等部门及时出台了相关标准，力求改变这种不平衡的局势，但收效甚微。

3. 农产品市场得以开拓

农业产业化龙头企业的价值之一就是为农户搭建市场交易的桥梁，随着龙头企业规模和实力的壮大，市场的开拓能力不断增强。许多有实力的龙头企业（特别是沿海发达地区的龙头企业）除了占领国内市场，近年来，纷纷把目光投向国际市场，充分发挥我国的劳动力资源优势，大量出口劳动密集型农产品。我国的农产品销往世界各地，既增加了经济效益，又提高了品牌知名度。

（二）我国农业产业化龙头企业发展中存在的问题

我国农业产业化龙头企业的虽然数量增长较快，但目前还处在成长发展阶段，总体水平不高，还存在着一些问题，值得加以重视。

1. 经营规模偏小，市场占有率偏低

我国的农业产业化起步较晚，发展过程较短，因而无法形成数量众多、实力雄厚的农业产业化龙头企业。与发达国家相比我国农业产业化龙头企业规模小，抵抗风险的能力必定弱，经不起市场竞争激烈的考验。目前，各地虽然十分重视龙头企业发展，但有些的龙头企业往往从地方利益出发，各自为战，没有形成有效的合作体系，有的甚至还搞地区封锁，这就限制了自身的发展。同时，由于经营规模有限，加上地方保护，缺少相互间正常的竞争，无法形成重组兼并的浪潮，这对农业产业化整体水平的提高非常不利。我国农业产业化的覆盖面较窄，目前只有50%左右的覆盖面，而发达国家中的美国、日本、荷兰等国则早已超过80%。世界上200家最大的食品加工企业的产值，已占到全球食品部门总产值的1/3。就龙头企业产品的市场占有率方面来看，我国的龙头企业所占比重及整体实力显著低于西方发达国家的水平。

2. 科技创新能力不足，经济效益较低

我国各地农业产业化龙头企业的发展程度与西方发达国家相比，还处于较低的水平。各地龙头企业之间往往各自为政，存在产品雷同、技术雷同，目前多数龙头企业还没有设立独立的研发部门，对于技术创新的资金投入很少，缺少创新驱动的能力，企业无法形成核心竞争力。龙头企业生产的多数产品仍是初级产品，粗加工多，精深加工的少。同时，农产品的质量还未得到有效的保障，质量卫生标准化体系还不健全。

龙头企业的竞争常常局限于对有限农业资源的争夺，在一定程度上加剧了相互间的恶性竞争，这给我国农业产业化龙头企业的健康发展带来一系列不利影响。由于农业产业化的程度较低，公司与农户间的协作还不密切，这就增加了成本支出，减少了利润。再加上龙头企业面临用工成本持续增加、土地租金不断上涨、农产品价格高于国外等压力，企业盈利率比较低。据测算，价值1元的初级农产品，经加工处理后，在美国可增值3.7元，日本为2.2元，中国只有0.3元。较低的利润水平又会影响龙头企业的进一步发展。

3. 产业集群的形成过程缓慢

全国各地的农业产业化龙头企业数量虽然不少，但由于没有相对统一的管理，实力扩张有限，始终难以发展成规模巨大、实力雄厚的大型农业产业化企业集团。因此，推动传统农业向现代农业转移的步伐较慢，所起的作用也不大。同时，一些地区龙头企业在当地所占的比重并不高，对所在地区其他企业的控制力较弱，使其发展受到影响，这种情况在中西部地区表现得更明显。

4. 缺乏统一规划，没有形成有效的合作机制

我国各级政府对农业产业化龙头企业的发展给予了大力支持，在政策和措施上都给予充分重视。但由于各地的实际情况不同，各地对农业产业化龙头企业的支持力度也有所不同。有些地区没有统一规划，任龙头企业自由发展，致使农业产业化没有形成科学合理的区域布局，一些城市化发展较快的地区，农业产业化生产基地往往由于规划不合理，影响生态环境等因素，多次动迁，这在一定程度上阻碍了农业资源利用效率的提高。类似现象也阻碍农业产业化龙头企业的发展和合作机制的形成，减弱了合作的动力，对龙头企业产业链的科学延伸造成不良影响。

5. 龙头企业与农户之间的利益联结关系不稳固

近年来，虽然合同农业、订单农业等多种利益联结形式得到了大量的发展，但龙头企业与农户之间的利益矛盾仍然存在。一是双方的关系没有真正形成“风险共担、利益共享”机制。农户与产业化企业没有签订规范的合同，或者由于农户分散和信息不对称等原因，使得农户在利益分享中处于不利地位。二是违约现象普遍存在。农户由于市场价高于双方协议价而私卖违约，企业由于市场价低于协议价而拒收农户原料。三是产加销的协调存在问题。一些农户只顾埋头初级农产品的生产，而企业只顾集中精力农产品的加工和销售。这样有些农户生产出来的农产品难以符合企业的收购标准，也就意味着双方不能通过很好的合作，成功创建产加销一体化的优化模式。

四、农业产业化龙头企业的功能定位

（一）推动农业供给侧结构性改革

当前，我国正在大力推进农业供给侧改革，调整不合理的农业生产结构，转变农业增长方式，促进农业转型升级，农业龙头企业不仅具备资金、人才、技术等优势，又能组织和带领农户进入市场，这使得它成为了农业供给侧结构调整，农业转型升级的关键力量。一是龙头企业可以通过扩大规模、增加数量、增强竞争力，并且推动农业与第二、第三产业的融合，从而促进农民增收，使得农业转型升级遍地开花。二是龙头企业可以通过与农户之间的联系，将新技术、新思想传播给广大农民。龙头企业应用最新科技成果、改进生产工艺、建设高效的产加销一体化生产服务体系，充分发挥带动效应，切实推动农业科技化的发展。三是龙头企业可以吸收和培养一大批农业人才，将优秀人才留在农村，将先进的技术教授给农民，为农业转型升级提供智力支撑。

（二）促进新型农业经营体系的构建

农业产业化龙头企业与农户之间的利益联结关系，能够更好地培育新型农业经营主体和经营模式，推动农业现代化的实现。在龙头企业的带领下，能引领农户成立农民合作社，培育专业大户、家庭农场等多元经营主体。通过“公司+农户”“公司+合作社+农户”“公司+集体经济组织+农户”等组织模式，将不同主体联结起来，不断优化经营模式。

（三）保障农产品质量安全

在农业产业化的背景下，龙头企业将成为农产品质量安全把关的重要主体。龙头企业，一方面可以建立高标准生产基地，从生产环境、生产工艺上加以改进，保障农产品安全；另一方面，可以对农户进行宣传引导，避免农户使用违禁农药，鼓励农户运用科学、绿色的方法进行生产经营。

农产品质量安全是食品安全的源头，食品安全又是关乎民生大计的大事。龙头企业应当担负起社会责任，有效保障农产品质量安全。

（四）推动新型城镇化建设

党的十八届三中全会指出要坚持走中国特色新型城镇化道路，推进以人为核心的城镇化。要实现城镇化，首要的就是推动农村发展。一方面，龙头企业通过发挥资金、技术、品牌等方面的优势，挖掘农村优势资源，培育农村文化，发展特色农产品、发展乡村休闲旅游观光，促进都市现代农业的发展，为新型城镇化提供产业支撑；另一方面，龙头企业通过农业产业化经营的市场化运作，能吸引人口向集贸区集中，能带动信息、金融、餐饮、文化等服务业的发展，从而加快城镇化建设的步伐。

五、农业产业化龙头企业的发展趋势

（一）龙头企业的加快兼并重组

随着国内市场的迅速扩大，未来农业龙头企业的引领方式将发生变化。原有的龙头企业规模越来越大，市场份额明显提高。同时，又有一大批新生龙头企业占据市场份额。农业龙头企业通过资源整合、兼并重组，会逐步调整形成一批规模大、竞争力强、带动力强的大型龙头企业，或是企业集团。农业龙头企业的引领方式也随之从原先的单一力量的引领发展壮大为集群力量的引领。

（二）树立创新意识，提高市场竞争力

为了应对国内外新形势的要求，我国的龙头企业必须树立创新意识、推进市场营销，积极转化为营销型企业，只有这样，才能抓住企业发展的关键因素和企业的核心竞争力，才能真正提高企业的可持续发展能力。因此，在未来的一段时期里，农业产业化龙头企业的发展，将由依靠要素驱动逐步转变为依靠创新驱动。

（三）利益共同体联结紧密、融合发展

在未来，龙头企业与家庭农场、农民合作社、农户之间的关系会更加紧密，双方相互渗透、相互融合，入股的合作形式会得到更普遍的适用，“风险共担、利益共享”的宗旨会得到更有效的落实。除此之外，龙头企业还会与提供土地、资金、技术、劳动力的各方形成利益共同体，共同推进产品创新、品牌推广。

（四）大力开展科技创新，提高龙头企业的技术水平

农业产业化龙头企业作为农业产业化的排头兵，也是农业科技创新的重要

力量。政府有关部门将进一步加大对龙头企业科技创新的支持力度，采取有效措施提高龙头企业的产业化水平，鼓励龙头企业与科研院所及高校进行联合协作，将现代科技成果迅速转化为现实生产力，提高产品的安全性和科技含量。通过国家有关政策及资金的资助，农业龙头企业将更加主动积极引进最新科技成果，开发出适应市场需求的新产品，满足社会需要，促进企业经济效益和社会效益的提高。逐步形成一系列有自主知识产权的技术和产品，以新产品、新技术引领企业的发展，在创新中发展，在发展中去创新，形成创新与发展相互协调、相互促进的局面。

第四节 专业大户

一、专业大户概念

专业大户是指从事某种农产品的专业化生产，经营规模明显大于当地一般农户，具有一定的示范带动作用，在家庭承包经营基础上发展起来的一种新型农业生产经营主体。由于，我国各地的自然经济条件差距较大，对于专业大户经营规模的界定，目前还没有形成统一的标准。

二、专业大户特点

(一) 专业大户具有比较优势

专业大户与传统分散的家庭承包户相比，由于种养规模明显大于一般农户，可以取得较大的规模效应，专业大户更加注重吸收先进的农艺技术，重视市场供求变化，获得较好经济效益。专业大户也称为种养大户，一般具有专业技能，规模化、集约化程度高，在提高农民专业化程度、建设现代农业、促进农民增收等方面发挥的作用日益显现，为现代农业产业化发展和农业经营体制创新注入了新活力。

(二) 专业大户与家庭农场关系密切

许多家庭农场是由专业大户发展而来，是家庭农场的基础版。只是，专业大户不受相关条件的限制，如：不要求农业户口、不需要有关部门认定，不要求以家庭劳动力为主，收入也不规定以农业收入为主。另外，从农业经营方式看，专业大户和家庭农场也有一定的区别。专业大户一般是指从事某一种农产品专业化生产的大户，种养规模明显大于传统家庭农户；而家庭农场是农业规模化、产业化经营的产物，原是指欧美国家的大规模经营农户。党的十七届三中全会提出有条件的地方可以逐步发展家庭农场之后，许多地区的专业大户逐渐发展成为家庭农场。从目前各地的实践看，家庭农场一般都是独立的农业法人，土地经营规模大于专业大户，生产集约化、农产品商品化和经营管理水平一般高于专业大户。

由于我国地域广阔，地区之间的生产力水平差距很大，许多地区的农业家庭承包户，不可能一夜之间转移土地承包权，为家庭农场的发展，腾出空间，因此，在未来可以预见的一段时间内，应该坚持专业大户和家庭农场共同发展的思路。

（三）专业大户具有专业化经营的竞争优势

专业化生产是现代农业的基本特征，农业专业大户具有专业化经营的经验积累。可以凭借较大的经营规模、独特的种养技术，在产业的外观、品质以及营销策略等方面形成差异化优势，同时在经营方式上，可以采取和农业专业合作社联合的方式，增强生存发展能力，降低生存成本，提高农业的综合效益，成为现代农业的一支生力军。因此，专业大户和家庭农场一样，代表了现代农业的发展方向，是新型农业经营主体的基本单元。

三、专业大户发展趋势

在大力推进农业现代化的过程中，专业大户将扮演着不可或缺的作用，专业大户虽然在经营规模上不及家庭农场，但许多专业大户在生产经营方面具有独特的优势，尤其是都市现代农业，并不以追求规模化生产大众化农产品为唯一目标，都市现代农业功能定位的多样性，决定了专业大户在生产特色农产品，提供名特优农产品方面的优势，可以更好满足都市人群对农产品的个性化、差异化需求。同时，专业大户并不以家庭成员为主要劳动力，在兼备家庭农场优势的情况下，能够更多地采取企业化发展思路，在发展特色休闲农业、创意农业方面较快适应都市人群消费观念的转换。此外，专业大户还可以在传承农耕文明、发展教育体验农业、保存地域农技文化魅力等方面有所作为，为都市现代农业的全面协调发展增光添彩。

随着国家现代农业建设步伐的加快，城乡一体化发展进程的推进，国家对农业经营主体和新型职业农民培育力度的加大，“农业将成为有奔头的产业、农民将成为体面的职业”，从而吸引大批年轻、有文化、懂经营、善管理、守法制的新型职业农民加入现代农业发展的浪潮，成为农业经营的骨干，建立并经营专业大户、家庭农场、农民专业合作社和农业企业等农业经营主体，为我国现代农业产业化的可持续发展，以及农产品的安全保障，提供坚实的基础。

第四章　现代农业产业化服务体系

现代农业产业化服务体现的是为现代农业产前、产中、产后各个环节提供服务和支持的综合服务系统，是提升农业竞争力、延伸农业产业链，提高现代农业产业化管理水平、实现农业高效生态可持续发展的重要支撑系统。加强农业产业化服务体系建设，对当前农业增效、农民增收起到至关重要的作用，建设覆盖全程、综合配套、便捷高效的现代农业产业化服务体系，是加快实现农业现代化的必然要求。

实现农业现代化，既需要发展现代农业产业化经营，也需要发展农业产业化经营服务体系。而全方位的社会化服务是农业产业化经营体系高效运转的保证。当前，我国农业产业化经营正处在加快发展阶段，一方面，我国农村自实行家庭联产承包制以来，迎来土地经营权流转的革命，为农业的规模化经营和新型农业经营主体的培育创造了条件，农业产业化迎来新的发展机遇；另一方面，由于市场经济体制尚未健全，新旧制度交替，地方保护，区域封闭，部门利益强化，产加销脱钩，依然影响了农业产业化经营向纵深发展。因此，推进现代农业产业化不仅需要加大社会化服务体系的建设力度，同时，需要根据市场主导资源配置的改革要求，创新现代农业服务体系的机制体制。

总之，新形势下，“加快构建以公共服务机构为依托、合作经济组织为基础、龙头企业为骨干、其他社会力量为补充，公益性服务和经营性服务相结合、专项服务和综合服务相协调的新型农业社会化服务体系”，成为推动我国现代农业产业化发展的重要举措和紧迫任务。

第一节　政府部门农业技术推广服务体系

改革开放以来，我国的农业技术推广体系建设取得了明显的进展，初步形成了从中央到省、地、县、乡（镇）多层次、多功能的农业技术推广体系，为农业科技成果转化、促进农业和农村经济发展作出了突出的贡献。

一、农业技术推广的概念

（一）农业技术推广的定义

我国《中华人民共和国农业技术推广法》（以下简称《农业技术推广法》）将农业技术推广定义为：农业技术推广是指通过试验、示范、培训、指导以及咨询服务等，把应用于种植业、林业、畜牧业、渔业的科技成果和实用技术普及应用于农业生产的产前、产中、产后全过程的活动。农业技术推广应当遵循下列原则：有利于农业的发展；尊重农业劳动者的意愿；因地制宜，经过试验、示范；国家、农村集体经济组织扶持；实行科研单位、有关学校、推广机构与群众科技组织、科研人员、农业劳动者相结合；讲求农业生产的经济效益、社会效益和生态效益。

我国农业技术推广主要分为国家、省、地、县、乡（镇）五级机构，县级以上农业技术推广部门属于事业单位，按专业领域分为5大系统：种植业、畜牧兽医、水产、农业机械、经营管理。因种种原因，各级机构在财政预算方式上分为全额预算、差额预算和自收自支单位。2003年年底，乡镇农技推广机构中，全额拨款的占53.8%，其他的为差额预算和自收自支。1998年以前，乡级农业五站中，由县（市）主管部门管理的占40%左右，目前这个比例已经不到20%

（二）农业技术推广主要职能

目前，我国农业技术推广机构的职能包括4个方面。

一是法律法规授权或行政机关委托的执法和行政管理，如动植物检疫、畜禽水产品检验、农机监理、农民负担管理等。

二是纯公益性工作，如动植物病虫害监测、预报、组织防治，无偿对农民的培训、咨询，新技术的引进、试验示范推广，对农药、动物药品使用安全进行监测和预报，参与当地农技推广计划的制订及实施，对灾情、苗情、地力进行监测和报告等。

三是带有中介性的工作，如农产品和农用产品的质量检测，为农民提供产销信息，对农民进行职业技能鉴定等。

四是经营性服务，如农用物资的经营，农产品的贮、运、销，特色优质产品生产及品种的供应等。

（三）发挥的主要作用

农技推广为各时期的农业与农村经济发展作出了重要贡献，组织推广了大批动植物新品种和重大技术，大幅度提高了农产品的产量与品质，增加了粮食、禽蛋、肉类、鱼类等主要农产品的有效供给。据不完全统计，全国种植业技术推广系统平均每年立项推广技术 6 万多项次，面积 20 亿亩次；畜牧业技术推广系统每年推广瘦肉型猪等重大技术 10 多项；水产业技术推广系统每年推广稻田养鱼、网箱养鱼、水产名特优品种的健康养殖技术及对虾病害防治等重大技术，新增水产品 120 多万吨；农机化技术推广系统每年推广各类作业机具 260 多万台件；农村经营管理系统每年管理的农业承包合同和农民负担卡均超过 2 亿份，调解、仲裁农业承包合同纠纷 90 多万件。

二、农业技术推广体系的概念

(一) 农业推广体系的定义

所谓农业技术推广体系是为农业生产提供技术指导、技术咨询、技术服务的各类组织机构和方法制度的总称。农业技术推广体系（Agricultural Extension System）作为促进农业创新成果转化的重要载体和途径，是农业推广工作的基础和组织保证，也是我国农业支持和保护体系的重要组成部分，它为我国农业生产技术进步和农产品产量提高起到了极大的促进作用。

长期以来，党和政府高度重视加强农业推广体系的建设，历经半个世纪的不断发展和改革，已建成种植业、林业、畜牧、水产、水利、农机化、经营管理几大专业技术推广网络，形成自上而下的垂直的我国农业推广体系。

(二) 我国农业推广体系的发展历程

建国以后，党和政府高度重视农业推广事业，1955 年，农业部制定《农业技术推广方案》，要求各级政府设立专业机构和配备干部开展农业技术推广工作，到 1957 年各地农业技术推广站基本完善。“文革”期间农业技术推广体系建设受到一定程度的影响。改革开放 30 多年，我国农技推广体系经历了恢复、巩固发展和创新发展 3 个阶段。

1. 恢复发展阶段（1978 年至 20 世纪 80 年代末）

这个时期的主要特点是：农技推广适应农村家庭承包经营体制和农业农村经济发展需要，建立了相应的推广体系，实现了恢复发展，并逐步形成了以国家扶持与自我发展、有偿服务与无偿服务相结合的新机制。

第一，初步健全了全国农技推广体系。党的十一届三中全会以后，农村家庭承包经营制度在全国全面推行，人民公社管理体制解体，1979 年，农林部在全国 29 个县试办县级农业技术推广中心，取得了积极成果。1982 年中央一号文件（中发〔1982〕1 号）提出：“要恢复和健全各级农业技术推广机构，充实加强技术力量。重点办好县一级推广机构，逐步把技术推广、植保、土肥等农业技术结合起来，实行统一领导，分工协作，使各项技术能够综合应用于生产”。同年，农牧渔业部组建了全国农业技术推广总站，将植保局、种子局分别转为全国植物保护总站、全国种子管理总站，并于1986年组建了全国土壤肥料总站，这标志着现代农技推广体系雏形的形成。

第二，落实了基层农技推广的基本保障。1983年，农牧渔业部颁发了《农业技术推广条例》（试行），对农技推广的机构、职能、编制、队伍、经费和奖惩做了具体规定。1983年中央一号文件（中发〔1983〕1号）明确指出："农业技术人员除工资收入外，允许他们同经济组织签订承包合同，在增产部分中按一定比例分红。”同年国务院74号文件（国发〔1983〕74号）决定“在县以下（不含县级）工作的农林科技人员，在原来工资基础上，向上浮动一级工资，作为岗位津贴。”这标志着农技推广人员待遇有了政策保障。

第三，拓展了职能创新了推广机制。1984年，农牧渔业部颁发了《农业技术承包责任制试行条例》，号召广大农技人员深入基层，开展技术承包活动，用经济手段推广技术。1985年中共中央6号文件（中发〔1985〕6号）提出："要推行联系经济效益报酬的技术责任制或收取技术服务费的办法，使技术推广机构和科学技术人员的收入随着农民收入的增长而逐步增加。技术推广机构可以兴办企业型经营实体。”1989年国务院78号文件（国发〔1989〕78号）提出，要大力加强农业科技成果的推广应用，建立健全各种形式的农技推广服务组织，进一步稳定和发展农村科技队伍等。这标志着基层农技推广体系的职能由无偿技术推广拓展到有偿技术服务，初步探索出适应当时农业生产和农村经济发展需要的运行机制与方式方法。

通过这一时期的发展建设，恢复了基层县级农技推广机构，健全了中央和省、地（市）级的农技推广机构；加强了队伍和基础设施建设，调动了推广人员的积极性。农技推广为粮食及主要农产品生产实现“丰产丰收”提供了有力的技术支撑。

2. 巩固发展阶段（20世纪90年代初至20世纪末）

这个时期的主要特点是出台了《农业技术推广法》，落实了乡镇农技推广“三定”工作，组织实施了丰收计划、植保工程、种子工程和沃土工程等重大项目，促进了农技推广体系的稳定和农业生产的发展。

第一，推进了乡镇推广机构“三定”工作的落实。1991年国务院59号文件（国发〔1991〕59号）强调指出："为了鼓励大中专毕业生到农村第一线服务，决定把乡级技术推广机构定为国家在基层的事业单位，其编制员额和所需经费，由各省、自治区、直辖市根据需要和财力自行解决”。1992年，农业部、人事部联合颁发了农（人）字〔1992〕1号文件，为稳定和充实乡镇农技推广队伍提供了政策依据。1996年中央2号文件（中发〔1996〕2号）提出："各级政府都要增加农业技术推广的经费，并对乡镇农业技术推广的定性、定员、定编和经费保障等情况进行一次全面检查，切实按国家有关规定在今年内落实"。这些文件的出台，促进了乡镇农技推广机构的建设和"三定"工作的落实。

第二，颁布实施了《农业技术推广法》。1993年，《农业技术推广法》正式颁布实施，明确了我国农技推广工作的原则、规范、保障机制等。该部法律的出台对我国农技推广事业的发展具有里程碑意义。其后，先后有24个省、自治区、直辖市结合当地实际，制定并颁布了农业技术推广法实施办法，标志着我国农技推广事业发展逐步步入法制化轨道。

第三，保持了农技推广体系和队伍稳定。1998年中共中央办公厅13号文件（中办发〔1998〕13号），进一步明确在机构改革中推广体系要保持"机构不乱，人员不散，网络不断，经费不减"。1998年，党的十五届三中全会提出了"以家庭承包经营为基础，以农业社会化服务体系、农产品市场体系和国家对农业的支持保护体系为支撑"的农村经济体制基本框架。同年，农业部成立了农业社会化服务体系领导小组，并设立了办公室，统筹协调种植业、畜牧兽医、农机化、水产和农村经营管理5个系统推广体系的建设；针对一些地方在机构改革中对基层农技推广体系造成的影响，农业部会同中编办、人事部、财政部起草了"关于稳定农业技术推广体系的意见"上报国务院，1999年国务院办公厅转发了该意见（国办发〔1999〕79号）。2000年，农业部又会同中编办、财政部等有关部门对国办发〔1999〕79号文件的落实情况进行了检查。该文件为在机构改革中稳定农技推广体系发挥了重要作用。

3. 创新发展阶段（进入21世纪以来）

这个时期的主要特点：乡镇机构改革、农村税费改革和综合改革对基层农技推广体系改革提出了新的要求。农业部通过积极组织试点，探索强化农技推广系统的公益性职能、剥离经营性服务，构建"一主多元"的新型农技推广体系，促进了《国务院关于深化改革加强基层农业技术推广体系建设的意见》（国发〔2006〕30号）的出台，推进了全国基层农技推广体系的改革和建设。

第一，开展了改革试点。2000年中共中央办公厅国务院办公厅30号文件（中办发〔2000〕30号）下发后，各地纷纷把农口设在乡镇的农技推广机构合并为农业综合服务中心，其"人权、财权、物权"下放到乡镇管理。由于一些地方在具体操作中盲目减机构、减人员、减经费，使基层农技推广工作受到了明显削弱。2002年中央2号文件（中发〔2002〕2号）提出：“继续推进农业科技推广体系改革，逐步建立起分别承担经营性服务和公益性职能的农业技术推广体系。”2003年农业部起草了农经发〔2003〕5号文件，会同中编办、科技部和财政部等四部办联合在12个省、直辖市开展基层农技推广体系改革试点工作。同年，农业部、中编办、科技部、财政部、人事部等五部办在北京联合召开了全国基层农技推广体系改革试点工作会议。2005年，五部办联合向国务院上报了《关于基层农技推广体系改革试点情况的报告》（农发〔2005〕135号）。通过改革试点，在农技推广体制改革、机制创新方面取得了重要成果，为2006年出台国发〔2006〕30号文件、全面推进基层农技推广体系改革和建设统一了认识、积累了经验、奠定了基础。

第二，创办了科技示范场。2000年中央3号文件（中发〔2000〕3号）提出：“各级财政要拨出专项经费作为启动资金，支持各地以现有农业技术推广机构为基础，有计划、有重点地创办一批农业科技示范场，使之成为农业新技术试验示范基地、优良种苗繁育基地、实用技术培训基地，在结构调整中发挥带动作用。”为此，农业部和财政部在深入调研的基础上，从2001年起，启动了农业科技示范场建设项目。到2007年，中央财政共投入资金2.1亿元，在全国补助建设了1 261个农业科技示范场，其中种植业900个，占71.4%。基层农技推广部门以科技示范场为载体，通过做给农民看，引导农民干的方法，探索了市场经济条件下加快农技推广的新途径。

第三，推进了全面改革创新。2003年中央3号文件，2004—2006年每年的中央一号文件，都对农技推广改革发展提出了具体要求。国发〔2006〕30号文件，对加强基层农技推广体系建设作出了全面部署。2007和2008年中央一号文件进一步提出“继续加强基层农业技术推广体系建设，健全公益性职能经费保障机制，改善推广条件，提高人员素质”；“切实加强公益性农业技术推广服务，对国家政策规定必须确保的各项公益性服务，要抓紧健全相关机构和队伍，确保必要经费。通过3~5年的建设，力争使基层公益性农技推广机构具备必要的办公场所、仪器设备和试验示范基地。”2002年中央一号文件强调提出：提升农技推广服务能力，首先要不断健全农技推广服务体系，一方面要提升公益性农技推广能力；另一方面大力发展农技社会化服务，加快形成“一主多元”的基层农技推广服务网络。目前，全国基层农技推广体系改革和建设正在全面展开。

通过这个时期的发展，确立了构建“一主多元”农业社会化服务新体系的指导思想，突出了国家农技推广体系的公益性职能与主体地位，探索了新的推广体制、机制和方法，为粮食及主要农产品生产实现“高产、高效、优质、生态、安全”提供了有力的技术支撑。

三、农业技术推广体系存在的问题

目前，我国农业技术推广体系建设取得明显进步，从中央到地方多层次、多功能的农业技术推广体系已初见雏形，发展态势良好。但值得注意的是，农业技术推广体系仍然存在着许多不足之处，主要有以下几个方面。

(一) 管理体制改革滞后

从中央到地方的五级农业技术推广体系是在以政府农业技术推广机构为主导，计划经济为背景之下建立的，是按照行政区域分行业和专业设置，此种依托行政管理，以计划模式运行的体制，无法适应“让市场在资源配置中起决定性作用”的改革趋向，僵化的行政体制往往会造成部门及地区的分割，推广工作的协调配合度不足，出现各部门地区各自争取资金及推广项目的局面，导致推广责任混乱。

(二) 基层农业技术推广部门职能界定不明确

农业技术推广系统，承担许多职能，除了技术推广外，还包括行政执法、农产品安全检测、疫病防治、病虫害预测预报及防治、咨询服务、经营创收等职能。农业技术推广系统有多个不同职能部门组成，各部门应当遵守各司其职、各尽其责的基本原则，避免出现与其他部门机构权责交错的情况。但是由于地方机构对有关站所的职能含义模糊不清，一些单位不仅同时承担多种职能，还经常出现与其他机构部门职能交叉重叠的情况，这些现象都严重阻碍了基层农业技术推广工作。

(三) 农业技术推广效果有待提高

科学技术是推动生产力水平提高的直接动力，加快科技成果转化是农业技术推广的本质要求。目前，我国农业科技贡献率已经达到50%左右，但是与农业发达国家相比还相差20%，这与农业技术推广的效果有关。多年以来，农业技术推广都是采用上情下达的模式，由政府部门制定推广计划，决定推广形式，没有立足于农民对技术的现实需求，区别不同地区的具体情况，从而影响农技推广的效果。而有些农民能手创造的具有真正推广价值实用型新技术、新方法，却得不到总结提炼推广，无法产生规模效益。

(四) 机制不健全，推广人员素质有待提高

目前，县级农业技术推广机构的内部管理制度灵活性不足，对技术人员的工作效果及监督力度不够，没有引进竞争机制，无法调动一线工作人员积极

性，出现机构内部一潭死水的局面。在待遇方面，最近几年农业科技人员相比公务员有下降的趋势，一些新进农技人员跳槽的现象较为严重，乡镇一级农技推广站所，由于机构合并，有的残缺不全。另外，经调查研究表明，国内基层农业技术推广人员综合素质普遍低下，具备本专业学历、专业技能的比例不高，加之缺乏实践经验与培训机会，知识技术得不到更新，造成农业技术推广服务举步维艰。

四、改善农业技术推广体系的要求

（一）创新推广理念，改进推广方法

农业技术推广要贯彻以农民利益为主理念，农技推广体系必须把提高农民素质或通过提高农民素质提升农产品的竞争力作为指导思想和基本目标，把技术推广融于提高农民素质的过程之中。随着新型农业经营主体的壮大，农民法人主体意识的增强和政府职能的转变，行政干预日渐难以见效，必须探索能有效引导专业大户、家庭农村、农民专业合作社愿采纳农业新技术的工作方法，把技术推广与提高农民组织化程度密切结合起来。将以“技术”为主要形式的“技术推广”观念转变为以“人”为主的农业推广，农业推广职责除了技术的传输外，还应肩负起培养农民、提高农民文化素质水平的重任。

（二）改善农业技术推广体系组织结构，培植多元化体系

为健全农业技术推广体系建设，应该打破政府为主体的模式，变成以政府为主导，组建一个多元化的农业技术推广组织，组织对象可以涉及农业科研所、农业院校及优秀农业经营主体等，扩大参与人员的层次性，为农业技术推广组织注入新鲜血液。各级政府要积极探索农技推广的多种实现形式，充分发挥农业龙头企业、中介组织、农民专业合作社在农技推广中的积极作用。在登记注册、管理税收、贷款等方面大力支持农业龙头企业、中介组织、农民专业合作社等，建立研发基地，开展农技推广活动。要长期切实措施鼓励社会组织进入农业科技推广服务体系，同时，要建立健全严格的监管机制和长效服务机制，规范服务行为，既保证其通过合法经营服务获利，也要防止损害农民利益的问题发生。

（三）调整机构设置，理顺职能关系

随着现代农业产业化的发展，农业将加速实现的专业化生产、区域化布局、品牌化经营。各地区的农业种养结构、品种比例将呈现不同的情况。有的地区由于生态保护的原因，可能不在保留畜禽养殖业，而有的地区可能集中发展特种养殖业，在农业供给侧结构性调整的背景下，许多地区的种植业结构将

发生较大的变化。为此，农业技术推广体系建设应该反映当地农业供给侧结构性改革的要求。必须打破原有的部门冗繁体系，改变原有各地区雷同的机构设置，出台新的管理制度，创新农业技术推广管理办法。

(四) 引进竞争机制，提高工作人员综合素质

各地农业技术推广组织，大部分属于国家事业单位，虽然进行了多次人事制度改革，实现了绩效工资，但是本质上并没有改变论资排辈、平均主义、多干少干一个样的管理问题。为此，需要引进企业化管理竞争机制，对工作能力差，长期不能作出贡献的人员进行淘汰，才能激发科技人员的积极性，提高他们自主更新知识的意识，积极主动地为农业技术推广作出贡献。另外，要进一步强化农业技术人员的继续教育，不断更新原有的知识结构，适应农业科学技术快速发展的趋势。

(五) 加强资金扶持，拓宽资金来源渠道

各级政府应加大对农业科技的投入，保障农业推广资金的足额到位，农业技术推广单位要提高推广资金的使用效果，削减冗繁机构，将每一分钱都切实用在农业科技推广需要上。另外，调整现有支农资金结构，按照 WTO 的原则，减少政府对农业生产、流通领域的直接资金投入，按“绿箱政策”增加对农业科研、教育、推广等领域的资金投入，使政府对农业技术推广的资金达到国际平均水平。同时，要进一步拓展资金来源渠道，通过大力宣传农业技术创新的重要性，以实施重大公益性技术推广项目为纽带，积极争取企业和社会各界的捐助，扩大农业技术推广资金的来源渠道。

第二节　高校新农村发展研究院——农技推广新模式

长期以来，我国传统的农业技术推广体系是参照前苏联的模式建立的，地、县、乡（镇）三级农业科技推广体系，在促进农业科技进步，推广农业新品种、新设施、新技术，促进农业增效、农民增收方面发挥了主导作用。但是这种农业技术推广体系，存在系统封闭，区域阻隔、效率低效的问题，农技推广部门存在缺少人才、缺少可推广成果、缺少可支配资金“三缺”现象，这种现状显然不适应，现代农业产业化发展的要求 。与此同时，我国高等院校每年产生数以万计的农业科技成果，由于体制机制方面的关系不畅，许多科研项目与农业产业链联系不紧密，无法与生产经营主体对接，有些项目长期沉睡在实验室，无法落地转化农业生产力，而有些农业经营主体却苦于无处寻找所需要的技术。为了扭转这种状况，创新农业技术推广的模式方法，建立以相

关高校及科研机构为依托，以市场为导向，社会各方参与的新型政产学研结合农业技术推广体系已经成为现代农业产业化发展的迫切期待。真是在这样的背景下，我国高校“新农村发展研究院”农业技术推广模式脱颖而出。

一、建立高校新农村发展研究院意义

为了“大力推进高等学校农业科技创新与推广服务，探索建立以高校为依托、农科教相结合的综合服务模式，切实提高高等学校服务区域新农村建设的能力和水平，教育部、科技部决定联合开展高等学校新农村发展研究院建设工作”。2012 年国家教育部和科学技术部联合颁布《高等学校新农村发展研究院建设方案》，“方案”对于高等学校建设“新农村发展研究院”的重大意义作了具体阐述。

（一）建设新农村发展研究院是落实国家中长期科技、教育规划纲要的战略行动

国家中长期科技、教育规划纲要中分别指出，要鼓励和支持多种模式、社会化的农业科技推广，建立多元化的农村科技服务体系；要积极推进城乡、区域合作，增强高等学校主动服务社会意识，强化科教资源的统筹协调与综合利用，加快科技成果转化，大力提升高等学校服务“三农”能力。

新农村发展研究院建设是以区域创新发展和新农村建设的实际需求为导向，以机制体制改革和服务模式创新为重点，加快涉农高等学校办学模式的转变，组织和引导广大师生深入农村基层开展科技服务，切实解决农村发展的实际问题，发挥高等学校在区域创新发展和新农村建设中的带动和引领作用。

（二）建设新农村发展研究院是完善我国新型农村科技服务体系的重要举措

我国现有的专职化农业技术推广体系对农业科技的发展和应用发挥了重要作用。但是，仅依靠专职化技术推广队伍，已经很难满足日益增长的新农村建设与发展的综合需求。近年来，在党和国家以及地方政府的大力支持下，涌现出许多适应市场需求、广受基层欢迎、富有活力的科技服务模式，极大地丰富和拓展了农村科技服务的内容与范畴，逐渐形成了公益性推广服务、社会化创业服务和多元化科技服务的农村科技服务新格局。

高等学校是我国农业科技推广和农村社会服务的重要力量，多年来探索建立了“太行山道路”“农业科技专家大院”“科技大篷车”“湖州模式”“百名教授兴百村”等多种形式的科技推广和服务模式。在总结这些经验的基础上，通过开展新农村发展研究院建设，大力推进校地、校所、校企、校农间的深度

合作，构建以高等学校为依托的“大学农村科技推广服务模式”，使之成为我国新型农村科技服务体系的重要组成部分和有生力量。

（三）建设新农村发展研究院是推进高等学校改革发展的有效途径

随着社会主义新农村建设进程的不断深入，迫切需要高等学校从传统个体化、自发性为主的服务，向系统化、有组织的服务转变；迫切需要从间接式、短期性的服务，向与农村发展相结合、长期性服务转变；迫切需要从单纯依靠涉农高等学校，向多学科集成、多校联合、政产学研用融合的方向发展。

以服务为导向、以改革促发展，通过开展新农村发展研究院建设，一方面加快推动高等学校内部的改革；另一方面推进高等学校之间、高等学校与社会间的协同创新和服务，促进资源共享，发挥合力优势，在实践中摸索出一条社会服务和高等教育相互促进、相得益彰的发展道路。

二、高校新农村发展研究院的重点任务

（一）建立多种形式的新农村服务基地

（1）综合示范基地。充分利用高等学校多学科、多功能的优势和特色，通过校地、校所、校企、校农间的合作，共建一批具有一定规模、集科研中试示范、成果推广转化、农民技术培训以及学生实习创业为一体的综合示范基地，加快成果的孵化与转移，使之成为区域新农村建设的辐射中心。

（2）特色产业基地。紧密围绕当地农村特色产业的发展需求，建设一批特色产业基地，创新校地、校企、校农等合作方式，从共性关键技术出发，切实提升特色产业的产品质量，带动相关产业发展，增加农民收益，并发挥示范带动作用，使之成为县乡特色产业的发展引擎。

（3）分布式服务站。依托村镇建立分布式的服务站，及时掌握新农村建设与发展的现实需求，结合科技特派员农村科技创业等活动，组织高等学校力量和资源解决实际问题，为专职推广人员提供技术指导，为当地农民和生产提供全方位、多角度服务，使之成为连接高等学校与农村发展的桥梁。

（二）开展新农村建设宏观战略研究

围绕社会主义新农村建设的前瞻性、战略性、全局性问题，通过深入开展政策研究和理论创新，努力为党和国家科学决策作出积极贡献，成为国家新农村建设的智库。对推进区域新农村建设中出现的新情况和新问题进行科学研判，重点开展城乡统筹发展路径、农业产业体系规划、村镇建设优化设计等方面的研究，成为区域新农村建设的服务中心。以新农村发展研究院为载体，推动学科交叉，培育新兴学科，加快学科集群的形成。

(三) 搭建跨校、跨地区的资源整合与共享平台

建立新农村发展研究院的信息化网络平台，提供产业指导、商情分析、科技推广、成果展示、农民培训等综合服务，形成高等学校专家与村镇、企业、农户间的纵向联系。同时，以信息化网络平台为基础，实现互联互通，搭建跨校、跨地区的资源整合与共享平台，构建高等学校服务新农村建设的信息化体系。

(四) 创新体制机制

以新农村发展研究院建设为契机，积极推动高等学校人事聘用与管理制度、教师考评与激励机制、学生培养与创新创业模式、资源配置方式等方面的改革，为服务新农村建设提供制度保障。建立高等学校与地方政府间实质性的长期合作关系，明晰参与新农村发展研究院建设各方的定位、责权以及成果、利益分配机制，构建校地、校企、校所、校农之间协同服务的新模式，加快高等学校办学模式转变。

三、高校新农村发展研究院农业技术推广服务模式的功能

(一) 直接服务“三农”，接地气

一批涉农高校建立新农村发展研究院后，纷纷探索适合本地区特点的农业技术推广新模式，如南京农业大学的“科技大篷车”，四川农业大学在雅安、广安等地建立了33个“农业科技专家大院”；西北农林科技大学与杨凌农业高新技术产业示范区建立的杨凌农业科技推广网等。许多大学新农村发展研究院，立足本地区农业产业化发展要求，直接与农业产业化龙头企业等农业经营主体开展富有成效的合作，建立科研基地、教授工作站、示范基地。加速了农业科技成果的转化，加强了高校农业科研与农业产业链的紧密联系。强化了农业高校服务农业产业化的功能。

(二) 形成合力，不断完善农业技术推广体系

高校新农村发展研究院所创立的农业技术推广新型模式，打破了原来农业技术推广体系的行政垂直领导管辖关系，充分迎合了现代农业产业化发展、市场化运作的趋势。壮大了农业推广体系的队伍，促进农业技术推广体系的纵向横向融合，对于形成以政府部门主导，各种市场力量、各类组织参与的新型农业推广体系发挥重大推广作用。同时也为打造具有中国特色的综合性科技创新、技术服务、人才培养和咨询服务平台奠定基础。

(三) 有效解决科研与推广的结合问题

长期以来，我国农业科研与农业技术推广分属于不同的部门，新农村发展

研究院农业技术推广模式，从根本上解决了科研与推广“两张皮”的现象，最大限度地提高了科技支撑现代农业产业化的力度，解决了科技成果转化为生产力“最后一公里”的问题。新农村发展研究院的建设，始终瞄准科研与农业产业链的有效对接，解决长期以来科技推广与农业产业发展需求相脱节，行政瞎指挥、成果转化缓慢、经济效果不明显的老问题。同时，通过体制机制创新，大胆探索实践，不仅在农业新科技的推广上发挥了特有的作用，而且还通过各种途径在农业产业化项目选择、农业产业化经营主体培养、农业科技应用领军人才培育方面发挥不可替代的作用。

第三节　现代农业产业化示范基地

为了加快推进我国现代农业产业化发展，按照中共中央国务院《关于加大统筹城乡发展力度进一步夯实农业农村发展基础的若干意见》关于“建立农业产业化示范区”的要求，农业部制定了《关于创建国家农业产业化示范基地的意见》，决定从2011年起，创建一批国家农业产业化示范基地，发挥龙头企业集群集聚优势，集成利用资源要素，完善强化农业产业化功能，提升辐射带动能力，促进农民就业增收，推动农业现代化与工业化城镇化同步发展（以下内容选自农业部有关文件精神）。

一、充分认识创建农业产业化示范基地的重要意义

创建农业产业化示范基地是示范带动现代农业发展的重要内容，主要依托现代农业示范区，以农产品加工物流等园区为载体，以提升辐射带动能力为核心，以龙头企业集群发展为重点，集成集约资源要素，拓展产业链功能，打造区域特色品牌，形成主导产业突出、规模效应明显、组织化程度较高、农民增收效果显著，引领现代农业发展的核心区和产业集聚区。创建农业产业化示范基地是新形势下深入推进农业产业化经营的重要举措，对于加快转变农业发展方式、推动现代农业建设、统筹城乡发展具有重要意义。

（一）创建农业产业化示范基地是加快农业产业化发展、提升辐射带动能力的客观要求

目前，我国农业产业化快速发展，进入创新提升阶段，迫切需要加快龙头企业集群发展，提高辐射带动能力。创建农业产业化示范基地，推动龙头企业向优势产区集中，由单个龙头企业带动向龙头企业集群带动转变，有利于发挥集群集聚效应，提高优势产业整体素质和效益；推进农业产业化体制机制创

新，由公司带农户模式向公司加合作社及各类服务组织带农户的模式演进，有利于发挥合作社带农惠农作用，进一步提高农业组织化程度；强化龙头企业服务功能，由单项服务向综合服务发展，有利于发挥龙头企业在构建农业社会化服务体系中的重要作用，提高辐射带动能力。

（二）创建农业产业化示范基地是促进农业发展方式转变、建设现代农业的有效途径

农业基础设施薄弱、科技创新能力不足、产业体系不健全是制约我国现代农业发展的主要因素。创建农业产业化示范基地，发挥龙头企业资本集成优势，加大农业基础设施投入，建立高标准原料生产基地，有利于推进农业专业化规模化集约化生产，增强农业综合生产能力；发挥龙头企业技术创新主体作用，与科研院所合作联合，与产业技术体系对接融合，对关键技术开展联合攻关，有利于新品种、新技术、新工艺的引进开发应用，提高农业科技创新能力和装备水平；强化企业间分工与协作，完善产业链条，联合打造区域品牌，有利于增强产业核心竞争力，提升农业发展质量和效益。

（三）创建农业产业化示范基地是增强县域经济活力、推进城镇化建设的重要手段

发展县域经济、推进城镇化建设是解决“三农”问题的重要突破口。各地实践表明，有龙头企业带动和主导产业支撑的县域经济和城镇化建设，产业兴旺，就业增加，经济充满活力，社会事业发展。创建农业产业化示范基地，围绕主导产业发展农产品精深加工，带动包装、储藏、运输、信息、金融等服务业，有利于形成产加销有机结合、一二三产业协调发展的格局，为县域经济发展注入新的活力；发挥企业集群优势，积极承接产业转移，有利于增加就业岗位，吸纳农村人口加快向小城镇集中，进而带动文化、教育、卫生等公共事业发展，推进城镇化进程。

（四）创建农业产业化示范基地是优化资源配置、统筹城乡发展的有效举措

实现农业现代化与工业化、城镇化同步发展，要求加快建立以城带乡以工促农的体制机制，推动资源要素向农业农村流动。创建农业产业化示范基地，培育壮大优势产业，提高农业经营的质量和效益，有利于吸引社会资本投向农业；推进标准化生产，发展规模化经营，有利于先进技术推广应用；龙头企业集群集聚，促进农业专业化分工，发展相关服务业，有利于引进城市各类人才投身农业，为现代农业发展提供智力支撑。以农业产业化示范基地为平台，集成利用龙头企业的资本、技术、人才、品牌等要素，可以有效提高资源配置效

率，吸引城市各类资源要素向农村流动，完善农村基础设施和公共服务，促进城乡经济社会协调发展。

二、创建农业产业化示范基地的指导思想和主要目标

（一）指导思想

创建农业产业化示范基地，要深入贯彻落实科学发展观，紧紧围绕转变农业发展方式，以促进现代农业建设和农民增收为目标，推进龙头企业集群发展，集成优化资源配置；加快科技进步与创新，提升农业整体竞争力；完善产业链建设，构建现代农业产业体系；引导龙头企业与农民专业合作社有效对接，创新农业产业化发展模式，提高农业组织化水平，增强辐射带动能力，推动农业产业化跨越发展。

（二）基本原则

（1）坚持机制创新，增强带动能力。创建农业产业化示范基地要完善现有农产品加工物流园区的服务功能，充分发挥龙头企业、专业合作社和农民的作用，加强各主体之间的联合与合作，建立合理的利益联结机制，提升辐射带动能力。

（2）坚持耕地保护，尊重农民意愿。创建农业产业化示范基地必须严格保护耕地，不得改变土地性质和用途，严禁各种圈地和滥占耕地行为。充分尊重农民意愿，按照依法自愿有偿，开展土地承包经营权流转，引导发展适度规模经营，规范管理设施农业建设用地，维护农民合法权益。

（3）坚持因地制宜，科学有序推进。创建农业产业化示范基地要从实际出发，紧密结合优势农产品区域布局规划和特色农产品区域布局规划，科学制定发展规划。要立足本地资源禀赋和区位优势，选择适宜本地区的发展模式，不搞一刀切，不重复建设，不盲目发展。

（4）坚持市县为主，加强部省指导。创建农业产业化示范基地以市县为主，制定扶持政策，组织实施各项建设任务。国家农业部和省级农业部门要加强工作指导，研究解决示范基地发展中的突出问题，形成责任明确、分工协作、合力推进的工作机制。

（三）主要目标

通过创建农业产业化示范基地，到“十二五”期末，力争实现“四大一创新”的发展目标：做大龙头企业，加强企业联合合作，培育一批产业关联紧密、分工协作、功能互补的大型龙头企业集群；做大农业生产基地，推进农业生产经营专业化、标准化、规模化、集约化，建设一批与优势产区有效对接

的大型生产基地；做大农产品品牌，强化农产品质量管理，打造一批产品竞争力强、市场占有率高、影响范围广的大品牌；做大农产品流通，积极推进批发市场改造升级，大力发展电子商务等现代物流方式，构建高效、便捷、快速的农产品大流通体系；创新农业经营体制机制，建立龙头企业、专业合作社、农户之间的新型利益联结关系，探索发展农业投融资、科技研发推广、风险保障等机制。

三、创建农业产业化示范基地的主要任务

创建农业产业化示范基地，要围绕发展目标，重点开展以下创建任务。

（一）推进龙头企业集群集聚，培育壮大区域主导产业

重点支持粮棉油、“菜篮子”产品、特色农产品大型生产、加工、流通企业发展。鼓励龙头企业通过联合、重组、兼并、参股等方式，扩大企业规模、壮大企业实力，培育大型龙头企业和企业集团；引导龙头企业向优势农产品产区集中，促进企业集群集聚，带动主导产业发展；开展农产品精深加工，发展配套服务业，形成完整的产业体系；发挥东部地区龙头企业资金、技术、人才等方面的优势，积极与中西部龙头企业开展合作，促进产业优化升级。

（二）强化上游产业链建设，带动农业标准化规模化生产

鼓励龙头企业增加基础设施投入，大力发展农产品生产基地建设。建立健全生产操作规范和流程，对生产过程进行全程记录，构建“从田头到餐桌”的质量追溯制度。加强投入品管理，节约集约使用生产资料，实现清洁化生产。支持原料基地建设与高产创建示范片、标准化园艺基地、健康养殖小区等工程紧密结合。引导信贷、工商、民间等资金投向原料生产基地建设，改善农业基础设施，提高农业综合生产能力。

（三）推动创新要素向企业集聚，提升农业科技创新与应用能力

集成农业产业化示范基地内龙头企业技术人才、实验设备等资源，建立技术研发中心和成果孵化中心，形成科研开发推广公共服务平台。推动龙头企业集群和国家现代农业产业技术体系结合，研究开发促进产业升级的重大关键技术，尽快转化为现实生产力；推动龙头企业集群与科研院所开展多种形式的联合，共同开发先进适用新技术新品种新工艺，加强示范和应用；推动龙头企业集群与农业科技推广体系合作，为专业合作社与基地农户提供新品种应用、生产技术指导、质量管理、疫病防治等服务。

（四）实施品牌发展战略，提高农产品质量安全水平

集成龙头企业品牌优势，打造区域品牌，提升品牌价值。支持龙头企业开

展无公害农产品、绿色食品、有机食品认证和ISO9000、HACCP等质量控制体系认证，建立健全产品检验检测制度，以质量创品牌。强化具有知识产权和特色农产品品牌保护，支持农产品地理标志认证。开展品牌推广与营销，鼓励龙头企业开设直销店和连锁店，积极与大型连锁超市、批发市场对接，拓展市场空间。利用报刊、电视、网络和展销展示会等手段，加大品牌宣传推介力度，提高品牌的知名度和影响力。

（五）完善农产品市场功能，促进现代物流业发展

推动龙头企业集群与专业批发市场对接，形成与主导产业紧密联系的原料及加工制品集散中心。支持龙头企业加强储藏、运输和冷链设施建设，建立类型多样、功能完善、物畅其流的现代物流体系。充分利用龙头企业信息网络资源，鼓励有条件的龙头企业建立网上展示交易平台，发展电子商务。探索以农业产业化示范基地为单元，采集发布农产品采购价格指数，为宏观决策提供参考，为企业、合作社和农户提供指导服务。

（六）支持龙头企业与专业合作社联合合作，增强辐射带动力

多种形式推动龙头企业与专业合作社对接，引导专业合作社和专业大户入股龙头企业，与企业结成更加紧密的利益共同体，共享发展成果。鼓励龙头企业建立和完善为基地农户服务的专门机构，提供购销、农资、技术、信息等服务。探索建立风险防范机制，采取政府支持、企业出资、专业合作社和农户参与的方式，设立风险基金，增强产业抗风险能力。支持龙头企业集群资助农户参加农业保险、提供信贷担保，创新服务内容和方式，增强企业辐射带动能力。

四、创建标准和认定程序

（一）创建标准

农业产业化示范基地主要建在国家、省级现代农业示范区以及省级农业产业化示范园区。具体创建标准如下。

（1）具有一定发展基础的农产品加工物流园区。园区建设主体清晰，组织管理、经营管理和社会化服务比较完善，运行2年以上，经营状况良好。

（2）龙头企业集群基本形成。园区内有2家（含）以上国家重点龙头企业，5家（含）以上省级重点龙头企业，规模以上龙头企业15家（含）以上。东中西部地区龙头企业集群年销售收入分别达到40亿元、30亿元、20亿元以上。

（3）规划编制科学合理。园区有专门的建设规划，并符合当地经济社会

发展、土地利用和农业发展规划的总体要求。市、县人民政府出台了支持农业产业化发展的政策措施，有农业产业化专项扶持资金。

（4）加工转化增值能力较强。主导产业突出，农产品加工转化比重大，产品附加值高，当地农产品加工业产值与农业产值之比超过2：1。科技创新能力较强，有专门的研发机构。

（5）产业链比较完整。有配套的专业化规模化原料基地，产加销一体化经营程度比较高，仓储、包装、运输等产业配套发展。农产品品牌发展基础较好，获得无公害农产品、绿色食品、有机食品认证或者农产品地理标志登记。

（6）农业组织化程度高。有专业合作社与园区有效对接，专业大户和农村经纪人数量较多，龙头企业原料订单采购比例超过70%。

（7）辐射带动作用明显。龙头企业与农户利益联结关系比较紧密，带动农户范围广、数量大，参与产业化经营的农民人均纯收入明显高于当地平均水平。

（二）申报及认定程序

（1）市、县人民政府组织符合条件的园区进行申报，提出申请意见，并报省级农业产业化主管部门。

（2）省级农业产业化主管部门会同省级农业、畜牧、渔业、农垦等相关部门共同提出意见，经省级分管领导同意后择优上报农业部。

（3）农业部农业产业化办公室对各地申报材料组织有关司局和专家进行审核，符合条件并经公示无异议后，由农业部备案认定并授牌。

今后要完善认定办法，通过制定创建标准、提出总体要求引导创建工作，从评审制向备案制过渡。

五、保障措施

（一）加强组织领导

创建农业产业化示范基地是深入推进农业产业化发展的重要抓手。各级农业产业化主管部门要把创建农业产业化示范基地摆上重要议事日程，积极争取当地党委政府的高度重视。要深入调查研究，理清发展思路，确定发展目标，明确重点任务。要完善工作推进机制，积极协调农业产业化联席会议或领导小组成员单位，共同研究解决示范基地建设中的重大问题，推动示范基地健康发展。要积极探索农业产业化示范基地创建方式，逐步完善创建标准和认定管理机制。

（二）加大政策扶持

各地要加大资金整合力度，统筹安排涉农项目资金支持农业产业化示范基地建设。各级农业部门要将现有的农业产业化专项资金向农业产业化示范基地重点倾斜。要充分利用农业部与中国农业银行、国家开发银行等金融机构签署的合作机制，引导金融机构加大对示范基地的支持力度。鼓励符合条件的龙头企业上市融资。要抓紧研究龙头企业和示范基地用地、用水、用电等相关政策，优化示范基地发展的政策环境。

（三）强化服务指导

各级农业产业化主管部门要结合当地实际，指导本地推进农业产业化示范基地建设。联合当地农业科研院所和农业技术推广等部门，为示范基地提供全方位的技术支持。加强宏观经济形势跟踪分析，做好市场运行监测预警，提供信息服务。将示范基地龙头企业负责人培训纳入现代农业人才支撑计划的范围，为示范基地持续发展提供智力支持。

（四）搞好宣传推介

各级农业产业化主管部门要及时了解示范基地发展情况，采取工作简报、现场参观、会议交流等方式，认真总结推广示范基地建设的好经验、好做法，发挥示范引导作用。组织参加各类农产品交易会、展销会、博览会等活动，充分展示农业产业化示范基地建设的丰硕成果。利用报纸、电视、广播、网络等媒体，大力宣传示范基地推进现代农业建设、带动农民就业增收和促进县域经济发展的先进典型，营造示范基地建设的良好氛围。

在农业部文件精神的指导下，全国各省市自治区，高度重视“农业产业化示范基地”的建设，农业部已经公布了第一批和第二批“国家农业产业化示范区”，其中，江苏省国家级农业产业化示范基地总数已达 13 个，与山东省并列全国第一。上海市“奉贤现代农业园区”列入第一批国家级农业产业化示范区。国家级农业产业化示范区的建设对于推进现代农业产业化发展，完善现代农业技术服务推广体系，加快农业科技成果的孵化，产生了重大的影响和形成巨大推动力。

第四节　现代农业行业协会（社会团体）

行业协会是指介于政府、企业之间，商品生产者与经营者之间，并为其服务、咨询、沟通、监督、公正、自律、协调的社会中介组织。行业协会不属于政府的管理机构系列，是一种民间性组织，它发挥着政府与生产者之间的桥梁和纽带作用。行业协会属于中国《民法》规定的社团法人，是中国民间组织社会团体的一种，即国际上统称的非政府机构（又称 NGO），属非营利性机构。

现代农业行业协会有多种类型，有综合性的协会，如某某县农业协会、某某地区农民协会等，也有专业性的协会，例如某某县养猪协会、西甜瓜协会、葡萄协会等等。现代农业行业协会是农村重要的社团组织，是现代农业经营主体合作交流的平台，对于推动现代农业产业化有着不可替代的影响力和促进作用。

一、农业行业协会按作用和功能分类

农业协会按照发挥的作用和功能可以分为三类。

1. 技术交流型协会

该协会主要是对会员普及实用技术，开展技术培训，进行技术指导和服务。这种类型的协会约占53%。

2. 技术经济服务型协会

在技术交流的基础上，还为会员提供包括优良品种、生产资料、市场信息、运销服务等在内的产前、产中、产后服务项目。这种类型的协会约占38%。

3. 经营实体型协会

这种类型的协会具有了为会员生产的产品进行加工或统一经营的能力，能够帮助会员提高经济效益和抵御市场风险的能力。有些协会还实行了股份合作制。通过资本、技术、劳动的联合，把会员和协会的利益更加紧密联系起来。这种类型的协会约占9%。

二、农业行业协会是农业产业化发展的有效保障

农业产业化是在农业经济发展到一定阶段，农业生产运销结构发生变化，工商资本融入农业等条件下产生的。他扩大了农业经济的规模，加强了专业基础设施和基地建设，有利于实现生产专业化、标准化，有利于采用先进科学技术、管理技术和装备，有利于延伸产业链，提高农业产业化水平，促进农业生产方式的转变。

在现代农业产业化发展的过程中，农业行业协会发挥着协调关系、沟通桥梁、链接纽带的作用。农业产业化实际上是农业经营者在行业组织的牵头下，由农业龙头企业带动经营合作而形成的一种融工商资本与农业资本于一体的农业经营链联合体。但是由于农业企业经营活动以盈利为目的，而市场供求关系

常常处于波动状态，一旦市场行情发生变化，公司和农户为规避各自风险可能分道扬镳，甚至发生违约事件。如果没有行业协会中介组织，由农业龙头企业与农户直接结成的产供销联合体，只能处于一种不稳定和机会主义较大的状态。假如没有行业协会等中介组织进行行业内的协调和沟通，还可能发生个别强势企业非经营性赢利的垄断行为，从而影响行业整体健康发展。事实证明，农业产业化龙头公司虽然具有资源优势，但是在农户经营比较分散的条件下，很难兼任担当起行业中介组织的职能。只有非营利性、代表全行业共同声音和利益的社团组织（行业协会）才能主持公义、协调全盘。

农业行业协会在促进农产品国际贸易方面，可以充分发挥自我服务、自我教育、自我监督的作用，通过行业决议，实行自律管理。以防止农产品出口企业采取压价竞销的不正当手段，引起相关国家的激烈反应，导致出口产品受阻，造成国内的产业化经营链条断裂和农民利益的损失。行业协会在协助政府打破贸易壁垒，按进口国要求组织标准化生产，带领企业开拓国际市场等方面，今后将发挥更积极作用。所以有人认为，在出口农产品领域，农产品出口协会是农业产业化经营的“大龙头”。

农业行业协会在保护地方性名特优农产品资源方面，可以发挥特殊作用。我国有许多特殊自然条件下生长的优质农产品，在市场上十分卖俏，但由此容易遭受假冒产品冲击，农民也会图一时利益而滥施化肥农药，造成安全隐患和品质下降，针对这类问题，有关地方政府可以注册原产地保护的证明商标，委托农产品行业协会管理，组织标准化生产，防止假冒产品冲击，开展品牌宣传，疏通贸易渠道。这样就会大幅提高地方特色产品的经济效益，调动农民生产的积极性，带领农民致富。显然，农业行业协会的组织协调，能够更好地促进区域性特色农产品的产业化经营。

具体而言，农业行业协会在现代农业产业化发展过程中可以发挥如下作用：一是代表本行业全体会员单位的共同利益，抱团取暖，形成行业团队意思和共同的价值取向。二是发挥桥梁和纽带作用。当好政府部门的参谋与助手，帮助、督促农产品市场贯彻国家的方针政策，及时向政府部门反映市场行业中发展中遇到的困难和问题，并就一些共性问题进行调查研究，提出有关政策建议和意见。同时，协助政府制定和实施行业发展规划、产业政策、行政法规和有关法律。三是制定并执行行规行约和各类标准，协调本行业会员单位之间的经营行为。四是对本行业产品和服务质量、竞争手段、经营作风进行监督，维护行业信誉，鼓励公平竞争，打击违法、违规行为。五是受政府委托进行有关进行资格审查、签发证照、资格认证，发放产地证、质量检验证等。六是对本行业的基本情况进行统计、分析、并发布结果。七是开展对本国行业国内外发展情况的基础调查，研究本行业面临的问题，提出建议、出版刊物，供会员单位和政府参考。八是进行信息服务、教育与培训服务、咨询服务、举办展览、组织会议等。

三、目前农业行业协会发展中的问题

农业行业协会虽然正在日趋成长壮大，但是目前还存在许多不足。

（一）过度依赖政府，未能发挥自身功能

大多数农业行业协会成立都是在政府部门的指导或主持下成立的，协会的大多数功能都由部门确定，协会的主要工作也是接受政府部门委托。协会本应是独立的法人单位，但实际上成了政府行政部门的下属单位，没有发挥协会特有的作用。在市场经济条件下，协会的权威性来源于市场，来源于会员单位在享用行业协会服务过程中产生的认同感。协会的作用未能有效发挥，关键是许多农业行业协会并未为农户提供有效的服务。

（二）协会还没有发挥其基本功能

许多农业行业协会还处于初级阶段，协会的一些功能如信息收集传播、农资的购买、产品市场开拓和销售、无公害操作规程的统一实施等，特别是没有很好发挥资源优势，按照市场要求，使小规模的经营生产出批量、大批量的产品，使分散的生产形成集中的市场，组织协调农产品销售，达到降低生产成本，主动参与竞争，扩大产品市场，增加农民收入的目的。

（三）协会缺乏专门人才

人才是协会的主要支柱，尤其是高级专门人才更是协会的顶梁柱，直接关系到协会功能的发挥和正常运转。协会成立之初大多是由主管部门的行政人员兼任领导，工作人员大部分是退休人员或者临时借调人员，许多协会几乎没有正式编制人员。造成队伍不稳，真正年富力强的懂管理的专业人才不愿进这种机构。这就难已适应市场经济和社会发展的需要，许多协会已成空壳。

（四）宣传不到位，认识有偏颇

协会是一个行业的利益代表，作为社会组织它对形成市场经济体制的作用不可替代，同时，协会作为社会组织是参与社会治理的重要力量，但是，目前社会对它的认识不到位，许多委员单位只知道每年缴纳会费，不明确自己的权利与义务，对于协会的活动没有兴趣参加，更谈不上主动和协会联系，争取得到帮助。这与宣传不足、政府重视不够有关。

四、积极发挥农业行业协会的作用与功能

(一) 要明确协会的社会经济地位

一个协会可以带动一个产业，可以推动一个地区农业和农村经济的全面发展。因此，应确认协会是现阶段反映农村生产力要求的新载体，是促进农业产业化的纽带和桥梁。特别是经济发展滞后的地区，应把发展协会作为推进农业结构调整，推动农村市场经济发展的先导力量，作为提高农民组织化程度和农业市场化程度的重要措施来抓，牢固树立抓协会就是扶持农民、加快农业产业化进程的观念，积极为农村专业经济协会发展创造良好的环境。

(二) 政府应该给予农村专业经济协会更多的扶持

当前，许多专业性强的协会尚处于发展的初期，资本、技术、人才缺乏，从而导致其服务水平不高，不能满足会员的需求。从技术服务看，协会都是依靠当地政府和部门提供，本身缺乏先进的生产技术传播途径，掌握信息的面和量较小，科技服务的能力不足。从人才方面看，协会年富力强的懂管理的专业人才少，适应市场经济的意识和能力不强，懂技术、会管理、市场开拓能力强的复合型人才更是缺乏。因此，应按照中央提出的“多予，少取，放活”的要求，在资金、技术、信息、教育培训等方面加大对农村专业经济协会的扶持力度，帮助其不断强壮筋骨，提高发展能力。

(三) 要加强协会自身建设，支持协会的发展壮大

农业专业协会必须坚持“民办、民管、民受益”的原则，政府部门对协会的建立、完善要积极扶持，可以采取培植农业龙头企业，形成协会+农户+基地+公司的运作模式。要对扶持发展协会有突出贡献的组织和个人，对优秀协会组织和负责人进行表彰和奖励，造成全社会都支持发展协会的良好氛围。要不断加强协会主要负责人的培训，有计划，有步骤地培养一批高中级技术人才，培养一批政治素质好，懂技术，会管理，善经营的管理人才，积极引导农技协会规范管理，探索和完善运行机制，提高其整体素质。农业、科技、工商、税务、民政、金融、农资等部门要为农村专业技术协会的发展提供优惠条件和支持。对其开展的科技咨询、科技开发、科技培训、技术服务等，按照有关政策规定给予支持，享受国家给予民办科研单位的扶持政策。对于协会兴办的科普示范基地以及引进试验和示范推广的新技术项目，应在经费上给予支持，最终使其发展壮大，真正达到兴农富民目的。

(四) 为会员单位提供全程服务，降低生产成本

专业行业协会应该以服务委员单位为主要任务，农业类专业协会可以为会

员单位提供产、供、销综合性全程服务。特别如生产资料采购，协会具有较强的专业性，对行业内的生产资料供求状况和需求量都很了解，因此可以组织会员单位集体采购，以降低生产成本，同时，更重要的是可以有效地防止违禁农药、劣质化肥和其他坑农害农、危害消费者健康的生产资料的流入使用，增加农产品的安全性。

（五）发挥协会的组织作用，增强会员单位共同抵御风险能力

协会可发展农产品的加工和储藏业务，协调委员单位的市场供应。当销售严重受阻时，把会员的产品收购起来加工或储藏，以错过高峰，再图销路，避免产品“烂市”，给农户带来重大损失。这样能使分散的生产形成批量、乃至大宗的产品，打品牌、创名牌，增强市场竞争能力，提高效益。

（六）广泛收集市场信息，做好咨询服务

协会因其管理人员具有较一般农民更丰富的行业知识，又联系较广，因此既有能力协助行政机构传达各级政府的方针政策，更有能力对传来的市场、价格、技术等其他信息进行“弃粗取精，弃伪存真”，然后把有用的信息传递给农民，起好信息集散的作用。另外把广泛联系获得的市场信息和订单，有计划分期分批地组织产品上市，有效的协调产销矛盾，避免无序竞争，为会员和商家都提供获得最佳效益的机会。

第五章　现代农业产业化项目选择

现代农业产业化是改变农业弱势地位，实现农业增效、农民增收的主要路径。现代农业产业化的发展，不仅是农业生产力要素的优化配置，还涉及农业生产关系调整的制度创新。各地农业产业化发展的实践证明，现代农业产业化是一个系统工程，具有复合系统的特征，整个农业产业化复合系统由围绕产品生产的产业链系统，开放的信息共享系统，科学的技术服务系统，合理的利益分享系统，完善的组织系统，高效的保障系统等子系统组成，各个子系统的运行状况，决定复合系统运作的效率。由于农业产业化系统结构的复杂性，影响一个产业化项目成败的因素很多，其发展速度和效果如何，受到各方面因素的制约。为此，如何科学选择现代农业的产业化项目，成为农业产业化经营的首要问题，只有项目选得好，农业产业化经营才能取得社会效益、经济效益、生态效益的有机统一，才能形成可持续发展动力。

第一节　农业产业化项目的影响因素

影响农业产业化成败的因素很多。为此，在选择农业产业化项目的时候，我们必须仔细排摸情况、分析可能影响产业化健康发展的主要因素，研究各种利弊关系，最大限度利用一切可以利用的资源要素，为农业产业化项目的顺利建成奠定基础。

一、自然地理环境因素

农业生产是借助于动植物的生命活动，获取人类生存需要的食物和其他物质的生产活动。所以农业生产首先受到的自然地理环境条件的影响，虽然现在的设施农业，可以局部改变动植物生长的环境，但是大规模生产的农业作物依然受到自然环境条件的影响。

我国南北相距 5 500 多千米，跨越了 50 个纬度，全年的太阳辐射总量一般是西部大于东部，高原大于平原，我国的干湿状况大体可以依据从大兴安岭起，经通辽、榆林、兰州至拉萨附近的 400 毫米等降水量线为界，沿东北斜向西南一线，分为东南、西北两大部分，东南部为湿润半湿润区，西北为干旱半干旱区，东南部受太平洋季风环流影响，雨水充沛，且雨热同期，是以90%以上的农业区甚至是林区都分布在这里；而西北部干燥少雨，不适宜农作物的生长，气候的原因限制了农业与林业的发展，只有在较高的山岭上有少量的森林资源，但西北部有辽阔的草原，可以成为了我国重要的农牧区。

不同的自然地理环境适宜不同的作物生长和畜牧业的发展，为此，农业的区划首先必须坚持因地制宜的原则。

影响农业生产的自然地理环境的基本组成要素有五个，即气候、水文、地貌、生物和土壤。这些要素相互联系，相互影响，相互渗透，构成了一个有机整体，并不断进行物质运动和能量交换，推动地理环境的发展变化。

（一）气候对于农业生产的影响

农业是受气候变化影响的最大产业，气候因素变化对于大田作物的影响是多尺度、全方位、多层次的，是影响作物产量最直接的因素。有关研究表明，农作物产量的波动和天气变化之间有很强的相关关系，全球绝大部分农业生产直接受控于气候要素和气候系统。长期以来，许多专家学者围绕气候因素变化对农业的影响已开展了很多研究。综合起来可归纳为以下几个方面：

（1）光照、温度、降雨、风速等气候因素决定了一个区域适宜种植的作物种类和品种。大多数农作物是由野生植物，经过人类长期驯化选育而成，已经适应本地区的气候特点，一旦气候条件发生大的变化，如温度的变化、降雨量的变化，多可能对作物的生长发育产生不可逆转的影响。

（2）气候条件对农作物品质的影响。区域适宜生产的作物品种与种类和当地的气候条件密切相关。各种气候条件对于农作物生物学特性和品质形成影响很大。这就是同一种作物在不同地区种植所产出农产品的质量、口感的差异。

（3）气候因素对作物种植制度、生产结构与地区布局的影响。对于一个地区而言，农作物种植制度和地区布局是区域农业生产活动适应自然条件的直接结果。因此，气候因素对于一个地区农业种植制度、地区分布、生产方式有较大的影响。

（4）气候因素对农业病虫害、农业旱涝等气象灾害的影响。许多大范围爆发农作物病虫害几乎都和气象条件密切相关，或与气象灾害相伴发生。温度、湿度、降雨对于病虫害的繁殖、越冬、迁移产生重大影响。

（二）水文因素的影响

水文因素对于农业生产有着诸多的影响，例如，洪涝灾害以及江河水流量的周期性的变化，多对农业生产的排涝、抗旱产生影响，另外人类活动对于水文情势也具有直接和间接的影响，如兴建水库、跨流域引水工程、城市供水、农田排灌，可能改变河流的流量和流向，甚至影响改变地下水资源深度和局部区域的气候。从而对农业生产积极或者消极的影响。

（三）土壤因素对于农业的影响

土壤是农作物生长的物质基础，土壤 可以分为沙质土、黏质土、壤土 3 种类型，中国的主要土壤类型有 15 种。不同种类的土壤，适宜生长不同的作物，土壤的质地和肥沃程度对于作物的生长产生较大影响。例如我国东南丘陵广泛分布着酸性的红壤，适宜种植茶树等；例如我国东北平原（黑土）、华北平原（钙质土）等地土壤肥沃，大豆单位面积产量较高。

农业生产会改良一定的土壤环境，因为生物在土壤形成中会有选择的吸收它所需要的营养元素，并在土壤中富集。有利于土壤养分的积累。还可以改善土壤团粒结构。但是人类不合理的耕作制度也可能对土壤造成破坏，尤其是不合理的利用会导致土壤退化，如荒漠化和水土流失。还有农药和化肥的过量使用，遏制了土壤微生物的繁衍，造成土壤板结等理化性状的改变。

二、社会环境因素对于农业产业化的影响

社会环境的构成因素众多而复杂。从宏观上讲，影响农业产业化的社会环境因素主要包括管理体制、经济状况、科技水平、城乡差距等因素。

1. 管理体制因素的影响

对于农业产业化发展而言，农村社会经济管理体制的影响最为广泛，可以产生正、负双向作用和影响。当农村、农业的管理体制的安排与农业生产力的发展水平和状况相协调经济政策适当时，可以调动农业经济活动主体的积极性并促进农业的发展；反之，当管理体制的构造超越或滞后于农业生产力的实际状态管理政策失误时，则难以激发农业经济活动主体的潜能和发展动能，可能使农业发展出现迟滞运转状况。

2. 政策因素

农村、农业政策对于农业产业化的发展产生直接的影响。当前，我国农村在坚持家庭承包权不变的前提下，各级政府出台积极政策，鼓励土地经营权流转，促进农业规模化经营，家庭农场、农业合作社、专业大户、农业龙头企业等经营主体快速壮大。另外，为了鼓励农业产业化发展，许多地区还制定了有关农业产业化的补贴政策，在农田基础设施建设、吸纳农民就业等方面给予资金补贴。政府的各类扶持政策助推农业产业化项目走上成功之路。

3. 社会经济因素

经济因素对现代农业的产业化发展有着各种无形的影响。包括一个地区的经济发展水平、经济结构、生活水平、劳动就业、收入状况、贫富差距等因素，可以间接影响农业产业化发展。例如，在低收入地区和高收入地区，人们的生活理念、生活习惯存在较大的差异，对食品的需求不同，就可能对农产品深加工的产业化发展产生间接影响；同样，经济发达地区和经济欠发达地区，由于交通运输条件差异、科学技术应用的差距、社会化服务差距等因素，都有可能对农业产业化产生推进间接的影响。

4. 城乡关系因素

这里所讲城乡关系因素，主要包括城乡之间的差距，城乡之间的经济联系，城乡之间的人口比例关系。如果一个地区以农业人口为主，城市化进程缓慢，城乡差距较大，那么，现代农业的产业化只能是纸上谈兵。实践证明现代农业产业化的发展，必须和工业化、城市化同步协调。在一个以农业为主的落后国家（或者落后地区），农业产业化发展缺乏基础，也不存在发展的依托和空间。

三、市场环境因素对于农业产业化的影响

在市场经济条件下，决定一个农业产业化项目能否顺利发展，首先取决于这个农业产业化项目是否能够得到市场认可，所生产的农产品能否满足社会和消费者的需求，其次取决于农业产业化项目的供给质量和数量，供应链能否保持持续、稳定、高质量的产品供应。可以这样认为，市场因素是农业产业化项目成败的决定性因素之一，也是评判农业产业化项目优劣的主要依据。

1. 消费趋向因素

人们对于农产品的需求，首先是维持生命活动最低能量的需要，其次是追求健康生活品质的需要，再次是享受美感、体验欣赏的需要，不同生活水准的人群有不同的需要，购买同一种农产品的人群可能出于不同的需要。随着人们收入水平的提高，健康意识的增强，人们的消费需求，一方面呈现多样化的趋势；另一方面向追求高品质、高层次的方向发展。现代农业产业化发展必须符合人们消费趋向变化的要求，如果跟不上人们消费观念转变，现代农业产业化项目就没有发展的前途，即使短暂获得成果，最终难免失败。

2. 供求关系因素

农业产业化项目以市场为导向，以提高经济效益为目标。经济效益的高低，除了生产成本因素之外，主要取决于产品的市场价格。而产品的价格又

取决于产品的供求关系，当供小于求时，价格就会上升，于是就会刺激生产，抑制需求，慢慢形成供大于求，于是造成价格下降，促进消费。供求关系随着价格的变动而变化是市场经济规律的基本特征。当然，由于替代品的存在，某种产品的供求与价格的互动规律，不一定完全呈线性关系。但是农业产业化项目在选择之初，进行可行性评估时，必须考虑供求关系的现状以及未来的变化趋势。如果没有充分对市场变化进行前瞻性思考，那么农业产业化项目从立项开始，到建成验收，再到生产销售，经过几年努力，最终就会发现是亏本买卖。

3. 市场竞争因素

市场竞争是市场健康发展的常态，没有竞争的市场是不完整的市场，可能是垄断的市场，也可能是发育不良的市场。合理合法的竞争有利于市场主体的健康成长，不合法的竞争，或者恶性竞争，则会破坏市场的正常运行，损害消费者的利益，最终危及生产者的声誉，导致市场萎缩。现代农业产业化项目的选择，必须充分考虑市场竞争的态势，充分研究市场各种竞争主体的竞争关系和特点。这些关系包括：一是与生产者与生产者之间的竞争；二是生产者与消费者之间的竞争；三是生产者与潜在的加入者之间未来竞争。只有充分考虑市场可能出现的各种竞争态势，才能，在项目建成后，从容应对各类竞争，采取合理规范科学的竞争手段，形成核心竞争力，获取竞争优势，立于不败之地。

4. 销售渠道因素

销售渠道是指商品从生产者传送到用户手中所经过的全过程以及相应设置的市场销售机构。现代农业产业化项目，一般都是规模化商品化生产，需要加强市场营销工作。首先是要选择好的销售渠道，选择销售渠道需要考虑很多因素，同时，也要掌握好渠道销售技巧。正确运用销售渠道，可以使生产者迅速及时地将产品转移到消费者手中，达到扩大销售数量，加速资金周转，降低流动费用的目的。

影响销售渠道选择的因素有：一是产品因素，包括单位产品在包装运输方面的特殊性，产品的价值高低，产品重量和体积的大小，产品的易腐性和保鲜要求，产品售后服务的要求等；二是市场因素，包括目标市场的分布，消费者的购买习惯，市场销售的季节性和时间性，竞争者的销售渠道等；三是农业产业化组织本身的因素，包括经营者的规模和声誉，管理的能力和经验，对销售渠道的控制程度等。

第二节 农业产业化项目的选择原则

尽管农业产业化项目得到各地政府部门的大力支持，但是由于农业产业化经营受到众多因素的影响，所以真正能够做大做强的农业产业化项目只占到1/3左右，为了提高农业产业化项目的成功率，发展现代农业产业化项目，必须坚持一些基本的原则。

一、坚持因地制宜的原则

我国幅员辽阔，各地的自然条件相差很大。农业生产对于自然条件的依赖很大，必须严格遵循自然规律，否则，难免自然规律的惩罚，导致农业产业化经营的失败。坚持因地制宜的原则，不仅可以规避许多风险，提高项目的成功率，而且还可以提高农业产业化项目的综合效率，达到经济效益、社会效益、生态效益的三者统一。

1. 坚持因地制宜原则有利于更好利用自然资源

每个地区拥有不同的自然资源，而且各具特色，可能千差万别。充分利用当地的自然资源，可以最大限度地发挥自然资源、自然条件的天然优势，通过农业产业化项目转化为产品特色和区位优势，这样既有利于形成地方品牌特色，也可以避免各地区盲目照搬引进，一哄而上造成的恶性竞争。

2. 坚持因地制宜原则有利于利用当地社会经济条件

一个地区的社会经济条件主要包括：经济发展水平、产业结构、人口状况；城市建设现状、交通、水电等基础设施状况；医疗卫生、文化体育等公共设施状况等。社会经济条件是农业产业化发展基础。现代产业化项目的选择，应该充分利用当地的经济优势、技术优势、科技优势和人文优势，以利于农业产业化项目与社会经济同步发展，加强产业之间融合互补，提高农业产业化的科技含量，降低生产过程、流通过程的各类成本。强化农业产业化与当地社会经济发展有机结合，可以增添农业产业化的发展动能。

二、坚持以市场需求为导向的原则

以市场为导向是社会主义市场经济的基本要求，也是现代经营理念的体现。能否满足市场需求是现代农业产业化项目成败的主要原因，是农业产业化项目最终效益回报的基础。但在目前农业产业化项目选择上，以资源为导向的倾向仍然很有代表性，人们依然着重于从资源优势的角度作为评判标准，为此，要选准、选好农业产业化项目仍然需求转变理念。坚持市场导向虽然是农业产业化发展应该坚持的原则，但在实践中也可能有走向误区，而不自觉地偏离市场导向本质 。误区之一 ，是盲目跟在别人后面跑 ，感到什么产品销路好，就不考虑市场可能的变化趋势，急于重复投资相类似的项目，最终项目建成时，因无法适宜市场快速变化而夭折。误区之二，是没有大市场的观念，只看地方局部市场，不看整体市场，结果在市场大背景发生变化时，就难以应对或者措手不及，导致项目失败。

当前，“以市场为导向，以客户为中心”几乎成了大多数经营者时髦的“口号”，但是要真正确立这种理念，还需要在研究市场方面下真功夫。作为农业产业化项目，在立项时，要对市场进行充分的调研分析。第一，是要调查市场需求的大小，市场的容量有多大，既要研究现实的消费者，还要研究潜在的可能加入的消费者；第二，要分析不同消费者的购买意向，购买的动机，要在市场细分基础上，分析不同消费者的购买行为、购买习惯，以便针对性采取差异化的营销策略；第三，要确定产品的目标市场，明确主要的消费群体，以便在产品品质、包装、运输等方面，满足目标市场顾客的特殊需要，从而以较快的速度占领目标市场。第四，要研究市场消费需求的变化趋势，随着人们收入水平的不断提高，生活居住方式的改变，人们的消费习惯随之改变，购买动机越来越多样化，对健康、环境、生态的意识越来越增强，这就需要经营者不断适应购买者消费理念的变化。

三、坚持以农民增收为目标的原则

全面建成小康社会，难点在农村，关键在农民。增加农民收入是“三农”工作的中心任务，事关农民安居乐业和农村和谐稳定，事关巩固党在农村的执政基础，事关经济社会发展全局。随着经济发展进入新常态，农业发展进入新阶段，支撑农民增收的传统动力逐渐减弱，农民收入增长放缓，迫切需要拓宽新渠道、挖掘新潜力、培育新动能。

当前，农民增加收入的任务更加严峻，已成为当前农业和整个国民经济发展的瓶颈，乃至影响到城乡协调发展和全面建设小康社会的进程。现阶段，在农产品市场约束增大，供求关系发生逆转，单靠国家增加对农业和农民的投入和补贴来提高农业效益，增加农民收入，既不现实，同时也受到 WTO 规则的制约。实行产业化经营，通过扶持龙头企业，发展农产品加工特别是精深就地加工，延伸农业产业链条，增加农业的综合效益和附加值，可有效提高农业综合效益；并通过完善产业化经营的利益连接机制，使参与产业化经营的农民不仅从种养业直接获益，而且通过龙头企业实行保护价收购或返还一部分加工、流通环节的利润增值，增加就业机会，实现间接收益，促进农民增收。

为了达到农业产业化项目带动农民致富的目标，在选择农业产业化项目的时候，要特别注意农业产业化龙头企业的建设培养。事实上，农业产业化项目能否真正让农民利益得到保障，农民增收有希望，关键是龙头企业的作用发挥得好不好，关键是龙头企业是否有与农民共享利益的经营理念。为此，在政府有关部门在支持选择农业龙头企业方面，要明确应该支持什么样的龙头，不应该支持什么样的龙头企业。例如，有的工商企业，资本雄厚，为了经营多元化，或者纯属为了搞一个休闲娱乐的场所，以农业产业化或者发展生态旅游农业的名义，通过土地流转，搞开放建设，这种项目不仅占用宝贵的农田，而且，几乎和农民的利益没有任何联系，对于这类产业化项目今后应该加以限制，再例如有些企业，收购当地农产品后进行加工，这类企业没有和农民签订长期的购销合同，无法确保农产品最低的收购保护价，一旦市场价格下降，企业就可能找理由，不履行合同。这类企业实际上纯粹是农产品加工企业，并不是农业产业化龙头企业。

为了使农业产业化项目能够真正带动农民致富，政府扶持的农业产业化龙头，应该具有以下特点和要求：一是具有产加销一体化经营，供产销一条龙服务的企业，这类企业的生产链比较长，农产品加工后的增值比较大，有稳定的销售渠道，可以确保农民的利益。二是能够为农民提供技术指导服务，或者能够提供统一种源和生产技术的龙头企业，这类企业往往具有先进的生产技术，能够提高农产品的产量或者品质，只要农户按照规定的技术要求组织生产，产品的收购价格高于市场一般价格，农民的增收就有希望。三是龙头企业能够与农户建立稳固的利益纽带关系，应有一套适合项目特点的“风险共担、利益均沾”的激励保障机制，能保证农户获得与公司大致相等的利润率。如通过预付定金，提供贴息贷款，发放生产扶持金，赊购种苗和饲料，价格保护，优质技术服务，利益返还，股份合作等方式建立龙头企业与农户之间的利益协调机制，让农民可以分享农产品加工所取得的溢出价值。四是龙头企业具有诚信经营、服务社会的意识，能够真正为农民利益着想，能够着眼于城乡一体化发展，以促进区域经济发展，缩小城乡差距为己任，重视农民教育，培养新型职业农民，不断提高农民群众的思想素质、发展能力和专业技能。

四、坚持创新发展的原则

坚持创新发展是现代农业产业化必由之路，创新为农业产业化发展提供了不竭动力。坚持创新发展的原则，可以让农业产业化项目站在更高的起点上，形成核心竞争力，取得竞争优势，立于不败之地。

现代农业产业化的创新发展，主要包括如下几个方面：一是发展理念的创新，必须改变传统农业的习惯性思维，以市场经济的战略眼光，确定农业产业化的发展定位和目标。二是经营模式的创新，要以利益共享、合作共赢的观点，构建科学合理的利益分享机制，运用现代企业管理制度管理产业化项目，优化产业链的衔接，实现产加销环节的无缝对接，达到成本的最少化和效益的最大化。三是要将科技创新作为推进农业产业化的战略性举措，充分应用现代科技创新成果，提高农业产业化项目的科技含量。科学技术是农业产业化发展的动力源泉，当前，世界已经进入新一轮科技革命，农业产业化项目应该尽可能地吸纳最新的科技成果，充分利用现代生物技术、信息技术、大数据、智能制造、互联网+等科技成果，提高农业产业化项目的技术集成度，改变落后的生产方式，提高劳动生产率和经济效益。四是政府有关部门还应该重视农业产业化社会服务的创新，包括金融、保险对于农业产业化的创新扶持，也包括各类社会组织对于农业产业化系统的创新服务。

五、坚持经济效益、社会效益、生态效益协调兼顾原则

所谓经济效益是劳动成果与劳动耗费的比较关系，或简称所得与所费的关系，取得同样数量的劳动成果所化的劳动消耗越少，经济效益就越好，反之，同样数量的劳动消耗所取得的劳动成果越大，经济效益就越高，提高经济效益是一切经济管理活动的核心。社会发展以经济发展为基础，不提高经济效益，就不能扩大再生产，也就不会有社会的发展。

社会效益是指某种生产或服务对于满足社会需要，促进社会稳定、社会文明、社会进步、社会和谐方面的作用和影响。目前，一般把社会效益集中在于满足社会需要的程度上，即一切经营活动满足于社会需要的程度越大，其社会效益也越大，否则社会效益就小，甚至没有社会效益。随着社会文明程度的提高，社会效益受到人们的重视，并能最大限度争取社会效益。

生态效益是指人们依据生态平衡规律，在生产活动中使自然生态系统的物质能量循环更加平衡，使生态环境更加符合人类社会的生存发展的需要，它关系到人类社会的根本利益和长远利益。生态效益表现在生产活动对生态系统的

物质生产过程、能量流动转化过程、自然资源的合理利用和保护，以及对环境的治理和改善等方面好的效果和影响。生态效益的基础是生态平衡和生态系统的良性、高效循环。农业生产中讲究生态效益，就是要使农业生态系统各组成部分在物质与能量输出输入的数量上、结构功能上，经常处于相互适应、相互协调的平衡状态，使农业自然资源得到合理的开发、利用和保护，促进农业和农村经济持续、稳定发展。

发展现代农业产业化项目，必须同时兼顾经济效益、社会效益和生态效益，尽可能做到三者之间的相互平衡相互促进。有的农业产业化项目，可以获得较好的经济效益，但是可能违背自然规律，掠夺自然资源，致使生态系统失去平衡，生态环境遭受破坏，给人类社会未来的发展带来灾难，最终付出沉重的经济代价。为此，在选择农业产业化项目时，不能以单纯的经济观点来衡量，必须树立生态效益优先的观点。力求做到既获得较大的经济效益，又获得良好的生态效益。同时，发展现代农业产业化项目，必须兼顾经济效益和社会效益，实际上社会效益是经济效益的前提，一般而言，没有社会效益的项目就不可能有持久的经济效益。因此，发展农业产业化项目除了考量经济效益，还应重视农业产业化项目对社会的贡献，包括能否促进农村富裕劳动力的转移，促进农民增收；能否完善当地基础设施建设，促进城乡关系改善；是否有利于满足人们改善生活方式的需求等。

第三节 农业产业化项目的可行性研究

农业项目可行性研究是农业产业化项目投资建设的基础性工作，为农业行政主管部门审批项目能否立项的提供关键性依据，是建设单位在调查研究和分析论证项目可行性基础上编写的项目申请报告的前提条件。

一、农业产业化项目可行性研究的重要性

农业产业化项目可行性研究是投资决策前，调查研究与拟建项目有关的自然、经济、社会、技术等因素，分析、对比不同的项目投资建设方案，预测、评价项目建成后的社会、经济、生态效益，并在此基础上综合论证项目建设必要性、财务盈利性、经济合理性、技术先进实用性、建设条件可能性和可行性，从而为投资决策和建设实施提供科学依据的工作。

（一）农业产业化项目可行性研究的概念

农业产业化项目的可行性研究主要是指在进行相关农业项目的投资决策工

作之前，对项目的综合效益、项目的投资价值、建设方案设计、投资环境条件、市场投资建设的必要性等进行详细的调查、预测以及可靠的技术论证，是为了项目建设取得预期效果而进行的一项科学分析与研究。

(二) 可行性研究在农业产业化投资中的作用

可行性研究作为一种科学的方法，是建设项目决策期工作的核心和重点工作，是确定项目是否进行投资决策的依据，在整个项目投资决策中，发挥着非常重要的作用。农业产业化项目，一般投资周期比较长，有的项目需要几年以后才能看出效益的大小以及项目投资的得失，如果在农业产业化项目投资之前，不仔细进行调研和科学分析，用短浅的目光和凭主观直觉，判断未来市场供求关系，一味盲目投资，很容易导致项目投资的失败，造成无法弥补的损失。

从宏观上看，现代农业产业化项目的可行性研究，有利于一个地区农村经济的健康发展、农业产业结构调整和优化区位布局，促进农业技术进步和可持续发展；从微观上看，加强农业产业化项目的可行性研究，关系到投资项目的成败，涉及农业增效和农民增收。从发达国家的实践来看，可行性研究是一个行之有效的投资决策手段，所有的投资项目都有必要进行客观、公正、科学的可行性研究，并通过可行性研究决定项目的取舍。

从我国农业产业化发展的经验教训中可以看出，过去有许多地区投资农业产业化项目，并没有认识的进行可行性研究的重要性，而是根据自身的经验及主观的判断来进行投资建设，很多项目是先上马后论证，边设计边施工，这样，虽然可以缩短建设周期，但是许多项目由于缺乏前期科学的论证，最终无法取得理想的经济效益，造成资源的浪费。

当前，我国农业龙头企业呈现良好发展势头，同时以家庭农场为主的新型农业经营主体逐渐培育壮大，推动现代农业产业化进入新的发展阶段，各级地方政府高度关注农业产业化健康发展，其可行性研究越来越受到人们的重视，通过有效的可行性研究，大大减少农业技术引进及资金投入过程中的风险，有效避免盲目投资，使农业产业化项目建设立于科学论证的基础上，促进了现代农业产业化项目的健康发展。

二、农业产业化项目可行性研究需要重视的问题

当前，对于农业产业化项目可行性研究的重要性已经形成广泛共识，可行性研究在农业投资中的地位及作用日趋突出，但是在实践中农业项目可行性研究工作中还存在一些薄弱环节，需要重视如下问题。

（一）农业产业化可行性分析评价指标体系的问题

评价农业产业化项目的可行性，既要重视定性分析，更要重视定量分析，需要一系列科学指标进行加以量化研究，但是目前并没有全国统一的评价指标体系，造成可行性研究中经济效益指标权重过大，社会效益、生态效益的指标权重偏小的现象。另外，由于评价指标体系不同，最终的评价结果出现较大的偏差，从而影响决策的科学性。

（二）眼前利益和长期效益关系处理问题

有些农业产业化项目的可行性分析，为了能够吸引更多的投资项目，在进行分析研究的过程中，只注重短期的经济效益，而不考虑宏观层面长期的社会效益和生态效益，有的农业项目可能短期获益，但是从长期的角度分析是以牺牲环境为代价的，并且在农业项目的投资过程中，未能兼顾农民的长期收益，为此在进行农业产业化可行性研究的时候，一定要兼顾短期效益和长期效益，尽可能保护农民的利益，为农民增收创造条件。

（三）可行性研究专业人才问题

农业产业化项目涉及的学科范围很广，应该包括市场分析人才、农业技术人才、工程建设人才、财务会计人才等，加强农业项目可行性研究专业人才的培养，是保证农业产业化可行性研究质量的基础。目前，我国专业从事农业产业化可行性研究的咨询服务机构不多，农业产业化可行性研究的高级人才缺乏，导致农业项目可行性研究的量化分析质量不够，分析的广度深度有限，很多农业项目在进行可行性研究的过程中，自身没有专业性的可行性研究人员，而如果聘请专业的可行性研究机构又需要花费较大的成本，因此，很多农业项目的可行性研究人员都是由技术人员、工程人员或者财务上的工作人员兼职，这会对可行性研究的研究结果产生重要的影响。为此，应积极培育一批专门从事农业项目咨询服务的机构和农业项目分析的人才，加强农业项目可行性研究报告的方法研究并加以推广，壮大农业项目咨询队伍，并建立相关的质量管理体系，制定行业标准。

（四）主观意志影响可行性研究的问题

有些地区认为发展农业产业化项目，是富民工程，急于求成。个别地方将有关农业产业化发展项目作为地区的形象工程、政绩工程，一旦主观上认为项目可行，就盲目上马，所谓的可行性研究成了一种摆设，走过场而言。由于预先已经形成主观结论，所进行的可能性研究，基本上围绕领导的想法转，承担可行性研究任务的人员或者机构对于研究的结果早已心知肚明，可想而知，这种可行性研究不可能作出科学的判断和结论。

三、可行性研究的步骤

完整的可行性研究一般包括投资机会研究、初步可行性研究、详细可行性研究3个工作阶段。各阶段的目的、任务、要求和内容均不同，工作范围由宽到窄，内容由浅入深，工作量由小到大，投入的成本由少到多。

（一）投资机会研究

机会研究是对投资项目的初步设想和建议所作的概括性分析。机会研究的主要任务是寻找投资机会，选择投资方向，提出项目设想和项目建议，确定有无必要作进一步的详细研究，可行性研究所需时间为1~3个月。

投资机会研究阶段主要是利用现有资料及经验进行估计，而不是通过调查研究，收集更多的资料来进行详细分析。如投资额估算往往采用最简单的方法，套用类似经营组织的建设费用来估算；项目的销售前景、盈亏的可能性以及成本等方面的问题也是凭借经验和类比的方法，粗略地推算出来。如果投资机会研究的结果能引起投资者的兴趣，才会转入下一步初步可行性研究。

（二）初步可行性研究

初步可行性研究是在投资机会研究的基础上，对项目的可行性做出较详细的分析论证。对投资机会研究选出的项目进行筛选，将确实有发展前途的项目列入详细可行研究计划中，初步可行性研究一般在半年内完成。

初步可行性研究的主要任务和目的如下。

（1）在投资机会研究的基础上，进一步分析投资项目的条件和前途。

（2）项目中的关键问题，通过市场调查、现场考察、技术考察、模拟试验等方法进行分析与研究。

（3）确定该项目是否需要进一步作详细的可行性研究。

（三）详细可行性研究

详细可行性研究是在初步可行性研究的基础上对初选项目进行全面细致的分析和论证，是最后阶段的调查研究。其工作任务是从技术、经济、环境等方面对初选项目进行综合和系统的分析，并进行多个备选方案的比较评价，最终为投资决策提供确切全面的依据和结论性意见。一般中小型项目的详细可行性研究所需的时间为4~6个月。

详细可行性研究的重点是实地调查，通过调查了解和掌握与投资项目有关的技术和经济状况，调查的重点是技术上的先进性和适用性、市场需求、市场机会等。

详细可行性研究的主要任务和目的：一是提出可行性研究报告，对项目进行全面的评价。二是为投资决策提供两个或几个可供选择的方案。三是为下一步工程设计和施工提供基础资料和依据。

四、现代农业产业化项目可行性研究的内容

一般的可行性研究是以预测为前提，以取得投资效果为目的，从技术上、经济上、管理上进行全面综合分析研究的方法。在既定的范围内进行方案论证的选择，以便最合理地利用资源，达到预定的社会效益和经济效益。

现代农业产业化项目的可行性研究，必须从系统总体出发，对技术、经济、市场、社会以至环境保护、法律政策等多个方面进行分析和论证，以确定产业化投资项目是否可行，为正确进行投资决策提供科学依据。

（一）可行性研究的主要内容

各类农业产业化投资项目可行性研究的内容及侧重点因生产技术、产业链特点不同而存在差异，但一般应包括以下内容。

（1）投资必要性。主要根据市场调查及预测的结果以及有关的产业政策等因素，论证项目投资建设的必要性，包括项目投资的经济价值、社会意义、生态价值。在投资必要性的论证上，一是要做好投资环境的分析，对构成投资环境的各种要素进行全面的分析论证，二是要做好市场研究，包括市场供求关系预测、竞争力分析、价格变动趋势分析、市场细分、目标市场定位及营销策略论证。

（2）技术可行性。主要从项目实施的技术角度，合理设计技术方案，并进行比较和评价。不同项目、不同方案技术可行性的研究内容及深度差别较大。对于投资较大、技术比较前沿的项目，可行性研究的技术论证应提出已经应用的有关案例，并且比较明确地提出技术来源和主要技术设施装备的清单，以保障项目设施没有技术障碍。

（3）财务可行性。主要从项目及投资者的角度，设计合理财务方案，从企业理财的角度进行资本预算，评价项目的财务盈利能力，进行风险分析，并从融资主体（主要经营者）的角度评价股东投资收益、现金流量计划及债务清偿能力。

（4）组织可行性。设计项目实施的组织体系，拟定项目实施期间的职能分工、选择经验丰富的管理人员、建立良好的系统运作机制和协作关系、制定合适的培训计划等，保证项目顺利执行。

（5）经济可行性。首先从资源配置的角度衡量项目的价值，评价项目在促进区域经济发展目标、有效配置经济资源、增加产品供应、创造劳动就业、

改善环境、提高人民生活等方面的效益。其次，进行该项目投入产出的比较分析，研究项目建成后的盈利能力和影响因素，预测项目的投资回收期。

（6）社会可行性。主要分析项目对社会的影响，包括法律政策、经济结构、文化道德、社会稳定等方面可能产生的影响。

（7）风险因素及对策。主要对项目的市场风险、技术风险、财务风险、组织风险、法律风险、经济及社会风险等风险因素进行评价，制定规避风险的对策，为项目全过程的风险管理提供依据。

（二）可行性研究报告的编制

可行性研究报告应该做到编制依据可靠、结构内容完整、报告文本格式规范、附图附表附件齐全，表述形式尽可能数字化、图表化，研究深度能满足投资决策和编制项目初步设计的需要。

不同种类的可行性研究报告因研究对象、内容、方法的差异而各有特色，但结构要素基本相同，一般都包括标题、前言、正文、落款、附件5个部分。具体包括如下主要内容。

（1）内容摘要。对可行性研究的核心内容作摘要性说明。包括项目名称、投资主体、建设地点、建设年限、建设规模与产品方案、投资估算、运行费用与效益分析等。

（2）项目建设的必要性和可行性。包括项目建议的目的意义（社会价值、经济价值、生态价值）和项目建设的政策可行性、资源可行性、技术可行性、经济可行性。

（3）市场（产品或服务）供求分析及预测（量化分析）。主要包括本项目（或主导产品）发展现状与前景分析、现有生产（业务）能力调查与分析、市场需求调查与预测等。

（4）项目地点选择分析。项目建设地点选址要直观准确，要落实具体地块位置，并对与项目建设内容相关的基础状况、建设条件加以描述，不可以项目所在区域代替项目建设地点。具体内容包括项目具体地址位置（要有平面图）、项目占地范围、项目资源及公用设施情况，地点比较选择等。

（5）生产（操作、检测）等工艺技术方案分析。主要包括项目技术来源及技术水平、主要技术工艺流程与技术工艺参数、技术工艺和主要设备选型方案比较等。

（6）项目建设目标。包括项目建成后要达到的生产能力目标或业务能力目标，项目建设的工程技术、工艺技术、质量水平、功能结构等目标、任务、总体布局及总体规模。

（7）项目建设内容。项目建设内容主要包括土建工程（水工工程）、田间工程、配套仪器设备等。要逐项详细列明各项建设内容及相应规模（分类量化）。土建工程（水工工程）：详细说明土建工程名称、规模及数量、单位、建筑结构及造价。建设内容、规模及建设标准应与项目建设属性与功能相匹配，属于分期建设及有特殊原因的，应加以说明。田间工程：建设地点相关工程现状应加以详细描述，在此基础上，说明新（续）建工程名称、规模及数量、单位、工程做法、造价估算。配套仪器设备：说明规格型号、数量及单位、价格、来源。大型农（牧、渔）机具，应说明购置原因及理由和用途。

（8）投资估算和资金筹措。依据建设内容及有关建设标准或规范，分类详细估算项目固定资产投资并汇总，明确投资筹措方案。

（9）建设期限和实施的进度安排。根据确定的建设工期和勘察设计、仪器设备采购（或研制）、工程施工、安装、试运行所需时间与进度要求，选择整个工程项目最佳实施计划方案和进度。

（10）土地、规划和环保。需征地的建设项目，项目可行性研究报告中必须附国土资源部门核发的建设用地证明或项目用地预审意见。需要办理建设规划报建以及环评审批的，附规划部门规划意见书以及环保部门环评批复。

（11）项目组织管理与运行。主要包括项目建设期组织管理机构与职能，项目建成后组织管理机构与职能、运行管理模式与运行机制、人员配置等；同时，要对运行费用进行分析，估算项目建成后维持项目正常运行的成本费用，并提出解决所需费用的合理方式方法。

（12）效益分析与风险评价。一是对项目建成后的经济与社会效益测算与分析（量化分析）。特别是对项目建成后的新增生产能力，以及经济效益、社会效益、生态效益（如带动多少农户、增加农民就业、减少农业面源污染、推动区域经济发展等）等进行量化分析。同时，对项目主要风险因素进行识别，采用定性和定量分析方法估计风险程度，研究提出防范和降低风险的对策措施。

（13）附件和有关证明材料。包括承担单位法人证明、有关配套条件或技术成果证明等。还包括各种附件、附表、附图及有关证明材料。

第四节 农业产业化项目投资经济效果分析

现代农业产业化项目投资可行性研究，经济效益的分析是重点，通过分析与评价投资项目的经济效益，确定投资项目是否可取，可以降低投资风险。

产业化投资项目经济可行性研究方法很多，有许多数学分析方法，有的适用于有长期投资决策分析，有的适用和中短期决策分析，而长期决策中考虑资金的时间价值更为科学合理，常用的有计算净现值、内部收益两种方法。但计算较为复杂，本书不予介绍。以下主要介绍常用于中短期投资决策的本量利分析法。

本量利分析是成本、业务量和利润三者依存关系分析的简称，它是指在成本习性分析的基础上，运用数学模型和图式，对成本、利润、业务量与单价等因素之间的依存关系进行具体的分析，研究其变动的规律性，以便为企业进行经营决策和目标控制提供有效信息的一种方法。

一、成本习性及其分类

本量利分析是在成本习性分析基础上发展起来的，所以成本习性分析也就成为本量利分析的基础。

（一）成本习性

成本习性也称为成本性态，指在一定条件下成本总额的变动与特定业务量之间的依存关系。这里的业务量可以是生产或销售的产品数量。按照成本按习性对成本进行分类，对于正确地进行财务决策，有着十分重要的意义。

（二）成本按习性分类

按照成本按习性可以把成本划分为固定成本、变动成本和混合成本三类。

1. 固定成本

固定成本是指其总额在一定时期和一定业务量范围内不随业务量发生任何变动的那部分成本。属于固定成本的主要有按直线法计提的折旧费、保险费、管理人员工资、办公费等。这些费用，每月（年）支出基本相同，即使产（销）量在一定范围内变动，它们也保持固定不变。也正是因为这些成本是固定不变的，所以，随产（销）量的增加，单位产品的固定成本将逐渐变小。

应当指出的是，固定成本总额只是在一定时期和业务量的一定范围内保持不变。这里所说的一定范围通常称为相关范围。超过了相关范围，固定成本也会发生变动，如土地租金，一般按照租借的时间来收取，如果租金 3 年不变，那对 3 年内来说土地租金就是固定不变的成本，超过 3 年土地租金就有可能发生变化，所以，这时 3 年就成了相关范围。从较长时间来看，所有的成本都在发生变化，没有绝对不变的成本。

2. 变动成本

变动成本是指其总额随着业务量成正比例变动的那部分成本。这里要注意的是正比例的变动关系，即同比例变化。只有这样，单位变动成本是保持不变的。如水稻收割费，如果合同规定是按照每亩一定金额收取的话，这时水稻收割费就是变动成本，它的金额随着亩数同比例变化，但每亩水稻的收割费是一样的，保持不变。

与固定成本相同，变动成本也存在相关范围。也就是说，只有在一定范围内，产量和成本才能完全成同比例变化，即完全的线性关系；超过了一定的范围，这种线性变化的关系就不存在了。例如，随着农业专业化的发展，农业生产过程中的部分作业如植保、收割、烘干等将委托专业公司承担，这些公司的收费标准将按照作业的数量来确定，作业量在一定的数量范围内收费标准保持不变，超过一定的数量，可以享受一定的收费折扣，数量越大，费率就越低。其实许多农业生产的变动成本，与生产的一定规模有关。

3. 混合成本

有些成本虽然也随业务量的变动而变动，但不成同比例变动，这类成本称为混合成本。混合成本按其与业务量的关系又可分为半变动成本和半固定成本。

（1）半变动成本。它通常有一个初始量，类似于固定成本，在这个初始量的基础上随产量的增长而增长，又类似于变动成本。如植保服务费，有的服务合同可能按照两种标准计算：每年支付一定的基本服务费（固定部分），再根据种植面积或服务数量收取一定的服务费（变动部分）。

（2）半固定成本。这类成本随产量的变化而呈阶梯形增长，产量在一定限度内，这种成本不变，当产量增长到一定限度后，这种成本就跳跃到一个新额度。

4. 总成本习性模型

从以上分析我们知道，成本按习性可分为固定成本、变动成本和混合成本3类。但混合成本又可以按一定方法分解成变动部分和固定部分，这样，总成本最终可分成变动成本加固定成本。用公式表示：

$$y=a+bx$$

其中，y指总成本，a指固定成本，b指单位变动成本，x指业务量。

从成本习性来认识和分析成本并将成本重新进行分类，有助于进一步加强成本管理，挖掘内部潜力，提升经营预测和决策的科学性，争取实现最大的经济效益。

二、本量利分析法

基本公式

本量利分析是以成本性态分析和变动成本法为基础的，其基本公式是变动成本法下计算利润的公式，该公式反映了价格、成本、业务量和利润各因素之间的相互关系。即：

税前利润=销售收入-总成本=销售价格×销售量-（变动成本+固定成本）。

=销售单价×销售量-单位变动成本×销售量-固定成本。

即：$P=px-bx-a=(p-b)x-a$

式中：

P：税前利润。

p：销售单价。

b：单位变动成本。

a：固定成本。

x：销售量。

该公式是本量利分析的基本出发点，以后的所有本量利分析可以说都是在该公式基础上进行的。

三、盈亏临界点及其计算

（一）盈亏临界点

所谓盈亏临界点，就是指使得贡献毛益（指销售净额减去变动成本总额后的余额）与固定成本恰好相等时的销售量。此时，投资主体处于不盈不亏的状态。

（二）盈亏临界点的计算

确定盈亏临界点，是进行本量利分析的关键。按照成本习性分析，企业的固定成本总额跟业务量无关，即使不经营，有些固定成本还是发生的。如土地转让费，一般按流转时间收取转让费，不管是否进行生产，其土地转让费总是要支付的。从这个角度来说，企业的收益首先要抵消固定成本后，才能有盈利。

在上述基本公式中：税前利润为零，即是盈亏临界点。

税前利润=销售收入-总成本=销售价格×销售量-（变动成本+固定成本）。

=销售单价×销售量-单位变动成本×销售量-固定成本。

即：$P=px-bx-a=(p-b)x-a=0$

$x=a/p-b$

盈亏临界点可以采用下列 2 种方法进行计算：

A. 按实物单位计算，其公式为：盈亏临界点的销售量（实物单位）= 固定成本 / 单位产品贡献毛益。

其中，单位产品贡献毛益=单位产品销售收入-单位产品变动成本。

B. 按金额综合计算，其公式为：盈亏临界点的销售量（用金额表现）= 固定成本 /贡献毛益率。

如果，产量比盈亏临界点大，那么有盈利，可以投资生产；如果产量比盈亏临界点小，那么产生亏损，项目不可以投资，详见下图。

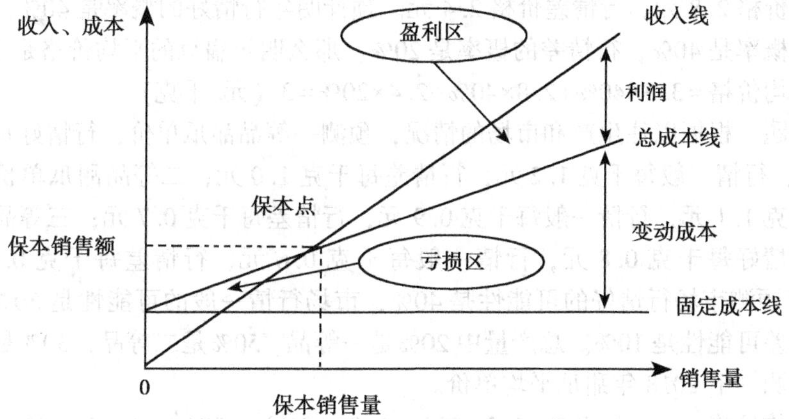

图　盈亏临界点计标

例题：某农业合作社种植 100 亩水稻。假设每亩农资及劳动服务费等成本 1 050 元，每亩的土地流转费 700 元，（假定一季水稻用地半年）合作社管理人员 1 名，年工资 5 万元。

水稻收购价每千克 3 元。问是否值得投资生产？

分析：题目中农资成本及劳动服务费、土地流转费，其金额与每亩水稻产量的多少是无关的，所以，相对每亩水稻产量来说可以看作固定成本。

解：盈亏临界点=固定成本 /销售单价-单位变动成本=（1 050+700/2+50 000/100×2）/3=550（千克）

可见，亩产550千克是盈亏临界点。如果亩产量超过550千克，那是有盈利的，可以投资生产。

（三）平均价格和平均产量

在现实经济生活中，农产品的价格和农产品亩产量具有不确定性，农产品的价格和亩产量有多种可能性。除了不确定性外，农产品的价格还有不一致性，即一茬农产品（如水蜜桃、甜瓜）时间前后价格可能不一致，不同质量价格也不一致。这时如何预测农产品的价格和亩产量呢？就用平均价格和平均产量来测定。以平均价格为例，先预测价格有哪些可能性，以及每种可能性的概率或产量比例，这样就可计算出农产品平均价格。

公式：平均价格=价格1×该价格概率+价格2×该价格概率+价格3×该价格概率。

例题：根据以往市场的情况预测明年扁豆价格。行情好每千克3.5元，行情一般价格2.8元，行情差价格2.4元。预计明年行情好的概率是40%，行情一般的概率是40%，行情差的概率是20%。那么明年扁豆的平均价格是多少？

平均价格=3.5×40%+2.8×40%+2.4×20%=3（元/千克）

例题：根据以往生产和市场的情况，预测一等品甜瓜单价，行情好每千克1.5元，行情一般每千克1.2元，行情差每千克1.0元；二等品甜瓜单价行情好每千克1.1元，行情一般每千克0.9元，行情差每千克0.7元；三等品甜瓜单价行情好每千克0.8元，行情一般每千克0.6元，行情差每千克0.4元。2018年预测市场行情好的可能性是40%，市场行情一般的可能性是50%，市场行情差可能性是10%。总产量中20%是一等品，50%是二等品，30%是三等品。预测一下2018年甜瓜平均单价。

平均价格=（1.5×40%+1.2×50%+1.0×10%）×20%+（1.1×40%+0.9×50%+0.7×10%）×50%+（0.8×40%+0.6×50%+0.4×10%）×30%=0.26+0.48+0.2=0.94（元/千克）

第六章　现代农业产业化品牌管理

在市场竞争日趋激烈和社会消费观念转型的背景下，加强农产品品牌建设与管理，已经成为现代农业产业化经营的必然要求和战略选择。加强农产品品牌的管理有利于各类农产品培养稳定的消费群体，重视农产品品牌经营，可以促进现代农业产业化生产链的全面质量管理，保障农产品的品质和安全，提高农产品的溢出价值，有利于形成核心竞争力。

农产品的品牌培育是一个长期的过程，也是一个系统性工程，需要在先进经营理念的支撑下，持续不断地加强农产品生产全过程的质量管理，需要加强农业的标准化建设，还需要强化品牌营销策略的研究与实践。本章主要针对现代农业产业化经营中品牌管理的有关问题，阐述基本的管理理念与要求。

第一节　现代农业标准化建设

标准化是市场经济的产物，标准化建设是社会化大生产不同生产者之间分工协助的必然要求，也是保障产品品质管理保障。现代农业产业化是以产加销一体化的形式、以企业化的管理要求经营农业，农业的标准化建设对于现代农业的品牌建设，对于农产品国际贸易，促进农业产业化健康发展，有着强大的促进作用，是现代农业产业化的基础工程。

一、标准化的有关概念

（一）标准的概念

“标准”的概念是人类社会进入工业革命以后提出来的，100多年来，国际组织、各国标准化组织和许多专家学者，从不同的角度提出了标准的定义。我国与1996年颁布的国家标准GB/T 3935. 1—1996《标准化和有关领域的通用术语第一部分基本术语》对“标准”的定义是：为在一定的范围内获得最佳秩序，对活动其结果规定共同的重复使用的规则、导则或特殊的文件。该文件经协商一致制定并经一个公认机构的批准（注：标准应以科学、技术和经验的综合成果为基础，以促进最佳社会效益为目的）。这个定义包括如下含义：一是标准产生的依据是重复使用，只有重复使用才有必要制定标准；二是标准是科学技术和经验的综合成果，体现新的科研成果和实践经验的提炼；三是标准的产生的程序是经过协商一致并经过一个公认机构的批准，体现了标准的公平性、权威性；四是标准的形式是“规定共同的重复使用的规则、导则或特殊的文件”，说明标准自身有一套特定的格式。

（二）标准化和农业标准化的概念

1. 什么是标准化

标准化是指在经济、技术、科学和管理等社会实践中，对重复性的事物和概念，通过制订、发布和实施标准达到统一，以获得最佳秩序和社会效益的活动。这个活动过程由制定标准、组织实施标准和监督标准实施3个互相关联的环节组成，是一个不断循环、螺旋上升的过程。标准化的实质是通过制定、发布和实施标准，达到统一。

对于一个公司而言，标准化就是以获得最佳生产经营秩序和经济效益为目标，对生产经营活动范围内的重复性事物和概念，制定和实施公司标准以及贯彻实施相关的国家、行业、地方标准等为主要内容的过程。

2. 农业标准化的含义

农业标准化是指以农业为对象的标准化活动。具体而言，是指对农业经济、技术、科学、管理活动中需要统一、协调的各类对象，制订并实施标准，使之实现必要而合理的统一的活动。其目的是将农业的科技成果和多年的生产实践相结合，制订成“文字简明、通俗易懂、逻辑严谨、便于操作”的技术标准和管理标准向农业经营主体推广，最终生产出质优、量多的农产品供应市场，不但能使农民增收，同时，还能很好地保护生态环境。其内涵就是指农业生产经营活动要以市场为导向，建立健全规范化的工艺流程和衡量标准。

根据我国农业的传统分类方法，农业标准化共分为五大类。分别是种植业标准化、林业标准化、畜牧业标准化、水产标准化、农业综合标准化。

（三）农业标准化的内容

农业标准化十分广泛，主要有以下8项。

（1）农业基础标准。农业基础标准是指在一定范围内作为其他标准的基础并普遍使用的标准。主要是指在农业生产技术中所涉及的名词、术语、符号、定义、计量、包装、运输、贮存、科技档案管理及分析测试标准等。

（2）种子、种苗标准。种子、种苗标准主要包括农、林、果、蔬等种子、种苗、种畜、种禽、鱼苗等品种种性和种子质量分级标准、生产技术操作规程、包装、运输、贮存、标志及检验方法等。

（3）产品标准。产品标准是指为保证产品的适用性，对产品必须达到的某些或全部要求制订的标准。主要包括农林牧渔等产品品种、规格。质量分级、试验方法、包装、运输、贮存、农机具标准、农资标准以及农业用分析测试仪器标准等。

（4）方法标准。方法标准是指以试验、检查、分析、抽样、统计、计算、测定、作业等各种方法为对象而制订的标准。包括选育、栽培、饲养等技术操作规程、规范、试验设计、病虫害测报、农药使用、动植物检疫等方法或条例。

（5）环境保护标准。环境保护标准是指为保护环境和有利于生态平衡、对大气、水质、土壤、噪声等环境质量、污染源检测方法以及其他有关事项制订的标准。例如水质、水土保持、农药安全使用、绿化等方面的标准。

（6）卫生标准。卫生标准是指为了保护人体和其他动物身体健康，对食品饲料及其他方面的卫生要求而制订的农产品卫生标准。主要包括农产品中的农药残留及其他重金属等有害物质残留允许量的标准。

（7）农业工程和工程构件标准。该标准是指围绕农业基本建设中各类工程的勘察、规划、设计、施工、安装、验收以及农业工程构件等方面需要协调统一的事项所制订的标准。如塑料大棚、种子库、沼气池、牧场、畜禽圈舍、鱼塘、人工气候室等。

（8）管理标准。管理标准是指对农业标准领域中需要协调统一的管理事项所制订的标准。如标准分级管理办法、农产品质量监督检验办法及各种审定办法等。

二、农业标准化的特点

（一）农业标准化的主要对象是生命有机体

农业生产不仅受经济规律的影响，而且受到生命活动自身规律的影响，农业技术是在不易控制、复杂多变的自然环境中，通过动植物的生命过程来实现的。在一定时间和区域内将哪些产品、哪种农业技术列为标准化对象，都要受到具体的社会经济条件和自然条件的制约。这比工业技术推广难度大，同一农业新技术在不同条件下产生不同结果，相同的标准化对象，执行统一标准，其经济效果往往不一样。

（二）农业标准化的区域性

因不同地区自然资源、自然条件有差异，导致农产品品质很大区别，同一技术在不同区域效果不同。世界上许多国家按照自然条件、地理环境和农作物特点，划分了各种“生长带”，如玉米带、棉花带、草原放牧带等，就是注意了农业区域性特点。我国的标准中设有农业地方标准，就是考虑了农业标准化地域性较强的特点。

（三）农业标准化的复杂性

表现在制（修）定标准的周期长，要考虑的相关因素较多。制定一项农产品标准至少要有 3 年的统计数据。农业标准化的主要对象是活的有机体，他们种类繁多，各有其生长发育规律，成批新品种的育成、使用和推广，总是需要农机、化肥、农药、温室、地膜等先进技术和设备相配合，其中，只要有一项没跟上，都会给农业生产带来影响。

（四）文字标准和实物标准同步

文字标准来源于实践，是客观实物的文字表达。但是，文字标准较抽象，由于人们的理解能力或认识程度不同，会产生不同的感觉。而且，有些感官指标如色泽、口味很难用文字确切表达。比如许多农产品是依据产品的形态、光泽、颜色等因素确定等级的，但是颜色又分为十几种甚至几十种之多，按照文字标准难以辨别差异，在这种情况下，应以比色板和实物标准加以对照。

三、农业标准化对于农业产业化的作用

（一）推进农业标准化是提升农业产业化水平的必然要求

农业产业化的实质是农业的市场化和社会化，按照市场需求组织农业的产加销一体化经营是现代农业产业化的发展方向。农业产业化的实施过程，既是农产品生产、加工、流通行为标准化的过程，也是规范农业经营主体生产行为和应对千变万化农产品市场的过程，农业产业化可以促进农业新型经营主体健康成长和新型职业农民的培育。没有农业的标准化，就难以实现农业的产业化。

（二）农业标准化是促进农业科技成果转化的有效途径

农业标准化既源于农业科技创新，又是农业科技创新转化为现实生产力的载体。科技成果转化为标准，可以成倍地提高推广应用的覆盖面。同时，标准的提高又会推动科技创新。农业产业化引入“标准化”机制和理念，由于标准化的导向作用，有利于加速农业科技成果、科学技术转化，促进农业生产效率的提升，提高农产品品质和增加农民的收入。

（三）推进农业标准化是农业供给侧结构性改革的必然要求

供给侧结构性改革旨在调整经济结构，使要素实现最优配置，提升经济增长的质量和数量。供给侧结构性改革需要以科学发展的眼光，用改革的办法推

进结构调整，矫正要素配置扭曲，扩大有效供给，提高供给结构对需求变化的适应性和灵活性，提高全要素生产率，更好满足广大人民群众的需要，促进经济社会持续健康发展。农业供给侧结构性改革，一个最为重要的目标就是要实现优化结构、提高质量和效益。大力推行农业标准化，可以促进农业新科技、新品种的推广应用，加速农业新品种、新产业的成长，同时，农业标准化能够有力推动农业生产专业化和区域化，进而推动农业供给侧结构性改革。

（四）推进农业标准化是保障农产品质量和消费安全的基本前提

随着人们生活水平的提高，社会对于"舌尖上"的安全越来越关注。但是，近年来，因农药残留、兽药残留和其他有毒有害物质超标，导致的农产品污染和中毒事件时有发生，严重威胁了广大消费者的身体健康和生命安全。解决问题的一个重要前提，就是要建立起与中国农业和农村生产力发展阶段相适应的农产品质量安全标准体系、检验检测体系和认证认可体系。在这三大体系中，农产品质量安全标准体系具有基础性的作用。

（五）农业标准化有利于提高农业产业化龙头企业竞争力

现代农业产业化发展，农业龙头企业起到核心带动作用，而农业龙头企业的成长离不开农业标准化的实施。首先，农业标准化可以增强农业产业化项目的可持续发展能力，形成效益增长的长效机制；其次，按照标准化生产的农产品，在消费者眼中就有安全保障，有利于提高市场占有率；再次，按照标准化生产的农产品，具有基本相同的质量和口感，有利于培养稳定的消费爱好者，扩大品牌知名度。以上几点，对于提高农业产业化龙头企业的竞争力具有重大作用。

（六）农业标准化是调节农产品进出口的重要手段

当前，我国大宗农产品的价格已经超过国际平均价格，大部分农产品出口企业，不仅处于市场价格竞争的不利地位，而且不同程度地受到国外技术壁垒的影响。由于我国标准"门槛"低，加之检测能力弱，客观上为国外农产品大量进入我国市场提供了便利。在此形势下，加快建立符合国际规范和食品安全的农业标准化体系，使农业产业化龙头企业承担起扩大出口、调节进口的作用，已成为当务之急。

四、农业标准化的实施

（一）加快推进农业标准化工作的措施

1. 加大农业标准化工作的宣传力度

农业标准化是把农业科技转化成农业生产力的纽带和桥梁，要充分利用各类传播媒体，加大农业标准化的宣传力度，使社会各界对于农业标准化在促进农业结构调整，保障农产品质量安全，实现农民增收等方面所起重要作用有更加全面的认识，各有关部门要加强合作沟通，发挥各自优势，形成农业标准化工作合力，推动农业标准化工作的开展。各地应成立农业标准化领导小组，由地方政府分管领导任组长，质量技术监督、农业、科技、财政、工商、卫生、环保、内贸等部门为成员单位。定期召开农业标准化推进会议，确保农业标准化实施各项工作的落实。

2. 加强农业三大体系的建设

(1) 加快农业地方标准的制定、修订，建立和完善农业标准体系。加快农业标准的制定修订步伐是做好农业标准化工作的前提，由于我国区域面积大，各地自然条件有很大差异，而农业生产又受到地理位置、气候环境的较大影响，为此，在农业标准体系中，农业地方标准应该占有较大分量。各级政府部门应该制定合理的农业地方标准来规范农业生产。国家标准制、修订的重点将放在优质专用农产品的质量标准、安全卫生标准、生态农业和高新技术革新等方面。各地区应发挥积极性，按照农业标准化管理办法的要求，制定有关地方性农业标准规范，作为本地区农业生产操作的依据，不断完善农业标准体系。

(2) 不断健全和完善农业监测体系。要高度重视农业监测体系建设，不断更新现有检测设备，对于农业供产销产业链，依据标准进行环境、生产资料、农产品本身的检测，确保农产品及其加工产品的质量安全，保护生态环境，特别是要针对当前无公害、绿色农产品的迅速发展的形势，要在原有的基础上，投资建成能承担无公害农产品的全项检验的、有权威的检测设备，加强检测人员的培训，建设好无公害农产品检测中心，搞好农业的日常监测，做好农产品的分析检测。

(3) 加强服务意识，建立和完善农业信息体系。做好信息的收集工作，包括国内外技术标准文本，农业标准化工作动态情况，以及国内外有关标准化的科技成果资料等。利用各种渠道向社会及时提供国内国际市场需求的农业方面技术标准等信息，传递农产品质量安全监督检查和检验检疫情况等信息，以及正确引导市场消费的有关信息，加强对农民、企业及社会的服务，不断完善农业信息体系。

3. 加强农产品认证工作

根据农产品标准化的要求，对农产品开展产品认证和质量体系认证，以促进优质安全的农产品的名牌建设。认证是国际通行的做法，为扶持和培育优质农产品，提高农产品的市场知名度和市场占有率，亟须全面加强农产品认证工作。

4. 培育农业产业化与标准化相融合的发展模式

“公司+农户+标准”是一种较好的农业标准化推进农业产业化的模式，其中公司（即龙头企业），能够发挥举足轻重的作用，往往一个好的龙头企业就能带活一个乡，甚至带活一个县。各基层质量技术监督部门应选定当地基础较好的农业产业化龙头企业，重点帮助和指导建立企业标准体系，实施相关标准，提高产品质量，创出农产品品牌，形成竞争优势，带领农民致富。

5. 大力发展无公害、绿色农产品

（1）加强农业生产资料的管理。一是要做好农药、化肥、兽药、饲料添加剂等生产企业的开业审查工作，把好定点管理以及营业执照、生产许可证、卫生许可证等的发放关，严格控制此类企业的过多过滥。二是在禁止使用高毒、高残留农药的同时，不断推广使用高效低毒低残留农药，大力开发使用有机肥料、生物农药，杜绝有毒有害物质进入农产品市场。

（2）加强农产品标志管理。随着人们对无公害、绿色农产品的逐渐认识，市场上出现了许多冒牌的无公害、绿色农产品。究竟什么样的农产品才是无公害、绿色农产品，一般消费者难以辨别造假。中国绿色食品发展中心早已推出了“绿色食品”标志，国家农业部于2012年颁布了《绿色食品标志管理办法》（农业部令2012年第6号），国家质检总局也出台了《无公害农产品标志管理规定》，推出了全国通用的“无公害农产品”标志。但是对于使用这两者标志的监管力度不够，导致鱼目混珠的现象依然存在，为此，必须在这方面加强宣传和执法力度。

（3）搞好无公害、绿色农产品的日常监督，各级质量技术监督部门应加大对市场上农产品的监督检查，把好农产品的质量安全关，让消费者在市场上能购买到真正放心的无公害、绿色农产品。

6. 加强农业标准化示范区建设，发挥好示范带动作用

农业标准化示范区是指按照一定的种植或养殖标准组织生产和管理，其产品达到相关质量标准要求，并对周边地区起到示范、带动作用的农业生产区域。早在1996年，原国家技术监督局就开始在全国开展大规模农业标准化示范区建设工作，目前，农业标准化示范区共分为国家级、省级和市级3个级别，分别由国家标准化管理委员会、省质量技术监督局、市质量技术监督局及市农业局等主管部门批准立项及验收。实践证明，农业标准化示范区的建设对推进农业标准化进程，促进农业产品结构的调整，以及增加农民的收入起着重

要的作用。为此，必须进一步加强农业标准化示范区的功能建设，发挥示范带动作用。

7. 创建和保护农产品名牌

创建农产品名牌离不开农业标准化。农业标准化应围绕区域农产品如何形成品牌，形成规模，增加产量，提高质量，创建名牌，扩大市场方面做文章。许多地区有很多很好的农产品，但因缺乏标准化的生产和加工，质量时好时坏，没有严格的标准，市场竞争力不强，形不成品牌优势。加强标准化工作将有助于创建农产品名牌。

（二）农业标准化的实施程序

农业标准化的实施程序，一般包括制订计划、准备和试点、推广实施、督导与检查、总结和反馈等工作环节。

1. 制订计划

有关农业标准发布后，凡涉及的地区和部门，应该根据标准的级别、性质和范围，积极制订贯彻标准的计划，并逐级下达和部署。对于一些重要的农业标准，应该由政府部门下达贯彻落实的指导文件，明确贯彻标准的方式、内容、步骤、时间节点、责任部门和目标要求。

2. 准备和试点

为了保障标准实施的有序进行，首先必须在实施之前，做好各项准备工作，并且充分估计执行标准过程中可能遇到的困难和问题，准备工作包括思想发动、组织落实、资源保障；其次是要做好试点工作，可以根据实际需要，选择有代表性的地区和农业经营主体，进行执行标准的试点工作，在试点阶段，可以进行新老标准（或者标准方法与原来的方法）的比较试验，以便于积累数据，进行比较分析，形成典型的经验和好的推广模式，为全面贯彻标准提供依据。

3. 全面推广实施

经过试点过程后，农业标准化工作就进入正式推广执行阶段，在这个阶段任何人不得擅自降低标准要求。当然，为了有利于标准的贯彻落实，各地可以在不降低标准的前提下，根据本地区的实际情况制定实施细则，根据标准的性质特点，采取因地制宜的实施方法。对于在全面实施过程中可能出现的问题，要及时查找原因，研究解决的方法途径，尽最大可能保障标准的全面实施执行。

4. 督导与检查

在标准的全面贯彻落实过程中，有必要加强平时的督导和检查，督导工作有利于标准化措施的全面贯彻执行，避免制度设计方面的漏洞和弄虚作假情况的发生。加强标准落实工作的检查，可以进一步验证标准的科学性、合理性，可以分析标准执行中存在的问题和取得经验，以利于及时督促改进标准执行中存在的问题，查找问题原因，也有利于典型经验的及时传播推广，扩大典型经验的经济效益和社会效益。

5. 总结与反馈

在农业标准按照预定计划实施一个完整周期后，应该及时总结试点及全面实施标准所采取的技术和方法，收集归类各类有关的文件资料，做好资料的整理立卷归档工作。要认真总结实施标准化的科学方法和措施，分析标准化所取得的经济效益、社会效益、生态效益，同时，也要查找存在的问题，剖析原因，以便下一步更加有效地实施标准化工作。在认真总结经验的同时，应该将实施农业标准取得的成效、标准化达到的水平、实施标准存在的问题等信息，加以提炼，并及时地反馈给标准的发布机构、标准的提出单位和起草单位。信息反馈有利于标准的制定发布机构，全面掌握标准的推广执行情况，为今后修订标准提供科学依据。

（三）农业标准化的实施模式

在我国农业标准实施推广的过程中，各地创造了许多模式，这些模式形式各异，方法不一，大致上有 8 种模式值得加以肯定推广。

1. 政府主导模式

政府主导模式是当前加快农业标准化实施的主要模式，主要依靠农业部门和农技推广机构通过项目示范、产品认证、技术指导和培训咨询等形式，带动辐射农业企业、农民专业合作社、家庭农场、专业大户按照农业标准组织生产。以政府为主导的农业标准化实施，优势在于能够集约项目、集成技术、集中资源，有重点、有步骤地在优势农产品产业带和一些条件成熟的地区，组织开展标准实施的示范性推广活动。但是其缺点是难以兼顾农民的意愿，调动农民主动参与实施的积极性不够。

2. 基地示范型

特征是以政府推动为主，通过项目实施的方式进行标准化的推广普及和标准的实施示范。具体做法包括几个步骤：一是由政府部门制定发展规划，按照发展导向和问题导向，推进农业产业化基地建设，并且按照产业政策和区位优势，选择一个或者几个农产品品种作为主导产业；二是科学选定有关标准；三是进行广泛的专业知识和专业人才培训；四是积极培育标准化实施的样板，形成以点带面，促进标准化工作全面开花结果。

3. 市场准入型

这种模式的特征是涉及农产品安全、卫生方面的标准，这类标准具有强制执行性质。在标准实施结果考核上，必须经过一定的程序证明符合标准要求，达到法律、法规规定的最低准入条件。对农产品生产而言，主要是农药残留、兽药残留方面的规定和市场准入要求。这些强制性标准的执行，国家大多有明文规定，如果确认违法有关的标准，将受到强制性处罚。

4. 认证促进型

这种模式的特征是通过专门的机构，按照相应的规定程序办法，促进标准的使用者严格实施和推行标准，并通过对各个环节的贯标情况检查，作出科学评价，颁发证明贯标和达标行为的证书与标志。这种通过认证措施，促进标准实施推广的方式，有利于提高生产经营者实施标准的自觉性，是世界各国普遍推崇的标准实施推广模式。

5. 龙头企业带动型

这种模式的特征是农业产业化龙头企业，利用资金和品牌，通过标准化手段，将企业的加工、贸易行为和区域的家庭农场、专业大户或者农业合作社的生产有机地结合起来，通过合约的方式，形成生产、技术、品牌、资金相融的利益共同体。随着现代农业产业化的发展和新型农业经营主体培育成长，这种模式将成为我国农业标准实施推广的主要模式。

6. 行业自律型

这种模式的特征是行业协会通过标准将产销有机衔接起来，利用协会的技术特长和社会资源，联合协会的会员单位，将某类或者某种农产品生产规模做大，实行统一品牌经营，提高竞争力和经济效益，既保护生产者的利益也有利于维护消费者的利益。让广大农民尝到实施标准的甜头，有利于标准的自觉执行。

7. 品牌创建型

这种模式的特征是围绕知名品牌，利用品牌的优势，通过标准化的手段和统一的标准实施推广，将品牌产品规模做大，质量提高，效益提升。这种模式需要不断加强品牌建设和品牌营销的专门化管理，以持久维护品牌的市场声誉。

8. 产销对接型

这种模式的特征是产销双方根据生产实际和市场需求，签订产销合作协议。在产销合作协议中明确产品质量安全水平以及共同遵循的技术标准和双方的权利与义务。这种模式的特点是通过市场对接生产，可以直接推动农产品标准的实施。

第二节　农产品品牌创建

品牌作为一种无形资产，对于当代企业的发展壮大发挥着不可替代的作用。现代农业产业化与创建农产品品牌有着密切的关联性，农产品品牌建设是增强农业产业化项目核心竞争力的战略举措，也是改变农业弱势地位，增强农业效益和农民增收的有效途径。在推进农业现代化的过程中，加强农产品品牌建设，已经形成社会的广泛共识。

一、品牌与农产品品牌

（一）品牌的概念

品牌是制造商或经销商附加在商品上的识别标志。它由名称、名词、符号、象征、设计或它们的组合构成。品牌具有识别某个销售者或某群销售者的产品或劳务，并使之同竞争对手的产品和劳务区别开来的功能；品牌注册后形成商标，即获得法律保护拥有其专用权。一个著名品牌也是品质优异的体现，是一种精神象征，代表经营者价值理念。品牌的培养是一个长期的过程，也是不断创新的过程，品牌是给拥有者带来溢价，是商品增值的源泉，在激烈竞争的市场经济环境下，加强品牌建设与管理是一项战略性工作，是立于不败之地基础工程。

（二）农产品品牌

农产品品牌是农产品经营者根据市场需求与当地资源以及产品特性，给自己的农产品命名的称谓，并配有相应的标志，是农产品之间相互区别的符号。农产品品牌创建是指农产品经营者根据市场需求与当地资源以及产品特性，给自己的产品设计一个富有个性化的品牌，并取得商标权，实行农业产业化经营，使品牌在经营过程中不断得到消费者的认可，树立品牌形象，扩大市场占有率，实现经营目标的一系列活动。在人们生活水平日益提高的现代社会，人们购买农产品的动机呈现多样性，越来越依赖品牌辨别和选择农产品或服务，乃至借助于品牌表达自己的喜好，满足心理需求，体现自己的消费观念。而品牌创建者则希望借助于品牌影响力，传递品质承诺、价值理念、情感诉求等多重信息，满足目标市场消费者的喜好，赢得顾客的信赖和忠诚度，以谋求巩固和扩大市场占有率。为此强化农产品品牌创建与管理的是农产品市场供求双方的共同需要，也是社会主义市场经济发展的根本要求。

（三）农产品品牌的分类

1. 独有品牌和共享品牌

品牌按所有者数量可分为独有品牌和共享品牌。独有品牌只属于某个特定农业经营主体（主要是农民合作社、农业企业），大多数品牌属于独有品牌。共享品牌属于部分农业企业与个人所共有品牌。主要指集体品牌证明品牌。

2. 区域品牌、国内品牌和国际品牌

品牌按运作的范围可以分为3类：区域品牌、国内品牌、国际品牌。区域品牌，区域品牌是指在一个较小的区域之内生产销售的品牌。如浦东新区的“8424”西瓜品牌、“阿强鸡蛋”品牌等。国内品牌，指那些在全国范围内销售的品牌。国际品牌，指在世界范围内销售的品牌。

3. 生产者品牌与经销者品牌

根据产品生产经营的所属环节可以将品牌分为生产者品牌和经销者品牌。生产者品牌是指生产者为自己生产制造的产品设计的品牌。经销者品牌是经销者根据自身的需求和对市场的了解，结合企业发展需要创立的品牌。

二、农产品品牌建设的作用

（一）创建农产品品牌是农业产业化经营的必然要求

现代农业产业化有多种实现模式，但基本的要求是实现农业的产加销、贸工农一体化，通过延伸产业链和规模化经营、标准化生产实现农业增效，提高农业的技术装备和科技水平。在推进农业产业化经营的过程中，加强农产品品牌创建是一项不可或缺的战略任务。实施农产品品牌战略，不仅有助于提高生产经营者的管理素质和技术素质，加快技术进步，有助于优化农业资源配置，促进产业结构优化，还可以农产品品牌建设为突破口，改革传统生产方式和管理手段，合理利用和保护农业资源，实现发展经济、保护环境的可持续发展目标。

（二）品牌化经营是农业产业化龙头企业做大做强的基础

现代农业产业化的发展主要依赖农业龙头企业的带动作用，而品牌化经营是农业龙头企业做强做大的前提条件。第一，农业龙头企业必须创建自己的品牌，并逐步塑造品牌的形象，才能赢得消费者的信任，打动消费者的购买情感，才能有稳定的市场，并逐步扩大市场占有率。第二，创建农产品品牌必然以农产品“质量”为核心，按照品牌的质量标准组织生产、优化品种、提高质量、精深加工、精美包装，从而能树立品牌形象和信誉。第三，农产品品牌化经营的目标是提高农产品的附加值，而且品牌的价值就在于它可以稳定商品的市场价位和创造新的价值。实行品牌化经营可以使现代农业产业化项目的经济效益稳步上升，资产不断升值。

（三）农产品品牌化有助于增强现代农业产业化项目市场竞争力

随着我国进入中等发达国家的行列，人们的购买力水平大幅提升，消费者开始逐渐青睐品牌农产品，农产品销售的竞争将进入“品牌时代”。实施农产品品牌战略，不仅可以通过农产品的整体品牌形象，充分展示农产品的特色，扩大农产品的销量，走“以质量求生存，靠品牌抢市场”的发展之路。同时，品牌农产品以企业信誉作担保，以品牌作为质量标志，给消费者提供品质上的保证，降低消费者的购买风险。此外，品牌可以作为质量之外的风味、口感等指标的选择标准，增加产品的顾客让渡价值，培养大批忠于品牌的消费者。通过品牌建设赢得购买者的信赖，赢得市场，可以让农业产业化项目具有立于不败的市场竞争力。

（四）农产品品牌化有助于农业增效和保障农民收入

促进农业增效和农民增收是推进农业产业化经营的主要目的。农业产业化的实践证明，农产品品牌建设是实现农业增效和农民增收的长久之计。一方面，产业化农产品以品牌的鲜明特征进入市场，有利于建立长期稳定的销售渠道和网络，并建立有效的市场沟通协调机制，不仅能使农产品生产者与农产品市场保持较快的信息沟通，以适应市场的变化，而且长期稳定的销售渠道和网络有助于保持农产品销售量的稳定，还可以发展订单式农产品，有效规避农产品的市场风险；另一方面，农产品常常因为供求关系的周期性变化，导致价格的大起大落，出现增产不增收的现象，而品牌农产品可以在一定程度上抵御这种市场风险，防止农产品价格出现大幅波动，保持农产品价格的基本稳定。此外，品牌农产品具有更高的附加值和溢出效益，有利于实现农业企业增效和保障农民增收。

现代农业产业化、品牌化经营是农业企业化、规模化和集约化经营，通过农业产业化龙头企业的带动，实行一村一品，一乡一业的专业化生产、规模经营、区域化布局、社会化服务，采取贸、工、农相衔接，种养相协调，产供销一条龙经营模式，形成龙头企业带基地、带农户的经营管理体制和运行机制，形成大市场、大流通和大产业的现代农业产业化布局。农业产业化+农产品品牌化，可以让农产品外具形象，内具质量，形成拳头产品，立于市场不败之地，使农业经营者获得长期稳定的收益，不断促进农业的扩大再生产。

（五）品牌化经营是农产品进入国际市场的“通行证”

品牌是国际市场的通用符号，是构成国家产业竞争力的重要因素。知名农业品牌的多少，往往决定着一个国家或地区的农业发展水平和综合实力。长期以来，我国农业大而不强，生产数量大，但是附加值低，缺少国际知名品牌，严重影响我国农产品出口的竞争力。因此，加强农业供给侧结构性改革，转变农业发展方式，推进农业产业化经营，增强我国农产品在国际市场的竞争力，必须着力打造优秀农业品牌，以强农、富民为核心，以多样化的特色农业资源为基础，以农业科技为支撑，推进中国特色农业品牌化建设。

三、农产品品牌建设问题

近十多年来，我国先后出台了多个关于发展品牌农产品的政策和指导性意见，倡导和扶持农产品品牌建设，全国各地也相继出台了一系列鼓励和促进农产品品牌建设的政策和措施，推动我国品牌农产品的快速发展。但是我国农产品品牌建设仍然诸多问题，值得引起重视。

（一）农产品品牌意识淡薄

我国各地农产品丰富，具有地方特色的名、优、特农产品和“老字号”农产品数量众多，但许多农产品的生产者品牌意识不强，甚至没有品牌意识，没有意识到这些传统优势农产品所蕴含的巨大经济潜力，没有认清品牌在提升农产品档次、提高市场竞争力和市场价值的巨大作用，没有把品牌看做是影响自身长期发展的资源，认为品名、商标、标志等品牌要素是外在形式，没有意识到品牌是生产者和产品走向广阔市场和获得消费者广泛认知的通行证，以致诸多名、优、特农产品尚无品牌，在市场上没有“名分”，与一些不同品质的农产品在市场上鱼目混珠，丧失市场销售的优势定位。

（二）对农产品品牌的内涵建设重视不够

我国地域辽阔，自然条件、自然资源差别较大，形成农产品的形态、营养成分、口感的区域差异，这些差异实际上是农产品不可多得的品种资源。而目前一些农产品生产者在农业发展项目中没有很好地依托区域优势资源，发展特色地区农业。在创建农产品品牌时，没有注入地方特色品种和产业文化，丰富农产品的文化底蕴，忽视了农产品品牌文化内涵的研究挖掘和建设深化。

（三）品牌营销手段缺乏

我国农产品品牌的营销手段与国外农产品品牌的营销手段有较大差距。品牌所有者的品牌营销意识淡薄、手段缺乏，导致品牌的认知度低，销售增值乏力，品牌价值提升的空间有限，在激烈的市场竞争中很容易被竞争对抢占先机。

品牌营销的手段多种多样的，一个成熟的品牌，必定是公关、事件、媒体等多种营销方法的集合。以综合运用产品的独特设计、广告的新颖创新、媒体的恰当传播、最佳的投入时机、个性化的包装装潢，形成强有力的品牌营销组合手段，不断塑造品牌的活力，让品牌能跨越生命周期永葆青春。品牌承载着消费者的心理认同与归属，以品牌营销为基础形成的市场知名度和美誉度，是产品和消费者之间沟通的桥梁，是抢占更多市场份额，实现销售持续增长的独门武器。

（四）农产品品牌质量和信任度不高

质量是产品的生命线，农产品也不例外。产品质量是树立农产品品牌形象的根基，是赢得消费者信任主要原因，这两个因素直接影响和决定着重复购买行为，影响着品牌的认知和传播。而目前，有些农产品的质量与品牌质量不相符合，参差不齐，品质的稳定性较差，导致消费者对品牌标志的真伪以及是否符合质量安全标准产生怀疑，降低了消费者对品牌的信任。

（五）政府对农产品品牌的引导和扶持政策落实不够

许多地方政府对农产品品牌建设给予了高度关注，制定了一些地方性的政策和指导性意见，但有些措施没有落到实处，农产品品牌建设缺少专业人才，缺少专业化的社会服务组织，没有加强这方面的专业培训，导致品牌建设在品牌策划、品牌推广等方面的问题，而政府和相关职能机构在这些方面存在缺位现象，引导的作用没有发挥，扶持政策具体落实不够。

四、加强农产品品牌建设的对策

当前，我国农业产业化正处在加速发展的进程中，在市场竞争日益加剧的现实背景下，实施农产品品牌战略是农业企业和生产者的现实选择。现针对目前农产品品牌建设中存在的一些典型问题，提出以下对策和措施。

（一）强化品牌意识，找准品牌定位

品牌是商品及其生产者或者经营者的标志和形象信誉的表现。农业产业化龙头企业必须强化品牌意识，充分认识到品牌在市场竞争和企业发展中的巨大作用。树立强烈的品牌意识是实施品牌战略的基础，品牌创建的成功与否取决于企业家和管理层的品牌意识如何，决定了品牌战略的制定与实施，关系到品牌建设的力度和深度。同时，在制定品牌战略时，很关键的是要选准品牌的市场定位，从占领目标市场出发，瞄准和抓住目标市场购买者的消费心理。农业产业化龙头企业和生产者要通过分析市场消费趋势和竞争态势，选择能发挥自身优势的策略，为自己的品牌在市场上选准一个明确的、符合消费需求的、有别于竞争对手的品牌定位。

(二) 依托优势资源，发展特色农业

农产品生产受到自然条件的深刻影响。由于不同地域的自然条件、优势资源和种植习惯的差异，形成了农产品的区域特色和比较优势，进而可以在市场上转化为市场优势。因此，在发展农业项目中要充分依托并整合区域优势资源，发展特色农业，培育主导产业，使其形成规模和特殊品质；在创建农产品品牌时，也要挖掘利用好地方的历史、文化、人文等资源，把地方特色文化元素注入其中，丰富农产品的文化底蕴，提升品牌的文化品位，使消费者在获得物质享受的同时，也获得精神文化上的享受。

(三) 融合农产品销售渠道和品牌传播渠道

品牌影响力的扩大与和产品销售在方向、目标、渠道等方面存在着高度的一致性。为此，要积极探索农产品销售渠道和品牌传播渠道的融合，不断创新的农产品分销传播渠道，进一步拓展“农一超”对接、直销专卖、订单营销、网络营销、农产品会展、观光农业和知识营销等渠道，扩张农产品品牌传播空间。要迎合网络直销的发展趋势，建设好网上销售平台，减少农产品的中间流通环节，提高流通效率，降低流通成本，形成价格优势，使农产品以较快的流通速度和具有优势的价格直接呈现给广大的消费者，更快更有针对性地把农产品及其品牌信息广泛地传播。同时，要加强农产品的质量管理和物流管理，保证农产品的质量安全，保障产品的及时供应，保护品牌好的声誉。

(四) 建设好品牌农产品的质量标准体系

建设好品牌农产品的质量标准体系，有利于加强品牌农产品的质量管理，保障农产品的质量、档次和安全性，从而获得较高的品牌知名度和美誉度，提高品牌农产品的社会信任度。建立品牌农产品质量标准体系，就是以质量为中心，以市场为导向，以科技为动力，以生产为基础，以农产品的等级制度为重点，建立农产品生产、加工、贮藏、销售全过程及生产作业环境和安全控制等方面的标准体系，把农业生产的产前、产中、产后各环节纳入标准化管理，逐步形成与行业、国家、国际相配套的标准体系。农业产业化龙头企业应当树立强烈的质量意识，把品牌建设与质量标准管理结合起来，严格按照质量标准体系管理整个产业链，从根本上保证农产品的质量和安全，赢得消费者的信赖。

(五) 加强政府引导，落实好扶持政策

政府部门要积极介入当地农产品的品牌建设，作为惠农、强农的具体措施，采取政策鼓励、宣传倡导、财政补贴、产品评比等方式营造良好的品牌建设氛围。与此同时，政府还应在管辖区域内，积极传递市场信息，整合传播媒体资源，协助农业龙头企业或农业经营主体进行品牌宣传和公共关系活动，要积极培育能够服务品牌建设的专业化社会组织，提供品牌建设的各类专项服务，加强品牌建设专业知识培训和专家指导。除此之外，政府部门要加强农产品的安全检测，加强农产品安全质量执法的严肃性和公正性，提高农产品品牌的公信力。

第三节 农产品质量安全管理

现代农业产业化经营需要加强标准化管理和品牌建设，但是最重要的还是加强农产品的质量安全管理，只有加强质量安全管理，才能立于不败之地。标准化管理和品牌建设的根本目的就是保障农产品的质量安全，提高消费者的信任度。

所谓农产品质量安全，是指农产品的质量符合保障人的健康和安全的要求，农产品的可靠性、使用性和内在价值符合有关规定，包括在生产、贮存、流通和使用过程中形成、合成留有和残存的营养、危害及外在特征因子，既有等级、规格、品质等特性要求，也有对人、环境的危害等级水平的要求。

近年来，随着农产品供求基本平衡，丰年有余，人民生活水平日益提高，农产品国际贸易的快速发展，农产品质量安全问题日益突出，已经成为当前社会高度重视的热点问题，成为实现农业现代化亟待解决的主要矛盾之一。由于长期以来农业投入品的不合理使用，农产品的不科学收获和“有毒”保鲜，各种污染源的不合理排放以及市场监督管理不严等，导致农产品污染比较严重，因食用有毒有害物质超标的农产品引发的人畜中毒事件时有发生，在农产品出口方面，因农（兽）药残留超标被拒收、扣留、退货、索赔、终止合同、停止贸易交往的现象屡屡发生。农产品质量安全管理面临着前所未有的挑战，必须动员社会各方面的力量，加强农产品的质量安全管理。

一、农产品质量安全管理的有关概念

“农产品质量安全”是个专用名词，农产品质量安全管理涉及许多概念，以下解释一些常用的专业名词。

1. 农产品和食品

我国《中华人民共和国农产品质量安全法》第二条规定：本法所称农产品，是指来源于农业的初级产品，即在农业活动中获得的植物、动物、微生物及其产品。《中华人民共和国食品安全法》第九十九条规定：食品，指各种供

人食用或者饮用的成品和原料以及按照传统既是食品又是药品的物品，但是不包括以治疗为目的的物品。

2. 质量和安全

质量是农产品的客观属性，包括品质、营养成分和外在特性，是商品属性的决定性因子，是农产品的使用价值和人们消费的目的所在。提升质量，靠科技、管理和市场竞争机制，是显性的，可考量可感知。安全是农产品的附加属性，是变量，有多有少，是商品属性的否决性因子。保障安全，靠法制、道德和诚信，是隐性的，不同认知水平的感知不一。

3. 农产品质量安全和食品安全。

农产品质量安全指农产品质量符合保障人的健康、安全的要求。食品安全指食品无毒、无害，符合应当有的营养要求，对人体健康不造成任何急性、亚急性或者慢性危害。

4. 农产品质量认证。

农产品质量认证是指由第三方农产品质量认证机构证明农业企业或个人所生产的农产品及管理体系符合相关技术规范的强制性要求或者标准的合格评定活动。特点是：过程长，环节多；时令性强；地域性特点突出；风险评估因素复杂；个案差异性大。

5.“三品一标”

“三品一标”是指无公害农产品、绿色食品、有机农产品和农产品地理标志统称“三品一标”。

6. 无公害农产品

无公害农产品是指产地环境、生产过程和产品质量符合国家有关标准和规范的要求，经认证合格获得认证证书并允许使用无公害农产品标志的未经加工或者初加工的食用农产品。

无公害农产品认证的目的是保障基本安全，满足大众消费。属于政府推动的公益性认证，不收取费用，同时，具有一定的强制性。无公害农产品认证推行“标准化生产、投入品监管、关键点控制、安全性保障”的工作制度。

7. 绿色食品

绿色食品是指产自优良环境，按照规定的技术规范生产，实行全程质量控制，无污染、安全、优质并使用专用标志的食用农产品及加工品。

绿色食品与普通食品相比，具有 3 个显著特点：一是强调产品出自良好生态环境；二是对产品实行“从土地到餐桌”全程质量控制；三是对产品依法实行统一的标志与管理。

绿色食品分为 A 级和 AA 级 2 种，主要从农药使用上予以区别，A 级在农产品生产周期内可以使用绿色食品农药准则所规定的化学合成农药；AA 级为不使用化学合成农药，相当于有机农产品。

8. 有机农产品

有机农产品指来自有机农业生产体系，根据有机农业生产要求和相应标准生产加工，并且通过合法的有机食品认证机构认证的农副产品及其加工品。

有机农产品也可称为生态食品，它必须符合 4 个基本条件：一是原料来自有机农业生产体系或采用有机方式采集的野生天然食品；二是生产加工过程严格遵守有机食品的种养、加工、包装、贮藏、运输的标准，不适用任何人工合成的化肥、农药和添加剂；三是在生产与流通过程中，有完善的质量跟踪审查体系和完整的生产及销售记录档案；四是通过授权的有机食品认证机构的认证。

9. 农产品地理标志

农产品地理标志指标示农产品来源于特定地域，产品品质和相关特征主要取决于自然生态环境和历史人文因素，并以地域名称冠名的特有农产品标志。

二、农产品质量安全认证

购买者希望能够在鱼龙混杂的市场上挑选信得过的农产品，生产者希望能够证明自己的产品符合相关质量安全的要求，买卖双方都需要一个权威机构证实所交易的农产品符合相关的质量标准，并出具有关证明。所谓农产品的质量安全认证是认证机构依据产品标准和相应技术要求进行审核，并通过颁发认证证书和认证标志来证明某一产品符合相应技术要求的活动，我国现行的农产品质量认证主要有无公害农产品认证、绿色食品认证、有机食品认证三大类。

（一）无公害农产品认证

无公害农产品是指产地环境、生产过程、产品质量符合国家有关标准和规范的要求，经认证合格获得认证证书，并允许使用无公害农产品标志的未经加工或初加工的食用农产品。认证过程包含以下程序。

1. 受理

镇级工作机构自收到申请材料之日起 10 个工作日内，负责完成对认证申请的受理工作。符合受理要求的报送地区级工作机构审查。

2. 预审

区级工作机构自收到县级工作机构上报的整套材料之日起 15 个工作日内，负责完成对认证申请的预审工作。符合要求的报送市级工作机构。

3. 初审

市级工作机构自收到地市级或县级工作机构上报的整套材料之日起20个工作日内，负责对申请材料进行登记、编号，登录有关认证信息，完成对认证申请的初审工作。通过初审的报送各业务对口部直分中心复审。同时，报请省级农业行政主管部门颁发《无公害农产品产地认定证书》。

4. 复审

部直分中心自收到省级工作机构上报的整套材料之日起20个工作日内，负责完成对认证申请的复审工作。通过复审的报送部中心。

5. 终审

部中心无公害农产品认证专家评审委员会秘书处（以下简称“秘书处”）自收到部直分中心上报的整套材料之日起20个工作日内，根据认证申请及初审、复审情况及时报请中心领导审定，组织召开无公害农产品认证专家评审会进行评审。通过评审的颁发《无公害农产品证书》。

适宜使用标志的产品，申请人应在其申请的产品通过认证评审并在《中国农产品质量安全网》公告6个月内，向农业部农产品质量安全中心申订全国统一的无公害农产品标志。

（二）绿色食品认证

绿色食品是指产自优良生态环境、按照绿色食品标准生产、实行全程质量控制，并获得绿色食品标准使用权的安全、优质食用农产品及相关产品。绿色食品不仅要符合国家标准，而且还要符合以国际食品法典委员会（CAC）标准为基础，参照发达国家标准制定的绿色食品的相关标准，以满足消费者对环境保护、食品品质以及质量安全的更高要求。认证过程包含以下程序。

1. 首次认证

（1）初审。市级工作机构自收到《绿色食品现场检查报告》、《环境质量监测报告》和《产品检验报告》之日起20个工作日内完成初审，初审合格的，将相关材料报送中心，同时，完成网上报送。

（2）审查。绿色食品发展中心自收到市级工作机构报送的完备申请材料之日起30个工作日内完成书面审查，提出审查意见，需要补充材料的，申请人应在规定时限内补充相关材料，逾期视为自动放弃申请。审查合格的，绿色食品发展中心在20个工作日内组织召开绿色食品专家评审会，并形成专家评审意见，在5个工作日内作出是否颁证的决定，同意颁证的，进入绿色食品标志使用证书（以下简称证书）颁发程序。

2. 续展申请

(1) 初审。市级工作机构收到符合规定的申请材料后，完成材料审查、现场检查和续展初审，初审合格的，应当在证书有效期满 25 个工作日前将续展申请材料报送中心，同时，完成网上报送。逾期未能报送中心的，不予续展。

(2) 审查。绿色食品发展中心收到市级工作机构报送的完备的续展申请材料之日起 10 个工作日内完成书面审查。审查合格的，准予续展，同意颁证；不合格的，不予续展，并告知理由。

(三) 有机食品认证

有机食品是指产自于有机农业生产体系，根据有机农业要求和相应的标准生产、加工和销售，并通过合法的、独立的有机认证机构认证的产品。有机食品作为追求生态安全的产品，主要满足国际市场和国内中高端消费市场的需求，满足消费者对环境友好、农产品品质及质量安全的需要。

有机食品认证机构的设立，须经国家认证认可监督管理委员会批准，并依法取得法人资格，方可从事批准范围内的认证活动。

有机食品认证机构应当自收到认证委托人申请材料之日起 10 日内，完成材料审核，并作出是否受理的决定。符合有机农产品认证要求的，认证机构应当及时向认证委托人出具有机农产品认证证书，允许其使用中国有机农产品认证标志。

(四) 农产品地理标志登记审查

农产品地理标志，是指标示农产品来源于特定地域，产品品质和相关特征主要取决于自然生态环境、历史人文因素及特定生产方式，并以地域名称冠名的特有农产品标志。根据《农产品地理标志管理办法》规定，农业部负责全国农产品地理标志的登记工作，农业部农产品质量安全中心负责农产品地理标志登记的审查和专家评审工作。省级人民政府农业行政主管部门负责本行政区域内农产品地理标志登记申请的受理和初审工作。农业部设立的农产品地理标志登记专家评审委员会，负责专家评审。

申请农产品地理标准的申请人应当根据申请登记的农产品分布情况和品质特性，科学合理地确定申请登记的农产品地域范围，包括具体的地理位置、涉及村镇和区域边界。报出具资格确认文件的地方人民政府农业行政主管部门审核，出具地域范围确定性文件。具体程序如下。

1. 初审

省级农业行政主管部门自受理农产品地理标志登记申请之日起，应当在

45个工作日内按规定完成登记申请材料的初审和现场核查工作，符合规定条件的，省级农业行政主管部门应当将申请材料和初审意见报农业部农产品质量安全中心。

2. 审查

农业部农产品质量安全中心收到申请材料和初审意见后，应当在20个工作日内完成申请材料的审查工作，提出审查意见，并组织专家评审。经专家评审通过的，由农业部农产品质量安全中心代表农业部在《农民日报》《中国农业信息网》《中国农产品质量安全网》等公共媒体上对登记的产品名称、登记申请人、登记的地域范围和相应的质量控制技术规范等内容进行为期10日的公示。

3. 准予登记

公示无异议的，由农业部农产品质量安全中心报农业部做出决定。准予登记的，颁发《中华人民共和国农产品地理标志登记证书》并公告，同时，公布登记产品的质量控制技术规范。农产品地理标志登记证书长期有效。

三、加强农产品质量安全管理的5个环节

为了对农产品质量安全实施强有力的监控，按照国家农业部有关文件精神的要求，必须大力加强农产品产地环境、农业投入品、农业生产过程、包装标志和市场准入等5个环节的管理。

1. 产地环境

当地政府与环保等部门一起，严格农产品产地环境的管理，各级农业行政主管部门要重点解决化肥、农药、兽药、饲料等农业投入品对农业生态环境和农产品的污染。要抓紧制定相关农产品的产地环境标准，全面开展农产品重点生产基地环境监测，采取切实有效的农业生态环境净化措施，保证农产品的产地环境符合要求，从源头上把好农产品质量安全关。

2. 农业投入品

按照《农药管理条例》《兽药管理条例》《饲料和饲料添加剂管理条例》等有关规定，健全农业投入品的市场准入制度，严格农业投入品的生产、经营许可和登记。通过市场准入管理，引导农业投入品的结构调整与优化，逐步淘汰高残毒农业投入品品种，发展高效低残毒品种。加强对农业投入品市场的监督管理，会同有关部门，严厉打击制售和使用假冒伪劣农业投入品行为。尽快建立农业投入品的禁用、限用制度，及时向社会公布禁用、限用的农业投入品品种。

3. 生产过程

生产过程指导农产品生产、经营者严格按照标准组织生产和加工，科学合理使用化肥、农药、兽药、饲料等农业投入品和灌溉、养殖用水。要加快推广先进的动植物病虫害综合防治技术，推广高效低残毒农药、兽药、饲料添加剂品种，推广配方施肥技术和有机肥、复混专用肥。健全动物防疫和植物保护体系，加强动植物病虫害的检疫、防疫和防治工作。加快动物无规定疫病区建设，加大对动植物疫情的监督管理。

大力发展农产品贮藏、保鲜和加工业，积极推进农业产业化经营。通过公司加农户等办法，带动农产品生产基地建设，提高农产品生产和加工的标准化水平。通过龙头企业和营销组织，引导农产品生产者按照市场需求调整农产品品种布局和结构。要积极扶持和发展农民专业合作经济组织、专业技术协会和流通协会，提高农产品生产的组织化程度。

4. 包装标志

要根据不同农产品的特点，逐步推行产品分级包装上市。对包装上市的农产品，要标明产地和生产单位，建立农产品质量安全追溯制度。凡列入农业转基因生物标志管理目录的产品，要严格按照农业转基因生物标志管理规定，予以正确的标志或标注。

5. 市场准入

在生产基地、批发市场，要逐步建立农产品自检制度。产品自检合格，方可投放市场或进入无公害农产品专营区销售。无论是生产基地，还是农产品批发市场、农贸市场，都要自觉接受和配合政府指定的检测机构的检测检验，接受执法单位对不合格产品依法作出的处理。

第七章　农业企业经营管理

企业是指从事生产、流通或服务等活动为满足社会需求进行自主经营、自负盈亏、实行独立核算，具有法人资格的经济组织。传统意义农业企业是指以动植物和微生物为劳动对象以土地为基本生产资料，通过人工培育和照料动植物以获得人类必需消费品的生产经营企业。现代农业企业则包括与农业产前、产后、产中有关的所有企业，也可以称为涉农企业或农业关联企业。凡是直接或间接为农业生产服务的企业，都可被认为是农业企业所谓农业企业经营管理是指对企业整个生产经营活动进行决策、计划、组织、控制、协调，并对企业成员进行激励，以实现其任务和目标的一系列工作的总称。一些农业经济学者认为，经营和管理是既有紧密联系，又有一定区别的2个概念。经营指经营者在国家的方针、政策和计划指导下，为达到企业外部环境、内部条件和经营目标之间的动态平衡，争取最佳经济效益而进行的决策性活动。管理则指为实现企业的经营决策而进行的计划、组织、指挥、协调、控制，包括对生产要素进行合理配置使用，对企业内外诸关系进行的协调和处理，对企业各类生产活动的控制监督等。经营是管理的前提和向导，管理则是经营的基础和保证。但也有学者认为这样的区分是不必要的。习惯上也常把经营管理作为一个整体概念来使用。

第一节　现代农业企业的类型和特点

一、农业企业经营管理的内容和职能

（一）农业企业管理内容

农业企业经营管理的内容涵盖许多方面，主要包括以下几个方面。

（1）合理确定农业企业的经营形式和管理体制，设置管理机构，配备管理人员。

（2）搞好市场调查，掌握经济信息，进行经营预测和经营决策，确定经营方针、经营目标和生产结构。

（3）编制经营计划，签订经济合同。

（4）建立、健全经济责任制和各种管理制度。

（5）搞好劳动力资源的利用和管理。

（6）加强土地与其他自然资源的开发、利用和管理。

（7）搞好机器设备管理、物资管理、生产管理、技术管理和质量管理。

（8）合理组织产品销售，搞好销售管理。

（9）加强财务管理和成本管理，处理好收益和利润的分配。

（10）全面分析评价农业企业生产经营的经济效益，开展企业经营诊断等。

（二）农业企业经营管理的职能

社会主义制度下的农业企业是在服从国家计划和管理的前提下，具有相对独立性的商品生产者和经营者。为了寻求生产诸要素的最佳组合和获得经济效益、社会效益，农业企业在经营管理上需要执行下列职能。

（1）决策。即根据正确的经济信息，对企业的经营目标以及达到目标所应采取的重大措施作出选择和决定。

（2）计划。即对企业生产经营的规模、结构、布局和发展速度作出确当的规定，对企业的产、供、销活动进行具体的安排。

（3）组织。即建立合理的组织机构，选用合格的工作人员，健全各种经济责任制，以明确劳动、生产中的分工和协作，同时将生产经营活动中的各种要素和再生产过程的各个环节，在空间和时间上加以组织，以形成合理的有机整体。

（4）指挥。即对企业的生产经营活动进行统一的领导和督促，对人员和生产要素的利用进行统一的调度，以保证完成计划规定的任务。

（5）控制。即通过经济核算等手段，对生产经营活动进行及时、全面的检查和监督，以保证降低劳动消耗，有效地组织产品销售，并按照兼顾国家、企业和企业成员三者利益的原则，合理分配企业的收入和盈利，及时纠正偏差。

（6）协调。即调节和处理企业生产经营活动中各方面的相互关系，解决矛盾和分歧，保证步调的协同一致。在执行这些职能的时候，农业企业经营管理应遵循思想政治工作同经济工作相结合、企业的集中领导同民主管理相结合、物质利益同精神鼓励相结合、企业的经济效益同社会整体利益相结合等重要原则。

（三）农业企业管理的基本方法

农业企业经营管理的基本方法，一般包括如下方法。

(1) 经济方法。即利用成本、利润、价格、奖金等经济杠杆，推动生产经营，调节经济关系，节约劳动消耗，提高经济效益。

(2) 行政方法。即通过生产、行政指挥系统，采用行政手段，组织、领导和控制监督生产经营活动，保证实现经营目标和计划任务。

(3) 教育方法。即通过启发、诱导、宣传、示范等方式，提高企业成员的生产积极性和业务技术水平，为企业的生产发展作出贡献。此外，农业企业的经营管理也依靠法律手段，即通过执行政府法令和企业规章制度来维护企业生产经营活动的正常秩序，保障企业和有关方面的合法权益。以上几种方法在实践中常结合运用。

随着农业生产的现代化和电子计算机在农业中的应用，以数量化、模型化和最优化等为特征的科学方法已在经营管理中得到推广。这种定量方法与传统的、以逻辑推理和经验判断为特征的定性方法相互结合，促进农业企业的经营管理水平不断提高。

二、现代农业企业的主要特征

实行现代企业制度

1. 现代企业制度的概念

现代企业制度是以市场经济为基础，以企业法人制度为主体，以有限责任制度为核心，以产权清晰、权责明确、政企分开、管理科学为条件的新型企业制度。其核心要素包括：企业法人制度、自负盈亏制度、出资者有限责任制度、科学领导体制和组织管理制度。

企业制度是企业产权制度、企业组织形式和经营管理制度的总和。企业制度的核心是产权制度，企业组织形式和经营管理制度是以产权制度为基础的，三者分别构成企业制度的不同层次。企业制度是一个动态的范畴，它是随着商品经济的发展而不断创新和演进的。

从企业发展的历史来看，具有代表性的企业制度有以下3种。

(1) 业主制。这一企业制度的物质载体是小规模的企业组织，即通常所说的独资企业。在业主制企业中，出资人既是财产的唯一所有者，又是经营者。企业主可以按照自己的意志经营，并独自获得全部经营收益。这种企业形式一般规模小，经营灵活。正是这些优点，使得业主制这一古老的企业制度一直延续至今。但业主制也有其缺陷，如资本来源有限，企业发展受限制；企业主要对企业的全部债务承担无限责任，经营风险大；企业的存在与解散完全取决于企业主，企业存续期限短等。因此，业主制难以适应社会化商品经济发展和企业规模不断扩大的要求。

(2) 合伙制。这是一种由2个或2个以上的人共同投资，并分享剩余、共同监督和管理的企业制度。合伙企业的资本由合伙人共同筹集，扩大了资金来源；合伙人共同对企业承担无限责任，可以分散投资风险；合伙人共同管理企业，有助于提高决策能力。但是合伙人在经营决策上也容易产生意见分歧，合伙人之间可能出现偷懒的道德风险。所以合伙制企业一般都局限于较小的合伙范围，以小规模企业居多。

(3) 公司制。现代公司制企业的主要形式是有限责任公司和股份有限公司。公司制的特点是公司的资本来源广泛，使大规模生产成为可能；出资人对公司只负有限责任，投资风险相对降低；公司拥有独立的法人财产权，保证了企业决策的独立性、连续性和完整性；所有权与经营权相分离，为科学管理奠定了基础。

2. 现代农业企业制度特征

现代企业制度有别于个体企业制度和合伙制企业制度，也有别于传统的国有企业制度。现代农业企业制度特征表现如下。

第一，通过建立和完善现代企业制度，实现市场化经营，以出资额承担有限责任，企业依法支配其法人财产，改变了过去政企不分，承担无限责任的，企业依赖政府的状况。

第二，企业内部建立起由股东大会、董事会、监事会、经理层构成的相互依赖又相互制约的治理结构，明确分工，各司其职，避免监管不力或者互相扯皮的内部管理问题。

第三，企业明确以盈利为目标，按照有利于市场竞争的要求，形成适宜的组织形式和科学的管理机制，促进企业的决策能力的科学化，增强企业核心竞争力。

第四，现代农业企业实行开放式经营，各种生产要素资源在市场上具有开放性和流动性，与外部的资本市场、人力资源市场等各类生产要素市场具有紧密联系。

三、现代农业企业的类型

现代农业企业可以按照不同的标准进行分类。

（一）按照所有者的性质分类

（1）国有农业企业。即由国家出资兴办的各种农业企业，如国有农场。

（2）集体农业企业。即由集体创办的农业企业。让村办农业合作社。

（3）私营农业企业。即指由个人出资兴办的各类农业企业。

（4）混合型农业企业。这类农业企业是多种所有制参股的股份制企业。

（二）按照生产产品的对象分类

（1）种植业企业。即指单纯从事农作物种植的农业企业。

（2）林业（园艺）企业。即指从事林木营造和园艺产品生产经营的实体。如园艺场、林场、茶园等。

（3）畜牧业企业。即指从事动物养殖的生产经营实体，如养殖场、奶牛场、养鸡场等。

（4）水产企业。即指从事水产捕捞、养殖的生产经营实体，如渔业公司、水产养殖场等。

（5）多种经营企业。这类农业企业以一业为主，兼营其他农业项目，例如，一个农业企业，主要经营水果蔬菜，兼营休闲农业、采摘体验。

（三）按照产业链的长短分类

（1）初级农产品生产企业。这类企业是专业生产初级农产品企业。例如，各类生产粮食的农场、专业性的畜禽养殖场。

（2）简单农产品加工企业。这类企业主要从事农产品生产，但同时经营农产品初步加工业务，包括分类、烘干、包装、销售等。

（3）全产业链农业综合企业。这类企业是集团型的农业企业，涵盖某类农产品的整个产业链。如一个大型养猪公司，既养殖生猪，也提供种猪、苗猪，还有屠宰加工企业，拥有销售网络，甚至提供生猪配合饲料。

（四）按照经营范围分类

（1）农产品生产型企业。这类企业主要从事农产品的生产。

（2）农产品加工型企业。即主要从事农产品加工的企业。

（3）农产品经营型企业。这类企业主要从事农产品的物流、仓储、销售等业务的企业。

（4）农业服务型企业。即指从事农业专业化服务的企业。如农机公司、植物保护公司等。

（五）按照发展功能分类

这类企业一般是新型农业企业。

（1）农业科技创新孵化基地。即指为了吸引农业创新人才，提供科技创新平台的农业企业。

(2) 农业科技园。农业科技园主要是展示各类农业科技成果和进行农业科普教育的农业企业。

(3) 农业科技示范基地。这类企业一般由政府部门建立。具有促进科技成果转化，具有现代农业科技示范推广功能的农业企业。

(4) 现代农业咨询服务企业。这类企业包括为农业发展规划、农业产业化项目、美丽乡村建设提供咨询服务的各类咨询和中介服务的农业企业。

第二节　农业企业经营决策

企业经营管理的核心是经营，经营的核心是决策，决策的正确与否，往往是决定成败的关键因素。

一、决策的概念

“决策”一词的英语表述为 Decision Making，意思就是作出决定或选择。时至今日，对决策概念的界定多达几十种，归纳各种不同界定，最具有代表性的主要有广义和狭义两者理解。

广义的理解，把决策看作是一个包括提出问题、确立目标、设计和选择方案的过程。狭义的理解，把决策看作是从几种备选的行动方案中作出最终抉择，是决策者的拍板定案。

正确理解决策概念，应把握决策的主要内涵。

第一，决策要有明确的目标。决策是为了解决某一问题，或是为了达到一定目标。确定目标是决策过程第一步。决策所要解决问题必须十分明确，所要达到的目标必须十分具体。没有明确的目标，决策将是盲目的。

第二，决策要有 2 个及以上备方案。决策实质上是选择行动方案的过程。如果只有一个备选方案，就不存在决策的问题。因而，至少要有 2 个或 2 个以上方案，人们才能从中进行比较、选择，最后选择一个满意方案为行动方案。

第三，决策的核心是多个方案的比较分析，评价选优。即对多个备选方案的实施条件、实施步骤、实施风险、预期效果进行比较鉴别，然后筛选出一个最有利的行动分案。

第四，决策是对未来的判断和对未来行动抉择。即决策是对未来的行动进行评判和谋划，为未来行动付诸实施提供基础。决策的价值在于行动，如果选择后的方案，束之高阁，不付诸实施，这样决策就会失去意义。

二、农业企业经营决策

（一）经营决策的概念

所谓经营决策，就是企业等经济组织，依据客观规律和实际情况抉择企业的经营目标和达到经营目标的战略和策略，即决定做什么和如何去做的过程。

（二）农业企业经营决策的概念

农业企业的经营决策，是指农业企业通过对外部有利环境和不利因素的判断，结合对内部优势条件和不利因素的综合分析，在明确经营目标，平衡利弊关系的基础上，选择最佳经营方案并付诸行动的过程。对于农业企业而言，经营决策是决定企业经营成败的关键，是提高经营管理水平的首要任务。

（三）农业企业经营决策的原则

一般而言任何企业的经营决策多应该遵循如下原则。

（1）一致性性原则。企业的经营决策是要实现企业的总目标最优，同时还要兼顾国家利益、社会利益、企业利益的一致性，这是决策的首要原则，也是决策的基本指导思想。

（2）目标性原则。决策要有客观需要和确定的目标。决策者应该明确每一项决策具体目标，包括最高目标和最低目标，决策目标必须能够清晰描述和表达。

（3）科学性原则。决策必须以客观事实为依据，以科学理论为指导，以科学的思路和方法为手段，避免主管臆想，盲目决断。

（4）民主性原则。决策之前要广泛听取征求各方面意见建议，决策过程中要发扬民主，充分发挥领导集体的智慧，尽可能避免决策失误。

（5）创新性原则。决策既要依靠传统分析方法，更要突破传统思维模式，以敢于挑战勇于进取的精神，直面问题。通过创新思维，创造新的经营方式、经营手段，取得新的成果。

三、企业经营决策的类型

经营决策按照不同的分类标准，主要分为以下几种。

（一）按决策问题在经营中所处的地位分类

可以分为战略决策和战术决策。战略决策一般涉及有关企业发展的重大问题，如发展目标、发展方向，解决“朝什么方向、干什么”的问题；战术决策主要解“选什么方式、如何干”的问题。

（二）按照决策的层级分类

可以分为高层决策、中层决策、基层决策。高层决策是企业最高层所作出的决策，主要解决企业发展全局性、长远性、战略性的重大问题。中层决策是由企业中层领导所作出的决策，是围绕战略决策，所作出的有关具体措施的决策。一般涉及企业内部的资源分配、组织架构、管理制度等方面的决策。基层决策是由企业基层所作出的决策，一般局限于日常管理活动中提高生产效率、提高资源利用率的决策，属于短期业务性决策。

（三）按照是否具有重复性分类

可以分为程序性决策和非程序性决策。程序化决策是可以按照规定的程序、处理原则、处理方式解决管理中经常遇到的问题，也称为常规性决策或者例行决策。这类决策问题往往每隔一段时间重复出现，一般有固定的决策程序。例如，每年的资金预算安排，基本上是每年按照规定的时间、规定的流程作出决策。非程序化决策是解决过去没有先例的新问题，具有偶发性、机遇性的特点。这类决策也称为非常规决策、例外决策。其决策的程序和方法没有固定模式，难以程序化、标准化，不可能重复使用。

（四）按照决策问题所处状态不同分类

可以分为确定型决策、风险型决策、不确定型决策。

（1）确定型决策。确定型决策指决策者对每个行动方案未来可能发生的各种自然状态及其后果十分清晰，特别是对哪种自然状态将会发生有较确定把握，这时可从可行方案中选择一个最有利的方案做出决策。一般运用数学模型求得最优解，如线性规划，量本利分析等。

（2）风险型决策。风险型决策指每个行动方案未来均有多种自然状态，未来究竟将出现哪一种或哪几种，决策人不能断定，但它们出现的频率可事先估算出来。因此，这类决策需要承担一定的风险，决策者必须具备风险意识。

（3）不确定型决策。不确定型决策是指决策者对于决策问题的主客观条件把握不够，或者暂时无法全面掌握，也无法确定决策事件未来各种自然状况的频率，完全凭借个人经验，感觉和估算作出的决策。

四、农业企业经营决策的程序

任何企业的经营决策多需要遵循一定的科学程序，农业企业的决策包含发现（提出）问题、分析问题、解决问题的过程，具体有以下步骤。

（一）发现问题

发现问题是整个决策过程的第一步，是确定目标的基础。发现问题需要进行广泛深入的调查研究，了解企业的经营状况与环境，分析问题产生的背景，掌握企业的优势和劣势以及问题的动态变化。

（二）确定经营目标

明确经营目标是经营决策的前提条件，目标可以分为主要的和次要的，近期的和长远的，战略性的和战术性的，明确经营目标必须注意如下问题。

（1）目标本身的要求。第一，目标必须是单义的，且是可计量的；第二，目标是可以分解的，而且可以落实和确定责任；第三，目标应有明确的约束条件，并能事先明确。

（2）关于多目标问题的处理。有时候决策目标可能有多个，需要对多个目标进行处理，遵循如下3个处理原则：第一，尽可能减少目标数量。第二，对减少后的目标确定优先次序。第三，梳理目标之间的相互关系。

（三）收集资料

全面收集与经营决策有关的一切资料，注意所收集资料的真实性、客观性、完整性和连续性，确保资料能够真实反映问题的本质特征和发展规律。

（四）拟订方案

根据决策目标，拟订多种可行的备选方案，以便在决策时进行比较分析。拟订的可行性方案必须具备一定条件，一是能够保证经营目标的实现；二是企业外部环境与内部条件都具有可行性；三是方案具有排他性。同时，拟订的方案应遵循创新原则和详尽原则。

（五）选择方案

对备选方案进行评价、论证和选择，这是经营决策的关键与核心。对方案的评价应该坚持以下标准的合理结合。

（1）价值标准。要求我们在决定方案取舍时，首先要考虑的是方案是否能够解决企业迫切需要解决的问题。

（2）满意标准。一般情况下满意标准可以兼顾各方利益，比传统上的追求最优方案更具有合理性。

（3）期望值标准。由于事物发展的不确定性，导致方案执行结果的风险性，所以只能用考虑到的各种自然状态出现频率的期望值标准来判断方案的优劣。

（六）贯彻执行

选择决策方案后，决策过程进入实施阶段，首要工作是制定切合可行的决策执行计划，加强组织领导，落实各项具体措施；其次是将决策具体内容落实分解到有关责任部门和有关人员，并以责任制为基础，明确实施主体的权力和利益。

（七）追踪决策

追踪决策（Follow-up Policy-Making）是企业决策者在初始决策的基础上对已从事的活动的方向、目标、方针及方案的重新调整。当原有决策方案实施后，主客观情况，发生了重大变化，原有的决策目标无法实现时，要对原决策目标或方案进行根本性的修正，这就是追踪决策。追踪决策有别于一般决策实施过程中通过信息反馈，对决策方案作适当修改使其更加完善，它实际上相当于重新进行一次决策。它具有四个特点：回溯分析，非零起点，双重优化，心理效应。在决策过程中，人们通常关注的是决策的制定和组织落实环节，对于追踪决策却抱着一种可有可无的态度。事实上，追踪决策直接影响到预期目标能否最终得以实现，它是科学决策过程中不容忽视的一个环节（图 7-1）。

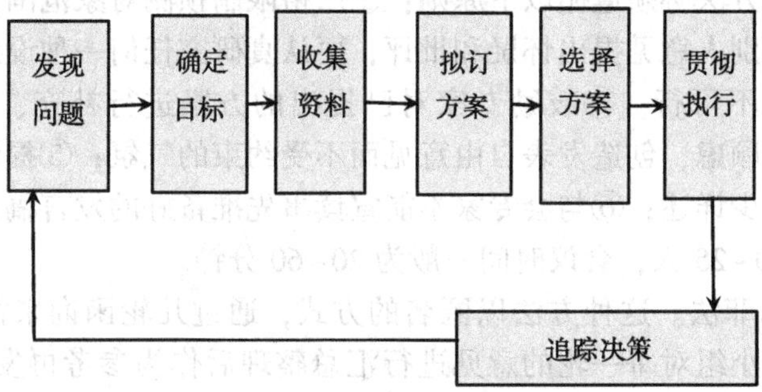

图 7-1　决策过程图

五、农业企业经营决策的方法

企业经营决策的方法很多，本书主要介绍一些常用的方法。

（一）定性决策

1. 定性决策的概念

定性决策法又称主观决策法，是指在决策中主要依靠决策者或有关专家的判断力进行决策的方法。管理决策者运用社会科学的原理并依据个人的经验和判断能力，采取一些有效的组织形式，充分发挥各自丰富的经验、知识和能力，从对决策对象的本质特征的研究入手，掌握事物的内在联系及其运行规律，对企业的经营管理决策目标、决策方案的拟订以及方案的选择和实施作出判断。

2. 定性决策的方法

定性决策方法有很多种，常用的有经理人员决策法、专家会议法、头脑风暴法、德尔斐法等。以下介绍几种主要类型。

（1）头脑风暴法。头脑风暴法又称智力激励法，是现代创造学奠基人美国奥斯本提出的，是一种创造能力的集体训练法。它把全体成员都组织在一起，使每个成员都毫无顾忌地发表自己的观念，既不怕别人的讥讽，也不怕别人的批评和指责。它适合于解决那些比较简单、严格确定的问题，比如研究产品名称、广告口号、销售方法、产品的多样化研究等以及需要大量的构思、创意的行业，如广告业。头脑风暴法也称为思维共振法、专家意见法，即通过有关专家之间的信息交流，引起思维共振，产生组合效应，从而导致创造性思维。

运用此种方法必须遵循以下原则：①严格限制预测对象范围，明确具体要求；②不能对别人意见提出怀疑和批评，要认真研究任何一种设想，而不管其表面看来多么不可行；③鼓励专家对已提出的方案进行补充、修正或综合；④解除与会者顾虑，创造发表自由意见而不受约束的气氛；⑤提倡简短精练的发言，尽量减少详述；⑥与会专家不能宣读事先准备好的发言稿；⑦与会专家人数一般为 10~25 人，会议时间一般为 20~60 分钟。

（2）特尔菲法。这种方法以匿名的方式，通过几轮函询来征求专家的意见，组织预测小组对每一轮的意见进行汇总整理后作为参考再发给各位专家，供他们分析判断，以提出新的论证。几轮反复后，专家意见趋于一致，最后供决策者进行决策。此法的具体步骤是：①确定预测题目；②选择专家；③制定调查表；④预测过程；⑤作出预测结论。此种方法的特点：一是匿名性；二是多轮反馈；三是统计性。

（3）哥顿法。这种方法与头脑风暴法原理相似，先由会议主持人把决策问题向会议成员作笼统的介绍，然后由会议成员（即专家成员）海阔天空地讨论解决方案；当会议进行到适当时机时，决策者将决策的具体问题展示给小组成员，使小组成员的讨论进一步深化，最后由决策者吸收讨论结果，进行决策。

（4）淘汰法。根据一定的标准和条件，对全部备选的方案筛选一遍，淘汰达不到要求的方案，缩小选择的范围。

（5）其他定性决策方法。主要有经理人员决策法、环比法、归类法等。

3. 定性决策的优点

定性决策主要是依靠专家智慧和进行直觉判断。它有几大优点：第一可以发挥集体的智慧和力量，通过思维共振激发创造性；第二有利于促进决策的科学化和民主化；第三形成了一套如何利用专家集体创造力的基本理论和具体的具有可操作性和规范化、程序化特征的方法；第四建立在现代科学理论和一系列学科群的基础上，充分吸纳了其他学科的知识和研究方法的长处，形成了以知识交换融和为基础的系统思维和综合论证条件。

（二）确定型决策

1. 确定性决策的概念

确定型决策亦称标准决策或结构化决策。是指各种决策方案所需要的条件都是已知的，决策的结果完全由决策者所采取的行动决定，它可采用最优化、动态规划等方法解决。

2. 确定型决策应具备的条件

为能在确切了解的情况下作出的决策。它具备以下 4 个条件。

（1）存在着决策人希望达到的一个明确目标。

（2）只存在一个确定的自然状态。

（3）存在着可供选择的两个或两个以上的行动方案。

（4）不同的行动方案在确定状态下的损失或利益值可以计算出来。

确定型决策有很多方法，主要有盈亏平衡法线、性规划法等，可以参考本书第五章，限于篇幅本章不再介绍。

（三）风险型决策

1. 风险型决策的概念

所谓风险型决策是指决策者对决策对象的自然状态和客观条件比较清楚，也有比较明确的决策目标，但是实现决策目标必须冒一定风险。决策是面对未来的，而事实上未来又有不确定性和随机性，因此，有些决策具有一定的成败概率，决策方案的选择具有一定的风险。

在未来的决定因素，可能出现的结果不能作出充分肯定的情况下，根据各种可能结果的客观概率作出的决策。决策者对此要承担一定的风险。风险型问题具有决策者期望达到的明确标准，存在 2 个以上的可供选择方案和决策者无法控制的 2 种以上的自然状态，并且在不同自然状态下不同方案的损益值可以计算出来，对于未来发生何种自然状态，决策者虽然不能作出确定回答，但能大致估计出其发生的概率值。对这类决策问题，常用损益矩阵分析法和决策树法求解。

2. 决策树法

（1）决策树法的含义。决策树是风险型决策最为常用的方法。决策树分析法是一种运用概率与图论中的树对决策中的不同方案进行比较，从而获得最优方案的风险型决策方法。图论中的树是连通且无回路的有向图，在图 7-2 中，小方框代表决策点，由决策点引出的各分支线代表各个方案，称为方案分支；方案分支末端的圆圈称为状态结点；由状态结点引出的各分支线段代表各种状态发生的概率，称为概率分支；概率分支末端的小三角代表结果点，如图 7-2 所示。

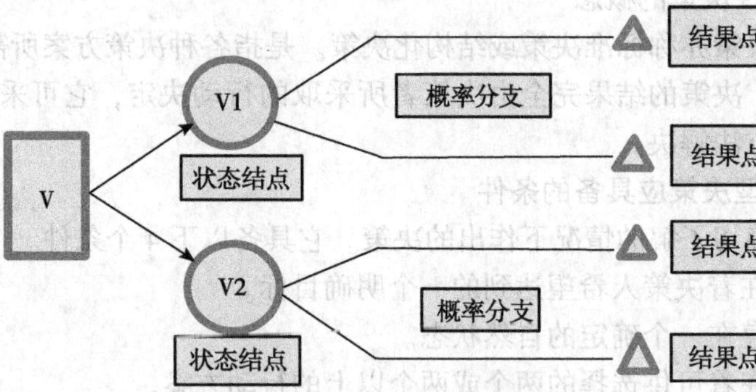

图 7-2　决策树分析法

(2) 树型决策法的决策原则。树型决策法的决策依据是各个方案的期望益损值，决策的原则一般是选择期望收益值最大或者期望损失值最小的方案作为最佳决策选择。益损期望值是指某种方案在各种状态下的益损值乘以这种状态出现的概率之和。

计算公式：益损期望值 = Σ（益损值 X 概率）

(3) 树型决策法的一般步骤。在树型决策法中，决策的依据是各个方案在不同自然状态下的期望值。在运用树型决策法进行风险型决策分析时，其逻辑顺序是从树根到树干，再到枝叶，最后向树梢逐渐展开；而各个方案在不同自然状态下期望值的计算过程，恰好与分析问题的逻辑顺序相反。

一般步骤如下。

第一，画出决策树。把一个具体的决策问题描述为树型结构，由决策点逐渐展开为分支方案、状态结点、概率分支、结果点等。

第二，计算期望益损值。在决策树中由树梢开始，经树枝、树干、逐渐向树根，依次计算各个方案的期望益损值。

第三，剪枝。将各个方案的期望益损值分别标注在其对应的状态结点上，进行比较优选，将优胜者填入决策点，用“×”剪掉舍弃方案，保留被选取的最佳方案。

（4）决策树法举例。某农业企业有2种可行的扩大生产规模的方案：一个方案是新建一个中型养殖场，预计需投资30万元，销路好时可获利100万元，销路不好时亏损20万元；另一方案是新建一个小型养殖场，需投资20万元，销路好时可获利60万元，销路不好时仍可获利30万元。假设市场预测结果显示，此种产品销路好的概率为0.7，销路不好的概率为0.3。请用决策树法选择最佳方案（图7-3）。

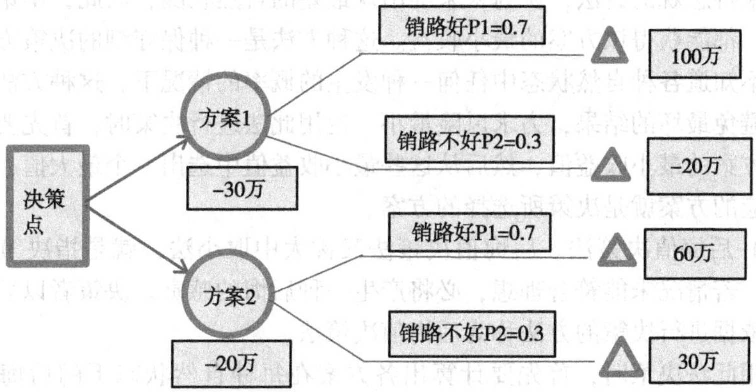

图7-3　决策树法方案

方案1的期望益损值：100×0.7+（-20×0.3）-30=34（万元）

方案2的期望益损值：60×0.7+30×0.3-20=31（万元）

（四）非确定型决策

1. 非确定型决策的概念

非确定型决策是指决策者无法确定未来各种自然状态发生的概率的决策。由于非确定型决策的客观条件是不肯定的，未来事件中可能发生的各种自然状态（即实际发生的结果）也是不确定的，所以。非确定型决策主要借助于决策者的经验和态度，其具体方法有许多种。

2. 非确定型决策的方法

（1）等可能性法。这种方法假定未来各种自然状态发生的概率相等，通过比较每一个方案的益损值的平均值来进行方案选择。如果以利润最大化为目标，就选择平均利润最大的方案；如果以成本最小化为目标，就选择平均成本最小的方案。

（2）乐观决策法。乐观决策法又称大中取大法。采用这种方法的决策者对未来持乐观的看法，认为未来会出现最好的自然状态，因此，不论采取哪种方案，都能获取该方案的最大收益。

运用此法进行决策时，首先要确定每一可选方案的最大收益值；然后，在这些方案的最大收益中选出最大值，与该最大值对应的方案就是决策所选择的方案。由于根据这种原则决策也可能得到损失最大的结果，因而称之为冒险投机的原则。

(3) 悲观决策法。悲观决策法又称为小中取大法，采用这种方法的决策者对未来持悲观的看法，认为未来会出现最差的自然状况，因此，不论采取什么方案，都能获得该方案的最小收益。这种方法是一种保守型的决策方法，在决策者不知道各种自然状态中任何一种发生的概率的情况下，这种方法的决策目标是避免最坏的结果，力求风险最小。运用此法进行决策时，首先要确定每一可选方案的最小收益值，然后从这些最小收益值中选出一个最大值，与该最大值对应的方案就是决策所选择的方案。

(4) 后悔值决策法。后悔值决策法又称大中取小法，就是指决策者制定决策后，若情况未能符合理想，必将产生一种后悔的感觉。决策者以后悔值大小作为依据进行决策的方法称为后悔值决策法。

运用此法决策时，首先要计算出各方案在每种自然状态下的后悔值（用某自然状态下各方案的最大收益值减去同一自然状态下各方案的收益值），从而将决策矩阵从收益矩阵转变为机会损失矩阵；然后确定每一可选方案的最大机会损失；最后，在这些方案的最大机会损失中，选出一个最小值，与该最小值对应的方案即是决策选择的方案。

第三节　农业企业科技创新与新产品开发

创新是企业的生命，是发展的不竭动力。现代企业的竞争说到底是创新能力的竞争，而新产品的开发是企业创新能力最直接的转化和表现。在市场竞争日趋的今天，农业企业的生存发展更加依赖科技创新和产品的开发。

一、农业科技创新的重要性

当前，中国农业正处于从传统农业向现代农业加速转变的关键时期，加强农业供给侧结构性改革，转变农业发展方式成为农业现代化的核心任务。为此，必须深刻认识促进企业开展农业科技创新的重要性和紧迫性，引导企业积极开展农业科技创新，充分发挥企业在农业科技创新中的重要作用，大力提升企业自主创新能力和在国际市场上的竞争能力。通过政策引导、体制机制创新和项目支持等措施，提升企业自主创新能力、解决农业科技与经济脱节问题。

（一）农业科技创新是保障国家食物安全迫切需要

解决十几亿人口的吃饭问题始终是中国农业发展的首要任务。近几年，中国粮食生产虽然已经取得巨大成绩，但农业基础设施差，抗风险能力弱、比较效益偏低等问题依然存在。未来随着城市化进程的发展，中国人多、地少、水缺的趋势不可逆转，城乡居民对粮食等主要农产品的需求将会持续增加，中国粮食安全面临更加严峻的形势。解决粮食等主要农产品总供需矛盾，确保粮食安全，必须最终依靠科技创新，充分挖掘品种潜力，尽快突破农业生产中的重大技术瓶颈，大幅度提高农业土地生产率，从根本上提高农业综合生产能力。

（二）农业科技创新是确保农产品质量安全迫切需要

近年来，农兽药残留、添加剂、防腐剂问题屡禁不止，“红心鸭蛋”“多宝鱼”“三鹿奶粉”等事件的发生又增加了问题的复杂性。此外，还有一些转基因食品、动物源性饲料添加剂等由技术进步所产生的新问题。为此，按照“高产、优质、高效、生态、安全”的总体要求，确保农产品质量安全，必须持续推进农业科技进步和创新，加快发展规模化、标准化、设施化和智能化的种养技术，全面升级农业产业。

（三）科技创新是确保生态安全迫切需要

目前，中国农业发展面临资源综合利用水平不高，农业面源污染不断加剧，污染物无害化处理能力低等问题，再加上气候变化对农业生产的负面影响不断加剧，资源环境对农业发展的约束日益加重。为了缓解资源环境等方面的压力，急需加强资源环境领域重大共性关键技术研究，大力发展节约型农业、生态农业、循环农业、低碳农业技术，加快开发清洁生产集成技术，建立实现“低耗、高效、持续”的农业发展模式，大幅度提高资源利用效率，促进资源、人口、经济和社会的和谐可持续发展。

（四）农业科技创新是确保产业安全的迫切需要

在经济全球化的今天，农业领域也日益成为国际竞争的焦点。现代农业发展的支撑力主要来自于农业科技进步，农业竞争实质上就是科技竞争，自主创新能力是科技竞争的核心。目前，中国大豆进口量已经达到 5 000 多万吨的水平，随着全球农产品市场竞争程度的加剧，中国农产品的进口量仍有进一步增加的可能。要提高中国农业的国际竞争力，进一步减少国际农产品市场对中国农业的冲击，就必须加快现代农业生物技术、信息技术、生物能源和资源环境技术在农业领域的应用与产业化，加快农业前沿领域的原始创新，有效增加科技储备，引领国际农业科技发展，力争占据农业科技和产业发展制高点，全面提升中国农产品的市场竞争能力。

面对需求刚性增加，资源日益紧缺的严峻形势，我国农业发展只有依靠农业科技创新，才能确保粮食安全，保障食品质量安全；只有依靠农业科技创新，才能改善生产生态环境，从而实现现代农业跨越式发展的战略任务。

二、提高农业企业创新能力的对策措施

近年来，我国农业企业发展迅速，企业创新能力不断增强，逐步成为农业生产经营活动的重要力量。但从总体上看，我国企业开展农业科技创新能力较弱，科技资源和人才储备不足，农业新技术、新产品研发能力不强，与成为农业技术创新主体的目标要求还有不小差距。为此，必须很下大功夫，全面提高农业企业的科技创新能力。

（一）着力提升企业在农业科技创新中的地位

根据农业科技的公共性、基础性和社会性，强化各类农业科技创新主体的分工协作，整合农业科技资源，建立协同创新机制，推动产学研用、农科教企紧密结合。中央级农业科研院所、高等院校着重加强基础研究和战略性、前沿性、公益性研究；地方农业科研院所、高等院校着重解决本区域农业产业技术需求，开展应用研究；企业着重开展应用技术研发，并尽快成为农业商业化育种，农药、兽药、化肥等农业生产投入品，农机装备，渔船及渔业装备，农产品加工等领域的技术创新主体。鼓励和支持企业自主开展或与优势农业科研院所、高等院校联合开展基础研究或应用研究。

（二）引导和支持企业主持或参与承担农业科技项目

不断健全和完善相关政策措施，鼓励有能力的企业自主设立课题开展农业应用研究，支持企业参与或主持科技重大专项、公益性行业（农业）科研专项、高新技术产业化项目、农业科技成果转化等项目，对于产业化特征突出的重大科技项目，可由有条件的企业牵头组织实施。支持企业参与现代农业产业技术体系及其地方创新团队、农业科技基础条件支撑体系和区域农业科技协作体系建设。引导和支持企业积极开展农作物与动物新品种培育、绿色高效生物农药及植保技术、生物饲料、生物疫苗、生物肥料、生物土壤修复剂、精准农业等关键技术研发和重大产品创制；引导和支持企业加强动物疫病诊断试剂、农兽药残留快速诊断检测以及新型疫苗等研制与产业化；引导和支持企业加大高效节能、资源高效利用农业产业模式的创新与推广；引导和支持企业加强农业信息化技术研究与产业发展，积极开展物联网等信息技术在农业中的应用研

究与示范；引导和支持企业开展相关农业标准的制订和修订，加速实现农业标准化生产。

（三）支持企业建立高水平研发机构

合理配置现有资金、项目资源，支持有条件的企业自主建立高水平研发机构，或与农业科研院所、高等院校联合组建高水平研发机构，并作为农业产业化重点龙头企业、育繁推一体化种子企业审核、认定参考条件。现代农业产业技术试验站、农作物育种创新基地等布局，要兼顾有条件的企业作为建设或参与建设依托单位。加快培育和发展现代生物农业产业、农业信息技术产业等战略性新兴产业，积极推动骨干企业与优势农业科研院所、高等院校建立实质性产学研协同创新联合体。加大对中小微型企业开展农业科技创新的支持和培育力度，提升企业自主创新能力和产品竞争能力。

（四）建立农业科技资源开放共享机制

各级各类农业科研院所和高等院校要注重围绕企业和农产品生产消费需求，加快农业科技知识传播、农业技术转移和科技人才交流，开放共享农业科技资源。建立科企、校企合作技术研发公共平台，国家支持建设的国家级、部级农业领域重点实验室、工程（技术）中心、检测（检验）中心、科研试验（示范）基地、种质资源库（圃）、农业数据库等科研设施与科技资源，要建立面向企业的开放共享制度。国家支持的科研活动所获得的信息资料，要在符合国家安全规定、明晰并保护知识产权的前提下，最大限度地向社会公开。将企业从事科技创新的基本情况，纳入农业科技统计范围当中。

（五）促进农业科技人才资源的合理配置

鼓励农业科技人员在企业与科研院所、高等院校之间双向兼职和流动，支持他们创新创业。加强兼职和流动人员人事管理、薪酬管理、股权激励等制度创新，吸引创新资源向企业流动。调动农业科技人员推动科技成果转化、创办或领办企业的积极性，鼓励、支持农业科技人员投资创办企业。加大对农业科技人员自带职务发明技术成果创业的激励力度，提高科技成果作价入股的比例，完善科技成果转化的股权、期权激励和奖励等收益分配政策。放宽创办、领办企业的农业科技人员身份、职称管理等规定，解决科技人员创业的后顾之忧。积极支持符合条件的企业建立涉农院士专家工作站、博士后科研流动（工作）站等。积极支持海外优秀农业技术创新团队回国创业。鼓励和引导农业大专院校毕业生到涉农企业就业创业。

（六）鼓励和引导企业开展农业技术服务

鼓励、引导和支持企业开展种苗、防疫、农产品产地初加工等技术服务，充分发挥企业在农业技术多元化服务体系中的作用。鼓励企业与公益性基层农技推广机构合作，培训农技人员，开展技术服务。大力推广“公司+农户”“公司+合作社（协会）+农户”等合作模式，推动企业与农户、农民专业合作社建立稳固的利益联结机制。鼓励企业积极开展防灾减灾、稳产增产等公益性农技服务。鼓励企业开展统一育秧插秧、智能化配肥和肥料统配统施、植物病虫害统防统治、动物疫病防控、机械化生产、农产品精深加工等生产关键环节的专业化、社会化技术服务。

（七）充分支持企业开展农业科技创新

积极引导和鼓励金融信贷、风险投资等社会资金参与建立农业科技创新基金，以贴息、投资或无偿资助等方式，重点支持企业开展农业科技创新。完善和促进落实企业税收减免、企业研发费用加计扣除、高新技术企业所得税优惠等激励企业加大研发投入的政策。利用企业科技创新基金、国家科技成果转化引导基金和其他科技计划（项目），支持企业加强技术研发，采用新技术、新工艺。在种业、农产品加工、农机装备、渔船及渔业装备等领域，扶持一批科技领先型企业。重点扶持一批骨干种业企业，推动资源、技术、人才等要素向企业流动，建立育繁推一体化的商业化育种新体系。

（八）提升对企业知识产权的保护和管理水平

按照“激励创造、有效运用、依法保护、科学管理”的方针，积极推进企业实施知识产权战略。发挥政府科技资源投入的辐射带动效应，推进建立以知识产权为纽带的农业创新联盟。鼓励企业将农业科技创新成果知识产权化，探索建立企业申请国外植物新品种权补贴制度，加大企业申请国外涉农专利补贴力度。积极引导企业利用知识产权质押融资。建立农业知识产权展示交易平台，降低技术交易成本，加速知识产权向企业流转。加大植物新品种保护、农产品地理标志行政执法力度，打击侵权假冒行为，切实保护企业的合法权益。加强农业知识产权基础信息资源整合，建设综合性知识产权信息公共服务平台，为企业提供准确、及时的农业知识产权信息服务。

各级农业部门应高度重视、认真研究，把支持企业开展农业科技创新摆上更加突出的位置。创新农业科技管理思路，逐步建立企业参与的科研立项和评价机制。落实已有支持企业开展农业科技创新的政策措施，探索支持企业开展农业科技创新与服务的新途径，依法推进，不断提升企业自主创新能力，切实发挥企业在支撑现代农业发展中的作用。

三、农业企业农产品的开发

农产品的开发对于农业企业而言意义重大，是农业企业立足市场形成独特竞争优势的必然选择，是企业品牌建设的前提和基础。

（一）农产品开发概述

农产品开发包括新发明的农产品、改进与改型的农产品、农产品新品牌与新的产品线、产品线延伸与新定位产品等。其中，新发明的农产品、改进与改型的农产品属科技意义上的农产品开发，也就是狭义的农产品开发。农产品和任何事物一样，有着出生、成长、成熟以至衰亡的生命周期。因此，企业不能只顾经营现有的产品，而必须防患于未然，采取适当步骤和措施开发新产品。它是企业提高竞争力的重要因素，也是企业市场营销活动的主要任务。

狭义的农产品开发是指对原有农产品的改良、换代以及创新，旨在满足市场需求变化，提高农产品竞争力。主要有以下种类：一是创新农产品。指新物种发现后成功市场化的农产品。如我国成功地开发了沙棘资源，新西兰成功开发利用了野生猕猴桃资源，或许未来在人类对基因技术完全掌握后，能人工创新物种，从而产生全新农产品。二是改良农产品。对原有农产品的改进和换代。通过育种等手段可改变农作物性状，进而改变农产品品质，如新疆彩棉、高油大豆（转基因大豆），苹果品种富士换代为红富士，再换代为宫崎短枝等。三是仿制农产品。引种、引进、利用他人创新或改良的农产品。如我国从国外引进的樱桃番茄、五彩甜椒等。

农产品开发过程一般包括新产品构想的形成、新产品构想的筛选、概念产品的形成与检验、经营分析、制出样品、市场试销、正式生产投放市场。新产品开发成功以后，还需上市成功，这意味着新产品被消费者采用并不断扩散。

农产品开发是从营销观念出发所采取的行动，因此首先必须是适应社会经济发展需要，试销对路的产品。没有市场的产品，对企业而言再新也没有意义。因此，新产品要有自己的特色来适应和满足消费者需求的新变化。

农产品开发是产品策略的重要组成部分。农产品开发在一定程度上拓展了农产品基本效用与利益，更大程度上则是对有形农产品的更新与改进，以吸引顾客、拓展目标市场为最终目的。

（二）农产品开发的依据

（1）农产品开发首先要考虑到目标顾客群及其购买行为特征。不同顾客群对农产品有不同的要求。以鲜奶制品为例，城市消费者重视营养、方便、口味和新鲜，农村消费者则重视价格，而中间商则强调经营鲜奶制品的赢利率。

（2）农产品开发必须能够满足消费者对产品功能的要求。如鲜奶制品有补充营养、增强体力、方便小食等功能，新产品开发时应充分考虑消费者所追求的产品主要功能是什么。

（3）农产品开发必须考虑到目标市场环境因素。如必须符合政府颁布的产品质量标准、动植物检疫标准，不违背目标市场的社会文化传统和风俗习惯等。

（4）农产品开发必须从产品的整体概念出发，搞好核心产品、有形产品和附加产品等层次的开发。

（三）农产品开发的途径

1. 良种开发

良种主要是指优良的动植物种子、种苗、种禽和种畜。良种开发就是培育优良的动植物品种，是农产品开发的基础途径，一般通过生物品种选育、遗传杂交和转基因工程等方式进行。

2. 栽培养殖开发

相同的动植物品种，其栽培养殖方式不同，产品的品质特性也会不同。如无土栽培的蔬菜，其品质、口味和安全性都较一般栽培的蔬菜要好；用精饲料喂养的畜禽产品，其品质也高于一般产品。特别是绿色无公害农产品的开发，更是主要通过栽培养殖开发方式获得。

3. 深精加开发

随着人们生活水平的不断提高，生活中需要更精制、更方便、营养更全面、多种口味、多种风格的农产品，这些必须通过对农产品的深精加工才能达到。农产品深精加工的方式很多，如对水果；可以干制、榨汁、做罐头、果脯等。

4. 外观、包装和品牌的开发

按照产品的整体概念，改变产品的外观、设计产品的新包装、创建一个新品牌都属于新产品的开发。如，通过在生产期粘贴字模，使苹果上长有“喜”字，迎合了消费者在喜庆场合的需要；真空包装的北京烤鸭，远销全国各地等。特别是创立农产品品牌，已成为农产品营销的重要手段。许多农产品如新疆葡萄干、四川榨菜、西湖龙井、泰国香米等，因其品牌知名度高而畅销全国及至世界。创建农产品品牌，需要在市场定位的基础上，通过对农产品质量和特色的有效控制树立产品的名牌形象。

5. 副产品开发

副产品开发是指将农业生产和农产品加工中产生的废物废料进行综合利

用，开发成适销的农产品。如将玉米秸秆氨化或青贮，加工成饲料等。

（四）农产品开发的新趋势

（1）错季节性。季节性差价蕴藏巨大商机，主要形式有：设施化种养、农产品提前或延后上市、储藏保鲜拉长副产品销期、开发适应不同季节生产的农副产品品种，通过多品种错季节上市。

（2）嫩乳型。近年来，出现了崇尚鲜乳的风潮，农产品开发也必须适应新的变化趋势，抓住机遇发展一些适合鲜食的青玉米、嫩花生、青毛豆、乳鸽、乳猪、仔鸡等鲜嫩农产品。

（3）低成本。增强农产品的市场竞争力，必须依靠新品种、新技术、新工艺、新机械来降低成本，或实行农产品的规模化、集约化生产来支持价格竞争。

（4）高品质。随着人们对农产品营养要求的不断提高，农产品品质的进一步提高已迫在眉睫，优质优价已经成为新的消费动向，优质农产品的市场前景非常看好。

（5）多品种。根据市场需求，引进并推广名、优、稀、特品种，以新品种来引导新需求，开拓新市场，同时，生产适销对路产品，以满足多层次、多方位的消费需求，提高综合经济效益。

（6）工艺化。蔬果不仅要营养丰富，鲜活好吃，品质优，产量高，还要具有一定观赏功能，以满足消费者求新求异的审美心理，工艺化、造型化的农产品前景更为广阔。

（五）农产品开发的主要策略

1. 农产品趋向开发策略

依据市场需求的发展趋向，制定农产品的开发策略：微型化、简易化、多功能化、多型化、健美化、标准化。

2. 农产品要素开发策略。

依据农产品的构成要素，制定农产品的开发策略。

（1）新品种的开发。通过组织培养、基因工程、胚胎移植等生物工程技术；利用遗传、变异等系统选育技术；采用物理、化学等农产品加工技术，以开发新的农产品。

（2）新品质的开发。通过生物工程技术和系统选育技术等，以开发新品质的农产品，如高蛋白小麦、含碘鸡蛋、低糖葡萄等。新特色的开发。通过生物工程技术、系统选育技术和加工技术等，开发出香、脆、甜、苦、辣、酸等特色味道以及各种形状的新特色的农产品。

（3）新包装的开发。根据消费者对包装的各种偏爱，设计、制作农产品新包装。

（4）新品牌、新商标的开发。对原来没有品牌、商标的农产品，开发、设计、申领品牌、商标；对已有品牌、商标的农产品，按照消费者的偏爱和市场竞争需要，重新设计、开发农产品的新品牌、新商标。

（5）新服务的开发。随着各种新品种、新品质、新特色等农产品的开发，必将出现许多新的服务项目。策划、设计、开发新的服务项目，满足市场消费需求，并创造增值的经营机会。

（6）新形态的开发。通过特殊栽培技术或者物理方法，使得农产品按照人们的设计生长，形成具有观赏性的形态或者不同于一般产品的长相，以满足消费者的好奇心理，达到促进销售的目的。例如，市场上的方形西瓜。

3. 新产品的开发类型

农产品任何部分的创新和改进，都属于新产品的范围。农产品新产品有4种类型。

（1）全新型农产品，是指应用科学技术的新发明、新创造的成果而研制成功的产品。如保健食品、杂交水稻等。

（2）换代型新农产品，是在原有产品的基础上，部分地采用新技术而研制成功的农产品，它比老产品具有更多的使用价值。如更新换代的水稻、小麦、玉米等。

（3）改进型新农产品，是通过采用先进技术，对原有产品进行改良，使其性能、质量有所提高的农产品。

（4）仿制型新农产品，是指模仿竞争者的产品，制造出比其性能、质量更优的仿制型新产品。如通过引种、驯化、选育而形成的农产品新品种等。

4. 新产品的营销开发策略

（1）奇特策略。新产品的造型、色彩、包装等奇特；新产品具有特殊用途。

（2）合并策略。把一些同类农产品的优点加以合并，开发出集同类农产品之长的新产品。

（3）节便策略。要求开发出的新农产品，能节约能源，结构简单，使用方便。

（4）差异策略。开发的新农产品，与同类农产品相比，其性能、包装等有显著差别。

（5）形象策略。开发的新农产品，具有一定外表形象，能满足消费者追求商品形象需求。

(6) 专门化策略。开发的新产品，使之具有专门的功能和使用价值。以提高市场占有率。

(7) 快速策略。新产品开发速度快，能“捷足先登”“先入为主”，引起消费者偏爱。

(8) 优质服务策略。新产品开发后有售后服务，使消费者获得新产品及其新服务。

第四节　农业企业的物流管理

现代物流业已经逐步发展为一个新型产业，它以先进的组织方式和管理技术，被认为是继劳动和自然资源之后的推动国民经济增长的“第三方利润”源泉。随着现代物流的发展，物流管理为农业企业提供了良好发展的前景。

一、物流和农业物流的概念

(一) 物流的含义

物流是指为了满足客户的需求，以最低的成本，通过运输、保管、配送等方式，实现原材料、半成品、成品或相关信息进行由商品的产地到商品的消费地的计划、实施和管理的全过程。物流是一个控制原材料、制成品、产成品和信息的系统，从供应开始经各种中间环节的转让及拥有而到达最终消费者手中的实物运动，以此实现组织的明确目标。总的来说，物流是包括运输、搬运、储存、保管、包装、装卸、流通加工和物流信息处理等基本功能的活动，它是由供应地流向接受地以满足社会需求的经济活动。现代物流是经济全球化的产物，也是推动经济全球化的重要服务业。

(二) 农业物流的概念

农业物流是指以农业生产为核心而发生的一系列物品从供应地向接受地的实体流动和与之有关的技术、组织、管理活动。也就是使运输、储藏、加工、装卸、包装、流通和信息处理等基本功能实现有机结合。农业物流、农村物流、农产品物流 3 个概念中，农业物流的外延最大，可以包括后两者，也可以把“三农”领域的物流统称为农业物流。根据农业物流的管理形式不同，可以将农业物流分为：农业供应物流、农业生产物流、农业销售物流。

二、我国农业物流的现状

1. 农业物流体量大

我国是个农业大国，农业物流在国民经济发展中具有举足轻重的作用，它涉及整个国民经济运行效率和运行质量，关系到农业产业化发展，涉及各方面利益关系。一是我国农产品物流数量大、品种多。2014 年我国棉花、油料、肉类、禽蛋、水产品、蔬菜、水果等主要农产品产量分别达到 617 万吨、3 507 万吨、8 706 万吨、2 893 万吨、6 450 万吨、76 005 万吨和 16 588 万吨，均居世界第一。二是我国农业的生产资料需求庞大，化肥、农药、农业设施设备使用量位居世界第一，2013 年化肥使用量达到 6 000 万吨，占到世界 1/3。农业物流数量之大，品种之多，都是世界罕见，形成了巨大的物流管理需求。

2. 农业物流过程中损失大

农业是生产动植物产品的产业，农产品在物流过程中存在储存难、装卸难、运输难等问题。目前，我国的农产品物流是以常温物流或自然形态物流形式为主，缺乏冷冻冷藏设备和技术，使农产品在物流过程中损失很大。据统计,我国水果、蔬菜等农产品在采摘、运输、储存等物流环节上损失率达 25%~30%，每年有总值为 750 亿元的农产品在运输中腐坏、损失。

3. 农业企业物流发展滞后

在我国，农业企业物流是一个明显的薄弱环节。存在企业物流管理不畅，时间、空间浪费大，物料流混乱，重复搬运，流动路径不合理，产品供货周期长，废弃物回收不力等问题。在企业物流管理上，很多企业还停留在纸笔时代，有些企业虽然配备了电脑，但还没有形成系统，更没有形成网络，同时在物流运作中也缺乏对 EDI、个人电脑、人工智能/专家系统、通信、条形码和扫描等先进信息技术的应用。

4. 农业企业的物流理念落后

我国农业企业缺乏现代物流是“第三利润源”的理念，没有将物流看成为优化生产过程、强化市场经营的关键，而将物流活动置于附属地位，大多数企业将仓储、运输、装卸搬运、采购、包装、配送等物流活动分散在不同部门，没有纳入一个部门对物流活动进行系统规划和统一运作与管理。另外，许多农业企业缺乏协同竞争的理念，大多数企业各自为政，缺少与其他企业合作意愿，自营物流比例过高，未能将有限的资源集中在核心业务上、强化自身的核心能力，而将自身不具备核心能力的业务以合同的形式外包。农业企业物流与社会物流的配合不够，不能充分利用社会上专业的物流企业为其提供有效服务。

三、加强农业企业现代物流管理的对策

当前，我国农业发展已经进入结构调整，转型发展的新阶段，供给侧结构性改革成为新常态。加快我国农业物流的发展已经成为社会关注的热点问题，为此必须着力研究促进农业企业物流发展有效对策。

（一）构建农业企业现代物流管理框架

一个企业的物流与整个社会大生产的物流体系有着密切联系，企业物流是社会物流这个整体系统中的一个组成部分。因此，农业企业物流管理协调系统的构建，必须从全局和整体出发。要充分考虑并且充分利用社会中已经存在的物流资源，例如，物流仓储中心、物流配送中心、交通运输路线以及工具等，要尽量避免资源的重复建设与浪费等问题，从整体协调的需要来确定最佳方案。总之，要在整体性原则的基础上，通过市场纽带，将农业企业物流与整个社会物流组成有效的运行整体。

（二）选择合理的物流模式

按照物流与企业所属关系的不同，企业物流的方式分为自营物流和外购物流 2 种。在影响企业选择物流方式的诸因素中，物流在其发展战略中所起的作用和企业对物流的管理能力是非常重要的 2 个因素，企业要根据自身特点选择最合适的物流方式。

1. 优化农业物流网络

农业企业物流系统优化应以物流“软件”为主导，以定性和定量分析相结合的方法进行合理地组织优化农产品销售网络，对物流系统采用现代科学方法来组织。第一应在物流过程的单项活动范围内进行，如对运输环节做出最佳运输方案，在农产品配送环节优化农产品配送网络等。第二可对几个物流环节进行科学的组织，作出最佳计划，如对农产品或农业生产资料的运输、包装、仓储的合理组织等。第三可发展到对整个物流系统进行模拟。采用最有效的数量分析与定量模型的方法来组织物流系统，并衡量评价系统的合理性和有效性。

2. 农产品销售物流网络体系的建立

农产品销售物流网络体系也可以称为农产品配送网络体系，在这种物流网络中，农业企业重视的是产品配送，即以最低的成本、最短的时间确保将农产品有效地送达顾客。之所以强调最短的时间最低的成本是因为：第一，农产品生产的季节性，导致农业企业集中收购农产品，从而大大增加了库存成本。第二，农产品是低附加值产品，企业为了对付内、外部的压力，希望用销售的规

模效益加以弥补，因此更加重视销售，或倾向于生产非劳动密集型的高附加值农产品加工产品。第三，由于大多数农产品的储藏期较短、储藏的成本较高，尽快出售农产品可以避免各类损失。为此，农产品销售大多采用的是推销配送模式。

（三）加快农业物流标准化进程

物流标准化是指以物流为一个大系统实施标准化管理的过程，和一般标准化系统不同，物流系统的标准化涉及面更为广泛。农业物流标准化是系统性工程，不可能一蹴而就，因此，应该先在包装、运输和装卸等环节，推行和国际接轨的关于物流设施、物流工具的标准，如托盘、装卸机具、条形码等，不断改进物流技术，以实现物流活动的合理化。重点应联合有关部门制定全国统一的相关农产品质量标准，包括理化指标、感官指标、安全食用指标、鲜度指标等。

（四）协助农业产业化龙头企业建立物流组织实体

物流企业和组织是发展农产品物流业的关键环节，应采取多渠道、多形式、多元化的办法，打破所有制、地域、行业界限，尽快培育一批农产品物流组织。特别是要发挥农业产业化龙头企业的作用，鼓励龙头企业进行内部各环节的整合优化，积极引进和借鉴发达地区和国外物流企业的管理、技术和经验，充分利用运输、商业企业在市场信息、销售网络和运销经营等方面的特长和优势，组建自营物流企业。这也能充分实现农业产业化一体化的经营战略，使各产业链结合得更加紧密。同时，扶持农村营销大户、农村合作经济组织和农民经纪人，支持、鼓励农民开展农产品加工、销售服务和自办购销组织，推进供销社改革，发挥其在农产品流通中的作用，鼓励各组织之间的联合，运用管理和信息技术将它们连接在一起，兴办第三方物流，使其更加有效的服务于农业的生产。

（五）加强农业物流技术创新

在整个农业物流链条上，技术的创新是农业物流业发展的重要支撑和动力。因此，要始终把技术创新放在突出位置。一是通过科技创新，大力发展名、特、优、新、稀产品，加强品牌推广和扩展，树立品牌形象，提高品牌知名度和品牌认知度，形成一批农产品的强势品牌，扩大产品的市场占有率，实现农产品物流的畅通。二是要提高加工、包装技术。包装除具有保护功能和促销功能外，还是连接农产品市场利润和物流成本的结合点。要在农产品的精加工和包装上狠下功夫，积极采用新型的保鲜技术，延长农产品的储藏时间，扩大农产品销售半径。三是要积极创新营销手段。要在抓好传统销售方式革新的基础上，大胆探索和应用现代销售手段。鼓励龙头企业或销售公司大力发展农产品连锁经营、配送等形式。积极运用拍卖、代理等现代交易方式。积极跟进与适应信息化、网络化发展趋势，加快发展电子商务，推进网上交易。

（六）积极开展第三方农产品物流业

现阶段，我国农业企业本身实力较弱、市场占有率较低、筹集资金能力差，组建自营物流组织，难免会回到“大而全，小而全”的传统组织形式，不仅巨额固定资产投入力不从心，即使拥有了完善设施，也会因农产品的季节性生产造成在产品销售淡季大量设备闲置。再加上农产品自身特殊性决定的无论其在加工业、仓储业还是运输业都有着不同于工业产品的较高要求。因而应鼓励农业加工企业、仓储业和运输公司等不同的独立组织进行联合，发展第三方物流，使得在农产品仓储业、加工业、运输公司、配送中心以及零售商等各部门之间，形成表面上是各个独立的组织实体，而实际上却是由他们联合而成的一个以信息技术作为桥梁和纽带的虚拟大组织。在这个大组织中，各个成员都能够得到管理和信息的共享。由于不同合作伙伴的合作目标是降低物流有关的成本并提高整个运营系统的效率，各成员之间可以集中精力开发其专门领域的潜力从而取得竞争优势，又通过合作来降低整体的成本。发展农产品第三方物流，不仅可以减少固定资产投资以及实现信息资源共享，而且可以达到各相关部门资源的有效配置，提高资金的周转速度，解决了一直困扰着农业发展的农业资金长期短缺的问题。

现代农业产业化的发展，推动农业企业物流现代化，同时，高效的物流体系、农业企业物流管理的先进模式，对于促进现代农业产业化的健康发展，展现了另一片开阔的蓝天。

第八章　家庭农场管理

随着我国工业化、城市化进程的加快，出现了农业兼业化、农村空心化、农民老龄化的趋势，“谁来种地、地怎么种”成为最近几年社会关注的热点，为此，培养新型职业农民和培养新型农业经营主体已经成为我国实现农业现代化的重大战略问题。

在农业各类经营主体中，家庭农场是不可替代的核心成员。发展家庭农场是坚持和完善我国农村基本经营制度的需要。在农村鼓励土地流转，土地承包权和经营权相分离的背景下孕育出的家庭农场，既发挥了家庭经营的独特优势，符合农业生产特点要求，又克服了农户家庭承包“小而全”的不足，适应现代农业发展要求，具有旺盛的生命力和广阔的发展前景。培育和发展家庭农场，很好地坚持了家庭经营在农业中的基础性地位，完善了家庭经营制度和统分结合的双层经营体制。纵观世界各国的现代农业，可以发现家庭农场的经营模式具有持久而强大生存发展能力，在推进现代农业产业化经营中，家庭农场的发展壮大和有效管理，具有特殊的作用和意义。

第一节　家庭农场的特点和模式

一、家庭农场的概念

家庭农场是指以家庭成员为主要劳动力，从事农业规模化、集约化、商品化生产经营，并以农业收入为家庭主要收入来源的新型农业经营主体。在农业产业融合发展和农业产业化经营的背景下，家庭农场作为新型农业经营主体之一，已经不再是过去自给自足的小农经济，而是以社会化服务为条件，以规模化经营追求经济效益为目标的开放式经营主体，在整个农业产业化经营体系中发挥不可替代的作用。

家庭农场作为一种农业劳动组织形式，具有血缘关系和伦理道德规范所维系的激励约束机制，具有劳动作业的灵活性和市场竞争的抗压力，可以不受生产力水平的限制，蕴藏着跨越时空的生存发展能力，因此家庭农场在世界各国有着普遍的适应性。

二、家庭农场的特征

在我国，现阶段的家庭农场是指具有家庭经营特点，经过合法的土地经营权流转程序，经营规模达到一定水平，并经过有关部门审批建立的新型农业经营组织，是农户家庭承包经营的“升级版”。近年来，我国家庭农场发展快速发展，正成为一种新型的农业经营方式。据农业部调查统计，截至2012年年底，全国有符合统计条件的家庭农场87.7万个，经营耕地面积达到1.76亿亩，占全国承包耕地总面积的13.4%；平均每个家庭农场经营耕地面积达到200.2亩，2012年每个家庭农场经营收入达到18.47万元。

准确把握我国家庭农场的基本特征，既要借鉴国外家庭农场的一般特性，又要切合我国基本国情和农情，具体包括5个方面。

第一，以家庭为生产经营单位。家庭农场的兴办者是农民，是家庭。相对于专业大户、合作社和龙头企业等其他新型农业经营主体，家庭农场最鲜明的特征是以家庭成员为主要劳动力，以家庭为基本核算单位。家庭农场在要素投入、生产作业、产品销售、成本核算、收益分配等环节，都以家庭为基本单位，继承和体现家庭经营产权清晰、目标一致、决策迅速、劳动监督成本低等诸多优势。家庭成员劳动力可以是户籍意义上的核心家庭成员，也可以是有血缘或姻缘关系的大家庭成员。家庭农场不排斥雇工，但雇工一般不超过家庭务农劳动力数量，主要为农忙时临时性雇工。家庭农场突出以“家庭为主体”，这使其区别于农民专业合作社和农业龙头企业。根据农业部提供的调查数据，平均每个家庭农场有劳动力6.01人，其中家庭成员占4.33人，长期雇工占1.68人，家庭成员占据多数。

第二，以农为主业。家庭农场以提供商品性农产品为目的开展专业化生产，这使其区别于自给自足、小而全的农户和从事非农产业为主的兼业农户。家庭农场的专业化生产程度和农产品商品率较高，主要从事种植业、养殖业生产，实行一业为主或种养结合的农业生产模式，满足市场需求、获得市场认可是其生存和发展的基础。家庭成员可能会在农闲时外出打工，但其主要劳动场所在农场，以农业生产经营为主要收入来源，是新时期职业农民的主要构成部分。

第三，以集约生产为手段。家庭农场经营者具有一定的资本投入能力、农业技能和管理水平，能够采用先进技术和装备，经营活动有比较完整的财务收支记录。这种集约化生产和经营水平的提升，使得家庭农场能够取得较高的土地产出率、资源利用率和劳动生产率，对其他农户开展农业生产起到示范带动作用。

第四，以适度规模经营为基础。家庭农场的种植或养殖经营必须达到一定规模，这是区别于传统小农户的重要标志。结合我国农业资源禀赋和发展实际，家庭农场经营的规模并非越大越好。其适度性主要体现在：经营规模与家庭成员的劳动能力相匹配，确保既充分发挥全体成员的潜力，又避免因雇工过多而降低劳动效率；经营规模与能取得相对体面的收入相匹配，即家庭农场人均收入达到甚至超过当地城镇居民的收入水平。

第五，以盈利为目的的商品化生产。家庭农场生产活动以盈利为目，实行商品化生产，农业生产经营收入是家庭收入的主要来源，经营方式具有以市场为导向的企业化特征，因而对市场信息更加敏感，市场化行为更加明显，这使其区别于自给自足的小农户。因此，家庭农场对升级我国农业经营体系、培育职业农民和稳定农业生产都起到了重要作用。

三、家庭农场发展的模式

自2013年中央一号文件首次提出“家庭农场”概念以来，全国各地家庭农场发展迅速，已经成为我国新型农业经营主体的重要力量。然而，由于各地的资源条件、经济发展水平存在差异，家庭农场的发展形成不同的模式。作为家庭农场探索的先行者，上海市松江、浙江省宁波、安徽省郎溪、湖北省武汉、吉林省延边等地涌现出了一批具有现代农业特征的家庭农场，代表了当前家庭农场的发展模式。

（一）松江模式

从2004年开始，上海市松江区鼓励农民将土地流转到村集体，农户和村委会签订统一的《土地流转委托书》。2009年，松江区对农民土地承包权予以进一步确认后，农民手中的土地更加彻底地流转到村集体。到2011的12月底，松江区土流转面积25.1万亩，全区99.4%的土地已经集中到村集体。松江模式的特点是土地流转必须通过村委会，一个农户，想要流转土地，必须首先流转给村委会，而不能在农户之间自发转让。自2007年起，松江区开始实践百亩左右规模的家庭农场模式。其主要做法是，先将农民手中的耕地流转到村集体，然后由区政府出面将耕地整治成高标准基本农田，再将耕地发包给承租者。松江模式的重要意义在于为我国提供了一个特大型城市在后工业化阶段发展现代规模农业的典型样本。松江模式主要有以下特征。

(1) 家庭经营。家庭农场经营者原则上必须是本地农户家庭，且必须主要依靠家庭成员从事农业生产经营活动；不得常年雇用外来劳动力从事家庭农场的生产经营活动。

(2) 规模适度。全区共有家庭农场1 267户，经营面积15.02万亩，占全区粮田面积的88.8%，户均经营面积118.6亩。

(3) 农业为主。松江粮食生产家庭农场最大吸引力在于，依靠农业为主的专业生产经营增收致富，2013年家庭农场平均净收入10万元左右，种养结合家庭农场平均净收入可达15万元左右。

(4) 集约生产。通过耕地流转，将土地、劳动力、农机等生产要素适当集中，实现集约化经营、专业化生产。

(二) 宁波模式

浙江省宁波市家庭农场发展的最大特点是市场自发性。早在20世纪90年代后期，一些种植、养殖大户自发或在政府引导下，将自己的经营行为进行工商注册登记，寻求进一步参与市场竞争的机会，从而演变成“家庭农场”。宁波的家庭农场大多都是通过承租、承包、有偿转让、投资入股等形式，集中当地分散的土地进行连片开发后发展起来的，经营的项目涉及粮食、蔬菜瓜果、畜禽养殖等领域。有些家庭农场还因地制宜，借助当地独特的农业资源、田园风光等优势，发展休闲观光农业。截至2012年年底，宁波市经过工商登记从事种植、畜牧养殖的“法人”型家庭农场共有687家。宁波模式主要有以下特征。

(1) 经营规模适中。种植类农场生产规模基本在50~500亩，占90%以上，平均每个农场3名雇工，基本涵盖了粮食、蔬菜、瓜果、畜禽等主导产业，从事种植业生产的有456家，占66.4%。

(2) 家庭农场主综合素质较好，管理水平较高。绝大部分农场主产业规模都是从小做到大，专业知识、实践技能较强，懂经营，会管理，有不少农场主是购销大户或农产品经纪人，市场信息灵，产销连接紧密，产品竞争力强。

(三) 郎溪模式

早在20世纪世纪90年代，安徽省郎溪县家庭农场就开始萌芽。近年来，郎溪县工业化城镇化步伐明显加快，离土进城务工的人越来越多，为一家一户的小规模种植向适度规模经营提供了条件。截至2014年，全县有畜禽、粮食、水产、林业、茶叶等类型的家庭农场共648家，经营总面积高达15万亩。郎溪县在大力帮扶家庭农场发展中，通过抽调农技人员、建设农民合作社信息化项目、整合涉农项目资金及出台有关政策性文件等措施，积极支持各类家庭农场快速发展壮大，取得了显著成效。郎溪县成立家庭农场协会是其家庭农场发展的重要创新。为使家庭农场由单打独斗的“游击队”转变为协同作战的“集团军”，由郎溪县农委牵头于2009年成立了“郎溪县家庭农场协会”，遴选了产业代表性强、规模较大、辐射带动作用明显且有一定影响力的家庭农场主为会员。通过向上争取项目和内部协调，为家庭农场成员提供指导和帮助，不断培育和发展壮大各类家庭农场，连续多年争取省财政扶农项目资金，用于家庭农场的信息化建设。

（四）武汉模式

武汉是国内较早推行家庭农场经营模式的地区之一。武汉市对种植业等四类家庭农场提出了具体的要求：一是种植业家庭农场。适度规模种植优质稻、油菜、鲜食玉米、蔬菜、西甜瓜等品种，蔬菜和粮油作物种植面积分别为50亩以上和100亩以上，机械化作业水平达到60%以上，实行标准化生产。二是水产业家庭农场。标准精养鱼池达到60亩以上，名特优养殖品种率达到70%以上，机械化作业水平达到60%以上，有稳定的技术依托单位和一定的生产设施。三是种养综合型家庭农场。家庭农场主进行种植业、水产业等综合经营，以种植业为主，其他产业经营达到相应土地规模标准下限50%以上。四是循环农业型家庭农场。以家庭为单位建成规模型畜牧养殖农场，功能分区明显，畜禽饲养、排污等配套设施齐全。同时流转土地进行种植业生产，实行“畜禽—沼—种植”的循环农业模式。

（五）延边模式

延边朝鲜族自治州（以下简称延边州）地处中朝边境，许多当地人常年在韩、日等邻国打工，当地务农人口迅速减少。与之相应的是土地流转呈现加速趋势，农村土地经营权自发向种地大户集中。截至2013年年底，延边州专业农场总数已发展到886家（其中，旱田作物678家，水田作物149家，蔬菜作物17家，经济作物42家），经营总面积达6.4万公顷，其中，农户流转面积5.5万公顷，占经营总面积的86%，涉及土地流转农户2.7万户，平均每家专业农场经营土地面积72公顷。针对专业农场等规模经营主体生产所需资金量大而抵押物不足的情况，延边州在2011年创新了农村土地经营权他项权证抵押贷款，全州利用土地经营权他项权证为专业农场贷款580万元。2012年创新了“县市农业局+银行+担保公司”联合推荐担保贷款新产品，共为专业农场贷款1 758万元。2013年在各县市成立了物权融资公司，开辟了农村土地收益保证贷款，为专业农场等新型农业经营主体贷款7 447万元。2011—2014年，延边州金融机构利用抵押贷款、信用贷款、直补保贷款、他项权证贷款、担保贷款、农村土地收益保证贷款等，共为专业农场解决贷款资金3亿多元，有效地解决了专业农场的资金需求，促进了新型农业经营主体快速发展。

第二节　家庭农场的认定与创办

一、家庭农场的认定

发展家庭农场是扩大农业生产经营规模，促进农业产业化发展的重要措施，也是提高农业科技水平，提高经济效益，加快转变农业生产方式，实现农业现代化的必然要求。目前，我国许多地区的家庭农场发展还处在起步阶段，迫切需要从制度层面制定家庭农场的各项社会化管理规定，不断完善家庭农场扶持政策。

（一）家庭农场认定的概述

据2014年的资料，全国大约有87.7个家庭农场，平均经营规模200亩。其中，农业部认定的1.79万个，工商部门注册登记的1.53万个。对于家庭农场是否需要认定或者注册登记问题，过去曾经有过不同意见。现在农业部《关于促进家庭农场发展的指导意见》已经有了明确规定："依照自愿原则，家庭农场可自主决定办理工商注册登记，以取得相应市场主体资格"。农业部和国家工商总局对此做了专项调研，并达成共识：家庭农场是一种农村自然而然发育的经济组织，在现实中许多经营规模较大的农户，其实就是家庭农场，但是不一定要强制性注册登记，即使注册也可以形式多样。

从实践的情况看，到工商部门登记的家庭农场主要是在经济发达的地区比较多，主要原因是从事农产品的附加值比较高，特别是发展外向型农业的家庭农场，出于经营方面的考虑，需要提高市场的公信力，所以，有到工商部门登记的要求。农业部提出，要建立家庭农场管理服务制度，县级农业部门要建立家庭农场档案，县以上农业部门可以从当地实际出发，明确家庭农场认定标准，对经营者资格、管理水平等提出相应要求。

（二）家庭农场认定的条件

目前，家庭农场的认定主要有3个方面的规定。一是家庭经营。家庭农场主要依靠家庭成员从事生产，即使有雇工也只发挥辅助作用。二是专业务农。家庭农场专门从事农业生产，主要进行种养业专业化生产，经营管理水平较高，示范带动能力较强，具有较强的商品农产品生产能力。三是规模适度。由于家庭农场有较大的种养规模，能够使经营者获得与当地城镇居民相当，有比较体面的收入。但是具体经营规模应该多大，应该依据各地不同情况而定。

全国目前有家庭农场约87.7万个，平均经营规模在200亩左右。以粮食生产型家庭农场为例，各地标准并不一致。安徽省提出家庭农场连片规模应在200亩以上，江苏省提出的是100~300亩，上海市则提出以100~150亩为宜。

家庭农场经营规模太小，就难以实现规模效益，但家庭农场并非越大越好。家庭农场经营规模的大小应该与当地农业自然资源的特点、农业的机械化程度和管理能力相匹配。我国地域广阔，各地自然经济社会条件差别很大，很难提出一个在全国范围内普遍适用的具体面积标准。县级以上农业部门可以从当地实际出发，依据自然经济条件、农村劳动力转移、农业机械化水平等因素，确定本地家庭农场的规模标准。从调查看，以家庭为单位，以粮食生产为例，一年两熟地区户均耕种50~60亩，一年一熟地区100~120亩，各种资源配置效率最高。

一些专家认为，把握家庭经营的规模，可以从3个方面衡量：一是与家庭成员的劳动生产能力和经营管理能力相适应；二是能否充分利用当地的自然资源，实现生态高效的土地产出率、劳动生产率；三是能确保经营者获得与当地城镇居民相当的收入水平。具体而言家庭农场的认定，应该从5个方面把握。

1. 组织主体

家庭农场的主体是家庭，这是家庭农场的本质特征。在农业生产决策系统中，农民家庭被认为是具有市场独立决策行为能力的最微观主体。但是，受农村劳动力流动的影响，家庭农业生产决策可能变得复杂，非户主决策现象突出。因此，在家庭农场组织认定上，必须是以家庭户主为主，家庭主要成员参与的组织主体。基于家庭农场家庭经营的特征，对家庭成员的身份认定应当成为能否成立家庭农场的判别标准之一。从“家庭农场”的定义可以了解到，家庭农场以家庭成员为主要劳动力，但是对于“家庭”可以有广义和狭义两种理解，广义的家庭有家族的含义，既包含直系亲属也包含旁系亲属。考虑到家族成员可能分支庞大，联系也不似小家庭紧密，在实际操作过程中会大大降低决策上的优势，为此，家庭农场应当由农场主单独或与其直系亲属共同投资运营（即家庭资本投入），其旁系亲属可作为雇佣的主要劳动力参与生产活动，以劳动换取报酬，但不得成为投资者参与剩余价值分配。非家族成员不参与家庭农场的生产和经营活动。

2. 组织方式

家庭农场的组织方式对于家庭农场的健康发展影响很大，直接决定家庭农场能否做强做大，发展成为新型的基本的农业经营主体。家庭农场的组织方式应为企业化组织，归其原因：一是家庭农场需要市场化运作，参与市场资源配置，比如需要在土地流转竞争中获得经营权，需要获取市场融资等。二是体现在管理制度上，我国对于盈利性企业的市场管理，已经形成较为成熟的经验和做法，有利于借鉴对企业的管理模式，对家庭农场的市场行为进行规范化管理。

3. 经营方式

一般而言，家庭农场应该坚持专业化生产的发展路径，专业化有利于家庭农场形成有独具特色的生产经营方式，提高市场的竞争力，促进农业的标准化、品牌化，提高农产品的知名度，并且与农业龙头企业结成农业产业化利益纽带。但是，目前我国家庭农场的经营规模平均只有 200 亩，难以形成规模效益，为此，家庭农场在现阶段，还应该拓展除了农业生产功能之外的其他功能，例如，提供生态观赏、采摘农活体验、休闲旅游等服务，以增加家庭经营收入。

4. 经营规模

世界各国家庭农场的经营规模差距较大，一些土地资源丰富的国家，家庭农场的经营规模随着大型农业机器和农业生产自动化程度的提高，家庭农场经营规模有不断扩大的趋势。2011 年，美国中型家庭农场平均规模为 5 448 亩，大型家庭农场平均规模为 13 347 亩，加拿大的种植业家庭农场土地经营面积平均达到 4 500 亩。一些土地资源并不丰富的国家和地区，家庭农场的规模相对较小，一般只有几百亩，甚至只有几十亩，例如，日本、韩国、中国台湾地区等。

我国各地自然资源禀赋不同，自然条件差距较大，家庭农场的经营规模要求不应该统一，总体而言，家庭农场的规模应该和当地的自然条件、种植制度、生产力水平相适应。

5. 市场参与

家庭农场具有企业化经营的特征，以追求盈利最大化为目标，家庭农场的生产以商品化为主，一般来说商品率应该达到 80%以上，由于家庭农场的生产经营活动，是一种市场行为，应该对消费者负责，通过市场的合理竞争，获得市场认可，因此，家庭农场的注册登记应该予以鼓励支持，政府部门必须不断完善家庭农场的认定标准、登记办法，出台专门的财政、税收、用地、金融、保险等扶持政策。当然，由于我国家庭农场还处于起步阶段，建立市场化管理体制机制，还需要探索和实践，目前不宜搞“一刀切”。

二、家庭农场的登记和注册

近几年，为了促进家庭农场的健康发展，各省市已经根据本地的具体实际，制定了家庭农场登记管理工作意见，具体的操作细则有点大同小异。

1. 确定组织形式

家庭农场究竟是以一种独立于个体户、企业等市场主体形式之外的新型组织形式进行登记，还是作为一种特殊的行业可以以多种组织形式存在，是在拟定登记办法之前首先需要考虑的问题。

鉴于目前未有任何关于登记“家庭农场”的法律法规可供参照执行，将“家庭农场”独立出来成为一种新的组织形式进行登记相对比较困难，而将其看做一种特殊的行业来处理就能有效解决“无法可依”的困境。既然“家庭农场”有其特定的认定标准，为此，只要同时满足“家庭农场”认定标准和其他组织形式条件的，就可以依据其他相应组织形式的法律条款进行登记并允许其在名称中使用“家庭农场”字样。换言之，“家庭农场”可以以多样化的组织形式存在。另外，鉴于个体工商户的登记程序简便、并具有相应的从业人员登记制度，可能是目前最适合“家庭农场”登记的一种组织形式。

2. 登记程序

根据国家有关规定，乡（镇）政府部门负责对辖区内成立专业农场的申报材料进行初审，初审合格后报县（市）农业部门复审。经复审通过的，报县（市）农业行政部门批准，并由县（市）农业部门认定其专业农场资格，做出批复，并推荐到县（市）工商行政管理部门注册登记。

一般而言，以何种组织形式存在的家庭农场应参照该组织形式的登记程序进行登记。需要考虑的特殊情况有：作为个体户和个人独资企业进行名称登记时，行业类别和组织形式是否可以合并统称为“家庭农场”；以个人独资企业形式进行登记时，是否需要对从业的家庭成员进行备案登记；考虑到“家庭农场”从事农业生产经营的特性，可否参照农民专业合作社的场所登记办法，允许其登记在农户家庭宅基地之上。

3. 家庭农场登记需要提交材料

在一般情况下，无论以何种组织形式存在的“家庭农场”，在登记过程中必要提交的材料包括：名称登记预先核准通知书，投资者身份证明，相关申请书及委托代理人证明，经营场所证明，土地承包（流转）合同。其他材料参照各组织形式登记管理规定依法收取。

三、家庭农场创办的前提条件

创办家庭农场必须具备一些基本的前提条件，这些条件是保障家庭农场发展壮大的关键因素。

1. 土地流转和规模化经营

创办家庭农场首先需要一定的土地资源，才能规模化经营，产生规模效益。家庭农场如何从普通农户手中获得土地经营权，主要有两种方式，一是农场主自己和普通农户协商土地流转，获取土地经营权，签订流转合同。这种方式得到的土地经营权，往往土地比较零星分散，难以连片规划，影响农田基本建设和大型农机使用。同时，这种流转方式得到的土地，也隐含农户不断要求提高土地流转费或者收回经营权的风险。二是由村民委员会统一从农户手中获得土地经营权，然后将土地流转给家庭农场，一般签约 10 年以上。这种方式的优点是土地连片经营，土地的流转费用基本统一，便于政府部门的政策支持，有利于家庭农场的稳定。但是这种方式存在计划经济的陋习，家庭农场过度依赖政策支持，创新能力不足，竞争意识不强。另外，一些家庭农场存在再一次将土地流转其他人经营的状况，以赚取流转费的差价，或者只享受政府补贴，实际上不经营土地。

2. 发展资金的来源

家庭农场的建立与发展需要将原来农户分散经营的零星土地集中起来管理，为此，需要进行基本建设，投入一定的财力物力，但是往往遇到融资困难。究其原因，一是农业投资风险大，投资回收期长；二是农业项目投入形不成固定资产，不能抵押融资，多数农场主没有多少可以抵押的固定资产，所以，一般的金融机构不愿意冒风险贷款给家庭农场，即使得到政府部门的利息贴款，也只能获得小额贷款，而少量的贷款无疑是杯水车薪，难以满足农田基本建设或者投资农业新项目的需要，从而影响家庭农场的扩大再生产和科技投入。

3. 成为新型职业农民

家庭农场有别于传统一家一户的小农经济，是市场化运作的经济实体，是特殊的法人组织。家庭农场的经营者应该具备农业技术的基础知识，需要有市场化运作的能力，需要学会企业家的战略思维，因此，现代家庭农场主，不应该是传统意义的普通农民，而是“有文化、懂技术、会经营”的新型职业农民。

最近几年，为了解决“今后谁来种地”，农业部在全国开展培育新型职业农民工程，各省市纷纷出台文件，规定“培训要求、认定标准、扶持政策”，鼓励农村有志青年参加培训获得新型农民职业资格证书。许多地方还规定凡是申报家庭农场和农民专业合作社注册登记者，必须具备新型职业农民资格，凡是享受政府补贴的农业经营主体，必须有新型职业农民资格证书。

培育大批新型职业农民为家庭农场的发展壮大提供了人力资源，促进家庭农场形成先进的经营管理理念，提高生存发展本领。培育家庭农场必须和培育新型职业农民工程结合进行。所有要想成为家庭农场经营者，首先应该接受新型职业农民的系统性培训，获得新型职业农民资格。并且，今后必须不断参加继续教育，随着经营规模的扩大，更新知识结构，提高管理能力。

4. 社会服务体系建设

家庭农场的健康发展离不开完善的农业社会化服务体系。家庭农场势单力薄，迫切希望得到产前、产中、产后的各项指导服务，包括新品种、新技术的提供；包括产品储存、包装、运输等环节的支持，还需要市场化运作、标准化生产、品牌化经营的指导。但是，目前许多地方的社会化服务无法满足家庭农场发展壮大的要求。许多家庭农场无法及时了解市场需求变化，往往凭经验作出主观判断，造成增产不增收；有的家庭农场缺少储存仓库，也没有翻晒的场地，如果遇到连续下雨天，农产品收获后，不能及时保鲜或者晒干，难以避免霉变发芽等损失。所以，鼓励家庭农场发展的前提条件是加强农业社会化、专业化服务体系的建设。

5. 政府的政策支持

为了促进家庭农场的健康发展，各级政府应该加大支持力度，实行新增补贴向家庭农场和农民合作社倾斜政策。鼓励和支持承包土地向家庭农场、农民合作社流转，出台统一的土地流转管理制度，预防和遏制土地流转中暗箱作业，防止土地“二次流转”二道贩子从中渔利。不断完善家庭农场登记制度，明确认定标准、登记办法、扶持政策。政府部门要加强家庭农场的信息管理，开设专业网站，组织网上咨询服务，开展家庭农场的评估督导，鼓励家庭农场创新创优活动，探索开展家庭农场统计和家庭农场经营者培训工作。推动相关部门采取奖励补助等多种办法，扶持家庭农场健康发展。

第三节　家庭农场的项目建设

近年来，中央连续多年出台一号文件，各级政府大力扶持各类新型农业经营主体，家庭农场的数量呈现直线上升趋势。然而许多家庭农场注册登记后，不知道如何经营，经营什么项目成了他们新的困惑。而投资的成败很大程度上取决于投资项目的优劣，选择的项目好不好，直接决定了家庭农场投资的经济效益。投资项目选的好，能够得到政府政策的扶持，产品能够适销对路，赚钱很容易；如果没有选好项目，即使家庭农场主很努力，也难以取得好的经济效益，甚至亏本难以维持。为此，家庭农场对于项目建设必须高度重视，努力争取做好能够获得政府倡导和市场需要的农业发展项目。

所谓“项目”，是指为了实现一定的目的而按计划实施的一系列互相关联的活动。项目有许多形式和种类，大部分项目需要一定的投入，为此需要加强项目实施的过程管理，以取得项目的预期效果。农业项目泛指与农业生产、科研、推广、培训、示范等有关的计划性活动。包括物化技术活动、非物化技术活动、社会调研、服务性活动等，在农业、农村、农民的实践工作中，有着各种类型、内容不同、形式多样、期限不一的项目。包括每年新上的项目、延续实施的项目和需要结题的项目等。

一、农业项目的分类

按照不同的标准和依据，农业项目可以分为各种类型，有些分类只有学术上的意义。为了便于项目的评估，以下分类是必要的。

（一）按项目建设的规模划分

农业项目可分为大型项目、中型项目和小型项目。建设规模大多以设施能力大小为划分依据，如水库的容量、灌溉的而积、养殖场的年饲养量或畜产品的年产量、农场的耕地面积、农村能源项目的发电量等。无法以设施能力为依据的项目则以金额大小为依据，如农业综合开发项目、农产品加工项目和改扩建项目等。以设施能力为依据的规模划分比较稳定，变化不大，而以投资金额为划分依据的，在不同时期随着货币值的变动而变动。大型项目投资大，建设规模也大，在技术上、管理上都比较复杂，要求投入较大的力量进行项目工作，对项目的经济评价也要求较为详细。小型项目则比较简单，要求相对低一些。

（二）按项目的用途划分

按照农业项目的不同用途，可分为农业生产项目、改善农业生产条件的项目、农产品加工项目、非营利性农业公益项目和农业综合开发项目。农业生产项目，指直接用于生产农、林、牧、渔各种农产品的项目。改善农业生产条件的项目，指专门投资建设旨在改善某项生产条件的项目，如灌溉项目、土地开发整治项目、农业机械化项目等，其目的是为了增加农产品产量或提高农业劳动生产率。农业公益项目大都是非营利项目，一般无法获得财务利润，但具有很大的社会效果，如水土保持项目、公共防洪、排涝、水库建设项目。有的虽可以计算和收取费用，但难以覆盖成本，有的则考虑农民负担能力低，只收取成本，不实现盈利，如某些农业科技服务项目。农业综合开发项目往往是各种不同用途项目的综合开发，难以严格划分用途的类型。

（三）按照项目投资的目的划分

按照农业项目投资的目的，一般可以分为生产类项目和农业科技推广类项目。农业生产类项目，主要指农林牧副渔生产经营项目，其目的是扩大农业生产规模、增加农民收入，提高农业生产水平和保障功能。农业科技推广项目，主要是指各级政府、农业科技部门、有关团体、社会组织，为使农业科技成果和先进实用技术尽快应用于农业生产，迅速将农业科技成果转化为现实生产力，促进经济效益、社会效益、生态效益提高的投资活动。

（四）按项目建设性质划分

有新建项目，即从无到有的项目；改扩建项目，包括改建、扩建、续建和更新改造等。此外，还有综合性质的项口，如农业综合开发项目，往往一个项目内既有新建，兼有改扩建项目。

二、项目的选择依据

家庭农场应该根据自身的条件和产业发展的目标定位，善于选择国家政策扶持的农业投资项目。

（一）符合社会发展的需要

社会的发展，经济条件的改善，必然改变人们的消费观念，提高人们的购买能力，同时，随着社会进步对于生态环境保护意识不断增强，要求农业提供更加多样化的服务功能。家庭农场的项目建设，必须研究当前社会发展趋势特点，符合国家农业产业发展的导向，特别是要有利于当前农业供给侧结构性调整，符合农业高效、生态环保、可持续发展的总体方向。

（二）符合市场需求

农业项目的选择一定要以市场需求为导向，认真研究市场需求的变化，在市场细分的基础上，找准市场供应的定位，以占领目标市场为前提，研究农产品市场供求关系的变化规律。确保项目投资的经济回报。

（三）符合科技发展的要求

随着新一轮科技革命成果渗透农业产业的各个领域，农业科技快速发展，农业新技术、新品种层出不穷。农业项目投资一定要立足于先进的科学技术，争取获得技术上竞争优势，尽可能避免重复建设、盲目模仿等做法，要站在技术制高点上谋发展，增强创新发展的原动力。

（四）以适度投资为依据

许多农业项目，投资回收期比较长，例如投资某种水果种植，要达到盛产期，需要几年时间，某些情况下市场供求已经发展变化。所以，家庭农场的投资必须考虑自有资金的投入量，要考虑整个投资周期的资金流量，预防在项目建设中资金链的断裂，将各种可能发生的风险控制在掌控范围内。

三、项目的申报与管理

以下有关项目的管理要求，特指得到政府部门支持，纳入财政资金扶持的农业发展投资项目。

（一）家庭农场项目的申报

1. 申报前的准备工作

一般而言，项目主管部门在发布项目指南后，相关家庭农场要对照指南要求，开始前期准备工作，填写项目申请书，并进行可行性研究和论证评估。提交项目申请书后，有的项目还应按照要求准备竞标答辩。为了提高申报的成功率，申报项目的家庭农场对所申报的项目，应集思广益，广泛听取各方面专家的意见建议，参照有关规定和指南进行充分论证，积极修改项目申报的有关材料，要坚持实事求是的态度，避免弄虚作、假弄巧成拙的事情发生。

2. 明确项目承担单位的条件

承担农业项目的家庭农场必须具备一定的管理能力和技术经济条件。主要有以下几点。

（1）高度重视。承担项目的家庭农场对项目的实施高度重视，有事业心和责任感，有实施项目的积极意愿。

（2）有较完善的管理制度。承担项目的家庭农场必须指定专人承担项目管理，内部管理制度完善，机构设置合理，人员配备适当。

（3）有较强的技术力量和必要的硬件设施设备。承担项目的家庭农场具有较强的技术力量或者可以依靠技术力量较强的组织。技术人员和管理人员具备相关的专业知识和技能，最好有承担类似项目的经验，同时，承担单位必须拥有与项目建设有关的硬件设施设备。

（4）有一定的经济实力。农业项目的实施，除了项目下达组织划拨的专项经费外，项目承担单位往往需要投入规定的配套资金。因此，承担项目的家庭农场必须要有一定的经济实力，才能保障项目的顺利实施。

(5) 有较强的协调能力。有些项目需要几个单位配合才能完成。为此承担项目的单位必须具备综合协调能力，以协调各单位间的互动关系，充分利益各类资源，配合做好项目实施。

3. 项目承担单位（家庭农场）和申请人的职责

项目主持人（负责人）一般应该有责任心强、组织协调能力强、专业素质比较高的人才担任。承办项目的家庭农场和主持人，应该承担如下职责。

(1) 编写《项目可行性研究报告》，并根据专家论证意见修改、补充，形成正式文本。

(2) 搞好项目组织实施、组织项目交流、检查项目执行情况。每年年底前，将项目的年度实施情况报告、有关统计表以及下一年度的计划，报项目主管部门审查和备案。

(3) 汇总项目年度经费的预决算。

(4) 负责做好项目验收的材料准备工作。

(5) 及时传达上级主管部门有关项目管理的精神，反映项目实施过程中的问题，提出合理化的对策建议，报请项目下达机构研究审批。

4. 项目的立项程序

家庭农场的项目申报，一般先由家庭农场根据项目指南要求，选择符合自身实际要求的项目，经过充分研究后，填写申请表，撰写可行性研究报告，然后分别通过网上和书面两条途径向项目主管部门申报。

项目主管部门接到申报材料后，将组织有关专家进行综合评价，有的还要进行实地考察，有的项目初评结果还将在网上进行公示，公示期满，没有出现异议，就可以正式立项，并签订项目合同或者下达项目计划任务书。

(二) 项目的管理

1. 项目管理的概念

项目管理简称（PM），就是项目的管理者，为了实现或者超过项目的预期目标，在有限的资源约束下，运用系统的观点和方法，对项目涉及的全部工作和整个过程进行有效的管理。即从项目的投资决策开始到项目结束的全过程所进行的计划、组织、指挥、协调、控制等活动的总称。

2. 项目管理的内容

(1) 项目申报立项管理。具体内容包括下达项目的编写大纲或申报指南，接受申报，组织专家对项目的可行性进行评价，作出否定或者批准立项的决定，下达项目计划并执行。这些管理业务主要有项目的组织单位承担。

(2) 项目实施管理。具体内容包括签订合同，对实施方案的执行管理、对实施单位各类资源使用的管理、对整个过程的控制协调管理。这个阶段的管理需要上下联动、横行配合，需要保持信息的沟通与共享，以提高项目执行的效率。

（3）项目的验收与鉴定管理。具体内容包括项目资料的整理归档、项目实施的工作总结、项目成果的评价和鉴定验收等管理活动。

3. 农业项目的管理方法

（1）分级管理。由项目发起部门根据各自的要求制定项目计划。这类项目一般按下达的级别进行管理。省、市、县级项目发起部门分别管理跨市、县、乡（镇）的项目。下级承担上级的项目，如果执行中需要修改，必须报上级管理部门批准；项目结束后，有关档案材料正本要提交上级管理部门保管，自己只留副本存档。

（2）分类管理。农业项目按照生产的对象不同，一般分为农、林、牧、副、渔项目，可能隶属于不同管理部门。即使是同为种植业或者养殖业项目，由于项目的专业性很强，项目管理同样必须强化专业分工，以便按照各专业的特点，采取不同的管理办法组织实施。

（3）封闭式管理。每一个农业项目的管理，从目标的制订，下达部署，组织执行，反馈修改，直到项目验收，必须形成一个封闭的反馈回路，称为封闭式管理。整个项目执行过程中如果某个一环节出现问题，或者违背规定的管理规定，都会影响预期目标的实现。

（4）合同管理。项目计划下达后，项目涉及部门必须逐级签订合同，将项目实施目标、项目技术指标、完成时间节点、项目实施的资源配置、考核验收办法、奖惩措施等内容列入合同内容。以便明确合同签订各方的权利义务关系。

第四节　家庭农场的经营管理

在我国，家庭农场的发展还处在起步阶段，家庭农场的经营管理涉及众多内容，限于篇幅，本书主要阐述当前家庭农场发展中需要关注的三大问题。

一、家庭农场的制度管理

家庭农场作为农业生产组织者、食物提供者，是农业新型经营主体的主力军，在现代农业产业化发展的过程中具有基础性的地位和作用，为此，加强家庭农场的规范化建设成为促进农业产业化发展的当务之急。家庭农场规范化建设涉及许多管理内容，其中，加强制度建设是首要工作。

俗话说“没有规矩，不成方圆”，规矩是人类社会共同劳动生活的前提与基础。家庭农场作为一个经营实体，虽然劳动者以家庭成员为主，但是家有家规，国有国法，任何一个生产经营组织都需要建立规章制度，家庭农场也概不能外。管理制度一般是针对曾经发生或者容易方式的问题而制定的，这是控制和避免重复发生错误的需要，也是规范各类行为的需要。家庭农场制定规章制度后，农场主要带头严格执行，才能发挥制度管理的合理性和科学性。

家庭农场的管理制度涉及许多内容，主要包括如下基本制度。

（一）家庭农场章程

家庭农场章程是管理制度的总纲，相当于基本法。主要内容：一是家庭农场组建的规定性，如家庭农场名称、注册地址、主要负责人、经营范围；二是家庭农场出资人的投资、出资方式等；三是规定家庭农场采用的财务会计核算和劳动工资制度的依据；四是家庭农场的解散和清算，包括解散的条件、解散的程序、财产的处置、债务清偿等。

（二）家庭农场岗位责任制度

岗位责任制度主要规定家庭农场各个工作岗位的职责、任务，明确农场成员相互间的分工协作。岗位责任制度应该包括农场主、生产主管、销售主管、人事主管、财务主管等岗位的责任制度。

（三）标准化生产管理制度

家庭农场应结合自身行业特点，科学制定生产操作规范，制定完善各项生产管理制度，严格农业投入品管理使用；严格种子、种畜管理使用；严格按照国家《农药合理使用准则》和《农药安全使用标准》执行，严格执行禁（限）用农药以及安全间隔期的规定；严禁使用各类禁用药品。家庭农场还应按照产地环境保护、产品质量安全管理要求，加强农产品标准化生产管理，制定标准化生产操作规程，建立健全生产记录档案。

（四）财务管理制度

家庭农场应根据国家规定的会计核算办法，结合自身实际建立健全财务会计制度，准确核算本农场生产经营收支，与家庭其他收支分开。家庭农场应配备必要的专职或兼职财务人员，办理财务会计工作。有条件的可以聘请有资质的会计机构或会计人员代理记账，实行会计电算化。

（五）品牌和示范创建制度

家庭农场应加强品牌创建工作，制定有关品牌创建与管理的制度，积极争取无公害农产品、绿色食品、有机食品和国家地理标志认证，积极申报注册产品商标，积极参与产品展示、推介、交流活动。

（六）雇用工管理制度

家庭农场以家庭成员为主要劳动力，要减少或控制雇用工数量。家庭农场若长期雇用农工，应签订规范的劳务合同，保障劳动安全，按时足额兑现劳务报酬。并按国家规定参加社会保险，为员工缴纳社会保险费。

（七）其他制度

包括会议制度、培训制度、考勤制度、奖惩制度、档案制度等。

二、家庭农场风险防范

风险防范是有目的、有意识地通过计划、组织、控制和监察等活动来阻止风险损失的发生，削弱损失发生的影响程度，以获取最大利益。由于农业产业既受到经济规律的影响，也受到自然规律的制约，所以从事农业生产面临各方面的风险。随着家庭农场经营规模的扩大，风险也会随着增加，为此，家庭农场必须有一个良好的风险控制体系，重点做好以下五种风险的防控。

（一）自然风险

作为第一产业的农业，有别于二产、三产的最大风险是自然风险。农业是借助于自然资源、自然条件进行物质生产的部门，因此，除了高科技的设施农业之外，一般大田农作物基本上无法规避自然风险的影响，只能通过避灾、抗灾、救灾，减少经济损失，例如，遇到台风、龙卷风、冰雹、洪水、干旱等，可以造成农作物的大面积减产，甚至颗粒无收。对于自然风险的防范，家庭农场必须要有充分的思想准备，在风险降临时，尽可能采取积极的补救措施，争取减少自然灾害的损失。同时要积极争取国家政策性农业保险，必要时，还应该参加农业商业保险，通过保险减少经济损失，化解风险。

（二）病虫害和畜禽疫病风险

农作物病虫害的爆发情况每年不一样，许多原来危害较大的病虫害减少了，一些过去影响不大的病虫害突然大爆发，让人措手不及，导致严重影响作物产量。而畜禽的传染病就更加恐怖，有许多病原菌可以同时感染人与动物，称为人畜共患病。所以，一旦畜禽养殖场发生了人畜共患病，那就只能全部强制扑杀。在动植物疫病风险的防控上，主要是严格的技术管理和坚持不懈的防控措施，避免麻痹大意，付出惨痛的代价。

（三）市场风险

一般而言，农业的市场风险要高于工业和商业的市场风险，这是因为农业的季节性和农产品的集中上市决定的。另外，农产品还有保鲜的要求，大部分鲜活的农产品保质期很短，所以，在农产品收获后，必须尽快出售，否则，就会导致农产品的品质下降，影响销售价格，造成增产不增收。如何应对市场风险，一是要依靠科技支撑，在品种选择和栽培措施方面，能够避开农产品的集中上市时段，以错位竞争避免价格恶性竞争；二是要重视市场的需求的调研，正确判断供求关系，调整产品结构，尽可能避免“丰收陷阱”；三是大力发展订单农业，通过农超对接等措施，保障销售渠道的稳定顺畅。

（四）制度风险

制度风险具有不确定性，当风险发生时，一般的家庭农场也难以采取应对措施。制度风险最常见的是政策的变化，例如，过去许多畜禽养殖场都建在城郊结合部，随着城市的扩张和生态环境意识的增强，现在许多大城市郊区出台了畜禽退养计划，许多畜禽养殖场不得不关闭。再例如，过去家庭农场等农业经营主体，一般都允许建造一定面积的仓库、农机房、翻晒场地，但是最近几年，随着农村三违整治力度的加大，基本上不允许在农田中建设临时建筑，许多新建的家庭农场为此焦虑不安，四处求人也无计可施。

（五）社会风险

所谓社会风险，是指因个人或单位的行为，包括过失行为、不当行为及故意行为对社会生产及人们生活造成损失的风险。家庭农场面临的社会风险基本上是社会诚信的风险，大多数是由于农民的法律意识、诚信意识不足引起的。例如家庭农场需要农民在自愿的基础上流转土地，在获得流转土地经营权后进行农田基本建设，为此，希望能够长期经营，但在实际中，农民可能提出种种理由，违约强行收回土地，引发矛盾冲突，影响家庭农场的规模化经营。更有甚者，一些农民看到家庭农场获得较大的经济收益时，暗中破坏或者偷窃，由于人多势众，家庭农场应对这类事情，显然力不从心。为了预防这类风险，家庭农场要加强公共关系处理，密切与流转土地农民的联系，防止发生矛盾冲突，在经济收入增加的情况下，还应增加土地流转的费用，以实现各方面共赢，在矛盾冲突发生时，要及时与政府部门沟通汇报，尽可能得到政府有关部门的保护和支持。

三、家庭农场融资管理

随着家庭农场经营规模的不断扩大，在再生产过程的多个环节将会产生大量的信贷需求。但是，由于农业的投资回收期长，有效抵押资产不足，抗风险能力较弱，家庭农场融资面临诸多困难。融资难、融资成本高、融资风险大是目前家庭农场融资现状的客观事实。但同时，作为新兴农业经营主体的主力军，家庭农场面临着前所未有的良好政策支持环境和发展机遇。2013 年的中央一号文件中特别提出，要创新金融产品和服务，加大对新型经营主体的金融支持力度。

(一) 家庭农场融资特征

作为我国新型农业经营主体，家庭农场与一般的农户相比，在融资方面有四点特征。

1. 融资额度扩大化

与普通家庭经营的农户相比，家庭农场实现规模化经营，在融资方面表现为额度扩大化以及融资期限多元化等方面。家庭农场一般由于集约化经营，需要流转一定规模的土地，因此具有较大的经营规模，需要较为先进的物质装备，承担较多的土地流转费、农机购置费等投入，金融需求的总量由过去的小额分散逐渐向集中大额度金融需求转变。

2. 金融服务多样化

作为新型农业经营主体类型的家庭农场，其经营规模、产业链长度、营销渠道与传统家庭农户具有较大的差异，因而融资需求呈现多样化的特征，引入资本、发行债券、管理咨询、现金管理等非信贷类银行服务需求明显增多。

3. 农业保险意识增强化

家庭农场相比于传统农户，投资规模更大，投资周期更长，因此，相比于传统农户，经营过程中对于农业保险、期货套期保值等抗风险型的金融需求意识强烈，对健全的农村金融风险转移和补偿机制的需求更为迫切。

4. 融资需求延伸化

随着现代农业产业化的发展，农村一二三产业的融合发展，家庭农场作为农业产业化的基础力量，信贷需求从传统的生产环节逐渐向全产业链延伸，逐渐涉及农产品加工、流通、销售等多个环节，对传统的金融服务提出了更高的要求。在客观上加大了对家庭农场相适应的全方位、综合性的金融服务的需求。

(二) 家庭农场融资方式

目前，家庭农场主一般通过 3 种方式进行融资。

1. 争取政府财政资金

近年来，我国各级政府大力鼓励扶持家庭农场发展，国家农业部每年投入数亿元资金扶持家庭农场发展，许多地方政府也投入较大的财力支持家庭农场的项目建设。作为家庭农场主，一定要围绕地区农业发展的规划布局，以农业供给侧结构性改革为契机，以项目建设的方式积极争取国家财政资金的补贴支持。

2. 金融机构贷款

由于银行业等金融机构实施较为严格的贷款抵押担保制度，家庭农场在生产过程中使用的固定资产，如办公用房、设施用房、农业机械、温室大棚等，都不符合金融机构作为抵押物的条件。现行的制度又不允许承包地、宅基地作为抵押品，为此目前，家庭农场向金融机构贷款，存在许多的困难。为了解决家庭农场贷款难的问题，家庭农场主应该开动脑筋，创新融资思维，以农业产业化发展为背景，解决贷款抵押担保问题，比如，与产业化龙头企业合作，有产业化龙头企业进行担保；或者联合其他农场主，实行联合担保贷款；或者争取政府支持，由政府部门出资的基金公司担保。同时，家庭农场要加强内控建设，提升管理水平。建立适合家庭农场自身发展的规章制度，提高对政策导向、市场信息等方面的关注度，增强自身抵御市场风险的能力，以提高自身经营情况的透明度和金融机构的认可度。

3. 民间融资

当前，我国金融创新不断涌现，民间融资暗流涌动，所谓民间融资是指出资人与受资人之间，在国家法定金融机构之外，以取得高额利息与取得资金使用权并支付约定利息为目的而采用民间借贷、民间票据融资、民间有价证券融资和社会集资等形式暂时改变资金所有权的金融行为。民间融资方法简便，形式多样，为中小投资者的融资提高了快捷通道，但是具有利息高、风险大的特点，容易引发非法集资、高利贷等社会不稳定问题。因此，民间融资问题一直存在正反两方面的评价。但是它的存在必然有其合理性，最近几年一些地方正在加强民间融资的监管力度。早在 2014 年温州市出台了全国首部地方性专门规范民间金融法规《温州市民间融资管理条例》及《温州市民间融资管理条例实施细则》。近两年，全国很多地方都相继出台了有关规范民间金融发展的指导意见。使得民间融资从“地下”走到“地上”，具备了合法性。家庭农场如果通过正规的银行机构融资比较困难，那么通过民间融资也不失为一种备选方案，但是一定要注意防止发生财务风险，尽可能规避高利贷还贷压力，同时，有关的手续一定要合理合法。

第九章　农民专业合作社管理

合作社是劳动群众自愿联合起来进行合作生产、合作经营所建立的一种合作组织形式。农民专业合作社是以农村家庭承包经营为基础，通过提供农产品的销售、加工、运输、贮藏以及与农业生产经营有关的技术、信息等服务来实现成员互助目的的组织，从成立开始就具有经济互助性。拥有一定组织架构，成员享有一定权利，同时，负有一定责任。

农民专业合作社作为我国农村一种新型农业经营主体，其建立与发展有利于进一步丰富和完善农村经营体制，推进农业产业化经营，提高农民进入市场和农业的组织化程度；有利于进一步挖掘农业内部增收潜力，推动农业结构调整，增强农产品市场竞争力，促进农民增收；有利于进一步提升农民素质，培养新型农民，推进基层民主建设，构建农村和谐社会，建设社会主义新农村。

这几年农民专业合作社发展的实践证明，农民专业合作社在提高农民市场主体地位，保护农民利益方面发挥了重要作用。加强农民专业合作社的建设是推进农业产业化，促进农民增收和新农村建设的重要手段。农民专业合作社是我国农村经营体系的组织和制度创新，是实现农村经济增长方式转变的有效形式，具有旺盛的生命力和广阔的发展前景。

第一节　农民专业合作社的性质与分类

一、农民专业合作社的属性

农民专业合作社具有一般合作社自治性、自愿性、服务性等共同特征，同时，作为我国新型的农业经营主体之一，既具有经济组织的属性，又有不同于一般经济组织的属性。

（一）农民专业合作社是一种经济组织

我国农村曾经出现多种形式的合作社，如农村金融领域的合作社、商品销售领域的合作社、农村服务方面的行业协会等，这些组织不直接组织农业生产经营活动，因此，不属于农民专业合作社。农民专业合作社首先是一个独立的经济组织，是市场经济的主体，具有法人资格。

（二）农民专业合作社的服务性

农民专业合作社的宗旨是为家庭经营承包者提供一个合作平台，通过多样化和多形式开展农民所需的各种服务活动，解决农民生产经营中一家一户做不了、做不好或做起来不合算的事。农民专业合作社为内部成员提供服务不以盈利为目标。

（三）农民专业合作社的自愿性

农民合作社有农民自愿发起成立，坚持加入自愿，退出自由，任何单位和组织不能违背农民的意愿，强行建立合作社。农民专业合作社实行民主管理、民主监督，表决实行一人一票，合作社成员具有平等的地位以相互间合作为纽带，盈利主要以交易量比例或者以出资股份进行返还。

（四）农民专业合作社的专业性

农民专业合作社一般由生产同类农产品或者从事某种农业专项服务的农民组成。并在内部实行生产合作或者销售联合，以形成规模化产生、品牌化经营的优势；同时，在外部统一采购生产资料，以降低采购成本，强化质量监管。例如，葡萄种植专业合作社、草莓种植合作社、西瓜种植合作社、农机专业合作社等。

二、农民专业合作社的分类

（一）按照合作社的发起者分类

1. 乡村能人发起型

这种类型的农村专业合作组织一般由多年从事农业生产、运销、技术推广和村镇管理的乡村专业大户、经纪人、技术员和村干部等能人牵头，联合从事相同生产经营项目的农民自发创立。这些乡村精英多数技术上有专长，善经营、会管理，有丰富的种养经验或营销经验，并有一定的社会资源和社会影响。具体有家庭农场（专业大户）引领型、技术能手领办型 、运销大户或经纪人领办型、乡村干部带动型等。

2. 农业龙头企业带动型

一般采取“企业+专业合作社+农户”的生产经营模式，由农户负责农业生产，专业合作社侧重联系和服务，公司侧重产品营销和加工。农民专业合作社与龙头企业之间，通过合同关系或股份合作关系保持稳定的业务联系和利益联结。

在农业产业化经营过程中，由于农业加工流通企业具有拉动效应，常被称为“产加销”“农工贸”一体化经营的农业“龙头”企业。高度发达的现代加工流通企业，特别是具有规模化生产和销售市场的食品加工企业，亟须要建立质量稳定的原材料批量供应基地和组织，这就为龙头企业主动引导农户创建专业合作社提供了动力。

3. 家庭农场创办性

最近几年，为了解决“今后谁来种地”问题，在各级政府的大力扶持下，全国各地家庭农场如雨后春笋般的发展壮大，家庭农场与一般的兼业农户更加重视防范风险和实现利润最大化目标，家庭农场内生的合作需求明显强于小农户，家庭农场之间或者家庭农场与其他利益主体的相互联结、互助合作显得尤为紧迫和重要。为此，“家庭农场+合作社”的农业产业化经营模式应运而生，这种合作社有生产类型相似的家庭农场共同创办，在自愿基础上组成利益共同体，通过市场信息资源共享，农技农机统一安排使用，在农产品的产、加、销各个阶段为社员提供包括资金、技术、生产资料、销售渠道等在内的社会化服务，在很大程度上促进了农业产业化经营。

4. 农村集体经济依托或改制型

这类合作社由乡村集体经济改制形成。依托村或乡镇、社区组织优势，以社区组织的人力、物力为后盾，吸收本村及周围农村从事同一专业生产的农民建立合作社，发展专业化生产，实行社会化服务和企业化管理，具有一定的区域性。多是村集体经济延伸兴办服务组织，各村经联社干部指导农民生产，组织集中销售，促进农民增收。

5. 政府部门引导型

政府部门引导型的农村专业合作社通常是指政府相关部门为了贯彻农业发展战略，利用政府行为号召农民联合起来，并具体指导和帮助农民组建形成具有合作性质的农村经济组织的一种模式。

这类的专业合作组织的组织体系都是在政府主导推动下形成的，或多或少地带有官办的色彩。这类合作社在日本、印度、泰国和韩国等亚洲国家也有典型的例子。

(二) 以合作社的不同功能分类

由于生产力发展水平的差异和管理体制的不同，世界各国农业合作社呈现多样性，可以从不同的角度分类，依据合作社发挥的功能不同，合作社可以分为生产类合作社和服务类合作社。

1. 生产类合作社

生产类合作社是指从事种植、养殖、采集、捕捞、放牧、初级加工等生产活动的各类合作社。如养蜂合作社、水蜜桃合作社、秸秆利用合作社等。

2. 服务类合作社

服务类合作社种类很多，主要有以下几种。

（1）消费合作社。消费合作社是指由消费者共同出资组成，主要通过经营生活消费品为社员自身服务的合作组织。

（2）供销合作社。供销合作社是指购进各种生产资料出售给社员，同时，销售社员的产品，以满足其生产上各种需要的合作社，是当前世界上较为流行的一种合作组织。供销合作社经营方式有2种，一是专供业务；二是兼营农产品运销或者日用工业品销售等业务。

（3）营销合作社。运销合作社是指从事社员生产的商品联合推销业务的合作社，有时候兼营产品的分级、包装、加工等业务。

运销合作社的业务主要集中在农产品运销方面，源于大机器工业生产条件下，工业品主要通过各种大型的商业机构销售，农业生产和农产品基于其自然特点，供应不能十分均衡，价格变化较大。通过组织合作社专业销售，可以尽量避免经济上的风险。

目前，世界各国的运销合作社主要采取3种不同的运销制度：一是收购运销制，即合作社收购农产品后再行销售，销售盈利与社员无关；二是委托运销制，即合作社代理销售，销售款在扣除一定费用后全部交给社员，盈亏由社员承担；三是合作社运销制，即合作社将社员所交的同级产品混合销售，社员取得平均收入。

（4）保险合作社。保险合作社是以农民自我保障为主的互助组织。它既非公司，也非个人合伙，是否具有法人资格由各国的法律来规定。合作社由社员或社员代表大会选出合作社委员会作为决策机构，在其指导下，聘任理事来经营保险业务。每一合作社成员应交的保险费是其同意分摊的预期损失加上经营费用的总和。盈余可以分到每一个成员的账户中，亏损则由成员就其分摊部分补交，直至达到合同规定的最大限额。它的原理是互助共济，大家一起为自己提供经济保障，不以盈利为目的。显著的优点是可以有效降低风险成本，通过这种利益合作，实现相互监督，减少或避免道德危险的发生。这种保险组织，由社员交纳保险费社员自己经营与管理，共同负担灾害损失，维护社员的自身利益。

（5）互用合作社。互用合作社是由合作社社员共同出资置办各种与生产有关的公共农业设备或者生产资料，以供社员共同使用的一种合作社。目前，世界各国比较普遍的互用合作社有：农机合作社、种畜合作社、水利合作社、仓储合作社、农产品加工合作社等。

三、农民专业合作社的功能

作为农民合作的平台，作为农民利益的代表，作为农业产业化的核心载体，为迎接全球经济一体化，我国的农民专业合作社，必须履行如下六大职能。

（一）服务的职能

为社员农户提供产前、产中、产后有效服务是农民专业合作社的基本职能。合作社需要盈利，但盈利不是合作社的最终目的，合作社首先是社员的自助和互助组织，它的主要目的应是为社员服务。作为农民专业合作社，就必须要为农民社员服务，使农民社员能够以低廉的价格购置所需要的生产资料和生活资料，以较高的价格销售出自己的产品，给社员提供技术和信息，给社员提供机会和渠道。并学习发达国家合作社的经验，力争服务的范围越来越广泛，服务的水平越来越上档次。

（二）桥梁的职能

在农业产业化经营过程中，农业龙头企业与农户之间需要一个中介组织，使龙头企业与农户对接，使生产与市场对接，农民专业合作社真是扮演这种不可或缺的角色。作为农民自己的组织，专业合作社是农业产业化产业链衔接的纽带，通过这种纽带关系，农民能够得到农业产业化龙头企业更好的支持，而农民专业合作社也让龙头企业有稳定的货源，为双方之间架起一座双赢的金桥。同时，农民专业合作社作为农户利益的代表，必须成为政府和农民的桥梁。发挥上情下达，下情上达作用，协助政府贯彻和落实农业与农村政策，把农民的意愿反馈给政府，为政府施政提供参考依据。

（三）保护的职能

各地农业经济发展的实践证明，分散经营的农户无法抵御自然风险与市场风险，作为弱势群体的代表，专业合作社必须成为农民利益的代表，不仅仅是作为一个经济组织，还能够发挥同行业协调作用，为减轻农民的负担，保护农民的权益不受侵害而努力。同时，专业合作社作为农村利益的代表，发挥农民联合体的作用，保护农村的环境，保护农村的资源，实现农业的可持续的发展。

（四）教育培训的职能

目前，我国农民的整体文化程度较低，难以适应农业专业化、设施化生产和标准化、品牌化经营的要求，专业合作社作为农民的联合体，可以有效发动专业农户，组织生产技术学习交流，利用各类农业科技教育资源，加强农民科学技术的普及培训。促进农业科技成果的转化、技术的普及和生产经营与管理水准的提高。现代化的农业需要现代化的农民，需要现代化的农民的合作社组织。提高农民的文化与科技素质，理应成为农民专业合作社的重要职能。

（五）示范的职能

农民专业合作社作为专业农户合作经营的平台，同时，也为专业合作社中的成员单位，提供了一个相互学习、相互取长补短的渠道，农民专业合作社可以让一些具有一技之长的专业农户，建立“田间教室”，发挥先进技术的示范带动作用。不断培育农民专业合作社内部的创新动力。同时，农业生产涉及农产品的安全、农业的生态保护，为此职业农民需要培养职业道德、社会公德，农民专业合作社可以利用各种交流的机会，通过典型示范，以榜样的力量，传播诚实守信和遵纪守法正能量。通过典型事例的宣传示范，培养新型职业农民的敬业精神、创业精神、合作精神，树立看齐意识、团队意识、奉献意识、大局意识。为建设美丽乡村提供的持久精神支撑和文化力量。

（六）发展的职能

我国的合作社虽有了几十年的历史，但作为我国农业产业化发展的新型农业经营主体之一，还处在刚刚起步阶段。目前，全国农民专业合作社数量众多，但是真正组织完善、管理有序、经营有方的农民专业合作社比例很低。为此，既要总结过去的经验教训，又要学习借鉴发达国家合作社的成功的经验，更要结合中国的实际情况进行探索与突破。农民专业合作社具有强大的生命力，能够适应不同的经济制度，只要有市场，就会有合作社。合作制不同于集体制，也不同于股份合作制。更不同于股份制，从欧美日等国的合作社的经验看，它的内容非常广泛，合作社的形式也是多种多样。经营的范围上也从小农业延伸到流通业，进而拓宽到大农业以至于蔓延到农工商产加销一体化大循环。合作社可以创办公司和工厂，这些公司或工厂可以根据需要采用合作制，股份制等各种制度。总之，只要坚持发展，中国农民专业合作社的路会越走越宽。

第二节　农民专业合作社的建立

一、确定农民专业合作社发展目标与经营范围

为了避免盲目建立农民专业合作社，导致目前许多合作社经营不善、名存

实亡的倾向，在农民专业合作社正式成立之前，首先要明确成立合作社的目标和生产经营的业务。

（一）确定可行的目标

一般而言，农民专业合作社的发展目标包括经济目标和社会目标。经济目标是为合作社成员提供各种技术、信息、市场销售、生产资料购买以及其他服务，促进同业生产者的沟通协调、抱团取暖，以利于提供市场地位，形成品牌效应。具体某个合作社以什么样的经济目标为主，要结合发起者的动机以及本区域的各种条件而定。合作社的社会目标，是在经济目标的基础上，追求合作社的社会理念与价值，促进社会进步与共同富裕，这是农民专业合作社应该具有的社会责任与品格特征。农民群众通过农民专业合作社切实可行的发展目标，真正体会到成立合作社所创造的好处，才会吸引更多的人加入合作社，爱护合作社。只有明确农民专业合作社的目标，才能有明确的努力方向，才能汇聚积极因素、互帮互助、同心同德，谋划未来。

（二）确定生产经营业务

农民专业合作社要在明确发展目标的基础上，进一步明确生产经营的业务范围，经营业务的范围要明确写入合作社章程，而且要有工商行政部门登记予以确认。

合作社的生产经营业务一般要根据会员的生产发展需要，结合本地的社会经济发展的现状来确定。尽管农民专业合作社可以从事的经营业务较广泛，但是对于某一个具体合作社而言，应该考虑经营范围的相对专业化，因为，农民专业合作社是同类生产经营者的俱乐部，其具体的经营范围应该具有很强的专业性。例如，一个养鱼的专业合作社，一般不可能包含养牛场的经营服务业务。

农民专业合作社需要按照合作社章程的规定，对服务对象和服务内容具体化，正确定位目前合作社的业务范围和今后计划发展的业务范围。农民专业合作社能否健康发展，关键是所确定的生产经营业务是否符合会员的实际需要，是否得到广泛的认同，真正发挥出服务纽带桥梁作用。

二、农民专业合作社的设立程序及事项

为了确认农民专业合作社的法人资格，规范农民专业合作社登记行为，农民专业合作社需要注册登记，接受工商行政部门的管理。2007 年国务院颁布了《农民专业合作社登记管理条例》（以下简称《条例》）。对于农民专业合作社的注册登记有如下具体规定。

1. 农民专业合作社登记事项的规定

《条例》第五条明确规定，包括如下文件。

（1）名称；

（2）住所；

（3）成员出资总额；

（4）业务范围；

（5）法定代表人姓名。

其中，成员出资额主要指合作社成员可以用货币出资，也可以用实物、知识产权等能够用货币估价并可以依法转让的非货币财产作价出资的多少。成员以非货币财产出资的（如以畜禽、场地、圈舍作价出资等），由全体成员评估作价。成员不得以劳务、信用、自然人姓名、商誉、特许经营权或者设定担保的财产等作价出资。

合作社全体社员出资多少，在注册登记时不作硬性要求，同时，也不需对出资额、物产等进行验资。也就是说，不论合作社有多少资金，只要全体社员认可，均可注册登记。

2. 农民专业合作社登记必须提供的文件

《条例》第十一条明确规定，申请农民专业合作社，应当由全体设立人指定的代表或者委托的代理人向登记机关提交下列文件。

（1）设立登记申请书；

（2）全体设立人签名、盖章的设立大会纪要；

（3）全体设立人签名、盖章的章程；

（4）法定代表人、理事的任职文件和身份证明；

（5）载明成员的姓名或者名称、出资方式、出资额以及成员出资总额，并经全体出资成员签名、盖章予以确认的出资清单；

（6）载明成员的姓名或者名称、公民身份号码或者登记证书号码和住所的成员名册以及成员身份证明；

（7）能够证明农民专业合作社对其住所享有使用权的住所使用证明；

（8）全体设立人指定代表或者委托代理人的证明。

农民专业合作社的业务范围有属于法律、行政法规或者国务院规定在登记前须经批准的项目的，应当提交有关批准文件。

3. 农民专业合作社组织成员的规定

《条例》第十四条规定：农民专业合作社应当有 5 名以上的成员，其中农民至少应当占成员总数的 80%。成员总数 20 人以下的，可以有 1 个企业、事业单位或者社会团体成员；成员总数超过20人的，企业、事业单位和社会团体成员不得超过成员总数的5%。

本条是对社员人员最低限和社员构成情况的规定。也就是说，要成立合作社，必须要有5名以上的社员，如不足5名社员，则工商部门不预登记注册。

《条例》第十五条规定：农民专业合作社的成员为农民的，成员身份证明为农业人口户口簿；无农业人口户口簿的，成员身份证明为居民身份证和土地承包经营权证或者村民委员会（居民委员会）出具的身份证明。农民专业合作社成员不属于农民的，成员身份证明为居民身份证。成员为企业、事业单位或者社会团体的，成员身份证明为企业法人营业执照或者其他登记证书。

三、农民专业合作社的变更登记和注销登记

变更登记是农民专业合作社的重要法定登记事项发生变更时进行的依法登记。《条例》统一规定了需要进行变更的法定事项，主要有：一是经过成员大会法定人数表决通过，对合作社章程进行了修改的；二是成员及成员出资情况发生变动的；三是法定代表人、理事发生变动的；四是农民专业合作社的住所地发生变更的；五是发生法律法规规定的其他需要办理变更的。变更登记基本参照按第一次登记的法律程序进行，经过申请、受理、审核、发证、公告等环节，依次按照规定顺序完成。

注销登记就是申请取消原来登记过的农民专业合作社名称及其相关法律文件的登记。注销登记一般发生在农民专业合作社解散时，注销登记也要按照法定程序进行。

第三节 农民专业合作社的管理机制和经营机制创新

一、合作社组织管理机制建设

（一）建立健全积累机制

现行法律没有对农民专业合作社成员出资额规定下限，加上合作社的出资方式多样，且不需要验资，容易产生合作社成员出资额少且实际到位率低的问题。同时，重利润共享、轻风险共担的利益观念，又可能影响合作社法人财产权的壮大，不利于增强扩大再生产能力和提高对外交往的信用水平。为此，合作社要充分运用章程，对成员出资额做出明确规定，尽量提高成员出资水平，保证出资额到位。正确处理分配和积累的关系，建立健全合作社分配积累机

制。特别是要完善公积公益金、风险基金提取和利润留成制度，建立健全合作社法人财产的科学增长机制，切实提高扩大再生产能力。加强合作社资产清查管理，建立健全资产登记簿制度，加大资产管护力度，防止因管理不严导致资产损耗损毁、流失或被侵占。加强合作社经营管理人才的引进和积累，充分运用政府对青年人才从事现代农业的补助政策，引进各类人才到合作社工作，着力提升合作社经营管理水平。

（二）建立健全决策机制

法律规定合作社的权力机构是全体成员大会，成员150人以上的方可设立成员代表大会。但是全体成员大会的决策成本较高、效率低，难以有效抓住发展机遇。为此，为了提高合作社决策效率，需要健全以章程为依据、以理事会为中心的“代议制”决策机制。即通过合作社章程，依法明确理事会、经理层、成员代表大会、成员大会分级决策的内容事项、相关程序和方式方法。在决策程序上，对紧急而重大的决策可由理事会提请、成员入户审议（代表）签字（可以签同意、不同意或弃权）的方式进行；在决策方式上，可以采取公告无异议的方式，降低讨论和集中开会的成本。要大力加强章程的宣传，使章程规定的决策制度成为全体成员遵循的规则，成为理事会代表大多数成员意志行使权力的依据，在合作社内部形成相对集中又体现民主的决策机制，使理事会成为合作社的经营中心和利润中心。

（三）建立健全组织结构

法律对合作社组织结构建设缺少具体规定，实践中不少合作社实行理事会直管制，不利于扩大规模及提高管理效率。为此，要根据合作社业务发展和规模扩大实际，推进合作社组织管理结构再造，改变理事会“眉毛胡子”一把抓，忙于琐事、疏于管理的状况，因社而异采取直线制、直线职能或事业部制的组织结构设计。直线制，就是将众多成员进行分层管理，根据地域等划分，设立分社或小组，形成合作社—分社—小组的管理结构，理事会将任务分配到分社，由分社组织开展生产和服务，分社再将相关任务分配到小组，由小组成员实施生产服务。直线职能制，就是在直线制基础上，根据合作社的不同任务和服务内容，在理事会下设办公室、财务部、营销部、技术服务部、物资采购部等职能部门，将理事会部分职能授权于这些部门，分社和职能部门统一对理事会负责，职能部门可以对分社进行业务指导。事业部制，适合地域广、生产相对独立、产业链相对较长的合作社，实行分级管理、分级核算、自负盈亏，合作社总部保留人事决策、预算控制和监督权，并通过利润、产品调配等对事业部进行控制。

（四）建立健全激励机制

合作社内部的管理者和生产者是“同呼吸共命运”的利益共同体，为了更好地发挥合作社利益相关者的主动性、积极性和创造性，合作社需要建立健全内部激励机制。

对管理者，首先应鼓励倡导其依法成为大股东，或者在总生产服务中占有较高比例，使生产服务性收入成为管理者的主要收入，确保其为合作社出大力；其次是实行薪酬制，根据管理者工作量（或误工量）大小和生产经营目标任务完成情况，采取固定补贴、基本工资加奖金、实误实记等方式给付薪酬；另外，还可以实行承包制或经济责任制，防止管理者干好干坏一个样、吃大锅饭。如一个葡萄专业合作社根据成员生产成本加适当利润，确定一个“出社价”，市场销售超出“出社价”部分按一定比例归营销者所有，提高了营销管理人员的积极性。

对生产者，合作社要多为成员服务，包括生产和非直接生产服务，平时多走访、多调研成员，对困难成员多提供帮助，适当组织相关集体活动，提高成员的关注度和自豪感；经常性开展先进评比活动，对应用先进技术好、节本增效好、生产水平高的及时给予表彰奖励；在成员中实行成本核算制，尤其是实行免费提供种子种苗和相关农资的合作社，鼓励成员加强生产管理、节约农资、提高生产效率。

（五）建立健全约束机制

农民专业合作社作为一个经济合作组织，需要加强对合作社成员生产活动和管理者经营行为的约束。对管理者，要全面建立岗位责任制，将章程规定的理事长、理事会成员、具体管理者的职权和责任进一步细化，防止管理者不作为；还应强化理事会向成员（代表）大会定期报告制度，接受成员的审议和监督，防止管理者乱作为；要进一步健全合作社财务清理和审计制度，提高财务运行规范化水平，防止管理者不作为或乱作为导致合作社资产流失。对合作社成员，应该坚持权利与义务相对应的原则，健全完善入社和退社机制，明确入社、退社条件和程序，强化成员遵章守纪管理，对于违反生产管理规定的成员，及时给予批评教育、通报和警告并承担相应责任，对屡教不改或给合作社的声誉或生产经营造成重大损失的成员，劝其退社或开除成员资格，从而维护合作社的正常生产经营秩序和声誉。

二、农民专业合作社经营机制创新

(一) 创新规模化经营机制

1. 创新成员发展机制，提升生产者成员规模

成员的联合是合作社的天然属性，农民成员越多，合作社的存在价值越高、社会影响力也越大，尽可能吸收农民入社是发展合作社的基本要求。要以普通纯农户为基础，专业大户为重点，积极发动和吸收周边同类或相似产品生产经营服务者入社，壮大生产者成员队伍。为确保新吸收成员的素质和对参加合作社的适应性，准确把握和运用“入社自愿”原则，在章程中要创设符合合作社生产经营实际的入社基本条件和程序。

2. 创新土地集聚机制，提升土地经营规模

“土地是财富之母”，没有一定的土地经营规模，发展壮大就缺少基础。要积极运用土地流转手段，加快创建和扩建核心基地，着力打造合作社的“根据地”。并以“根据地”为核心，以成员自主经营土地为紧密联结基地，以非成员经营土地为辐射带动基地，努力形成多层次的规模经营。

3. 创新资本集聚机制，提升合作社资产规模

资产规模是衡量合作社实力和信用的重要标准，也是合作社发展壮大的重要基础。倡导和鼓励全体成员多出资，增强成员对合作社的归属感，支持骨干成员在法定范围内入大股，使骨干人员成为合作社的精英力量和主要管理者，激发其出大力，扩大成员出资的规模。搞活信贷融资机制，充分运用金融机构支农政策，通过授信贷款、订单质押贷款、流转后土地承包经营权抵押贷款等途径进行融资，扩大合作社信贷资产规模。

(二) 创新一条龙服务机制

1. 创新产前服务机制，服务成员生产准备

主要从成员需求较强烈的农资采购供应、土地租赁流转、资金周转服务等3个方面抓好服务。加强农资采购合作，灵活采取团购、自营等方式，提高农药、化肥、饲料、种子、种苗等农资统一供应水平，确保能便捷及时配送到成员和农户手中；加强对成员流转土地的服务，鼓励和协助成员扩大生产规模，并同步统筹安排全体成员的生产经营布局；加强成员信用合作，倡导合作社和成员共同出资设立互助专项资金，运用成员联名担保等方式向成员发放短期周转资金，提高成员正常开展生产经营活动的能力。推动合作社在内部全新打造“供销合作、作业合作、信用合作”三位一体服务体系。

2. 创新产中服务机制，服务成员生产作业

主要从成员和农户生产各作业环节的细分服务入手，抓好全程专业服务。根据合作社产品的生产环节构成情况，因社制宜发展育种育苗、机耕播种、土肥植保、疫病防控、排灌、机收烘干等服务内容，灵活采取全程式或菜单式服务方式，着力形成一站式、一条龙的服务机制，通过服务提升成员生产的组织化、协同化发展。结合产品生产的技术特点和相关新品种、新技术推广的需要，积极借助科研院所、农技推广部门、合作社专业技术人员等力量，加强对成员的技能培训和指导服务，确保其生产过程达到技术标准要求。结合实际探索发展自主、外包、定点等不同方式的农机具维修服务。

3. 创新产后服务机制，服务成员收益实现

主要以服务成员生产劳动价值实现为目的，建立健全收购销售及相关配套机制。采取定点收购、上门收购或相互结合的方式，加强统一收购服务，确保产品在成员手上不积压、不变质，在成员交售产品或市场销售实现后及时兑现收购资金。综合运用订单合同、市场直销、门店展销、“农超对接”、网络营销等渠道，着力拓展和形成多层次、宽领域、全方位的产品销售渠道；根据产品定位和利润空间大小，进行市场细分和分级销售，有选择、有重点、有结合地开发低端或中高端客户，着力开辟经销商欢迎、消费者追捧、适销对路的细分市场。

（三）创新规范化运行机制

1. 推进组织规范化，彰显合作制属性

合作社是劳动联合基础上以产品交售和服务利用为中心的市场主体。合作社要在依法设立和运作基础上，针对成员联结松散，有“合作之名”、少或无“合作之实”的现象，着重创新和改进成员对合作社的产品交售和服务使用机制，提高成员产品统一交售率，提高成员对合作社提供服务的使用率，增强合作社与成员之间生产经营行为和利益联结紧密度，彰显合作之实。

2. 推进生产规范化，顺应标准化潮流

标准化是实现产品质量可控、可追溯和生产方式可重复、可推广的必然选择。建立健全覆盖生产作业各环节、全过程的操作规程和衡量标准，推行“环境有监测、操作有规程、生产有记录、产品有检验、包装有标志、质量可追溯”的全程标准化生产。已有国家或地方标准的，要严格按照标准组织开展生产，尚无相关标准的，要积极主动创设标准，获取制标优势引领本产业本行业率先发展。

3. 推进管理规范化，确保制度化发展

在发挥合作社能人、精英和骨干的带领作用的同时，转变“制度是死的、人是活的”“没有制度、照样能搞好管理”的错误思想，树立和强化用制度管人、管事、管权的意识，推动民主管理制度、财务管理制度、日常经营管理制度等的建立健全和实施落实，提高合作社制度化管理水平。推动合作社社务公开，创新公开方法和形式，重点公开财政扶持项目资金使用、合作社工程项目建设、财务收支、成员交易额等情况，提高合作社公信力。

第十章　农村一二三产业融合发展战略

近年来，随着农业产业化的不断发展，农村一二三产业融合呈现出的新势头，它的发展改变了农业的弱势地位，疏通了城乡一体化协调发展的脉络，赋予现代农业产业化新的发展动能，实现了1+2+3>6的价值溢出，促进了美丽乡村建设，拓展了现代农业的发展空间，为增加农民收入增添新的渠道。农村一二三产业融合发展实际上是现代农业产业化的“升级版”，也是补齐农业短板，实现工业化、信息化、城镇化、农业现代化四化联动发展、同步发展的战略要求。事实证明，农村一二三产业融合发展，是深化农村改革的重要举措，是城乡经济协调发展的必然趋势，是推进农业供给侧结构性改革和建设现代农业的有力抓手，对于促进农业增效、农民增收、培育农业农村发展新动能具有重要意义。

第一节　农村一二三产业融合发展的理念

2014年12月底召开的中央农村工作会议，提出了大力发展农业产业化，把产业链、价值链等现代产业组织方式引入农业，促进一二三产业融合互动的要求。2015年中央一号文件首次从国家层面提出一二三产业融合发展概念。从政策层面看，一二三产业融合发展这个概念，可以说是一个全新的政策词汇。但是从世界各国农业现代化的实践和理论探索中，可以发现“农村一二三产业融合”的概念与农业产业化经营、农业纵向一体化和“六次产业”等概念有着相近的含义或交叉内涵。

一、农村一二三产业融合发展的概念

农村一二三产业融合发展是指以农业农村为基础，通过要素集聚、技术渗透和制度创新，延伸农业产业链，拓展农业多种功能，培育农村新型业态，形成农业与二三产业交叉融合的现代产业体系、惠农富农的利益联结机制、城乡一体化的农村发展新格局。

农村产业融合，按照融合主体划分，可分为内源性融合和外源性融合，前者如以农户、专业大户、家庭农场或农民合作社为基础的融合发展，后者如以农产品加工或流通企业为基础的融合发展；按照融合路径划分，可分为组织内融合和组织间融合，前者如家庭农场、农民合作社办加工和销售，或农业企业自建基地一体化经营，在产业组织内部实现了融合，后者如龙头企业与农户、合作社签订产品收购协议，在产业组织间实现了融合。

农村一二三产业融合发展实际上是现代农业产业化的高级形态，其特点是产业形态创新更趋活跃，产业边界更趋模糊，利益联结机制更加紧密，经营主体更加多元，功能更加多样，内涵更加丰富多彩。很显然，以农业为基本依托，推进农村一二三产业深度融合发展，有利于农民分享3次产业“融合”中带来的红利，有利于吸引现代科技要素改造传统农业，加速实现农业现代化，有利于拓展农业功能，培育农村新的经济增长点，有利于强化农业农村基础设施互联互通，促进美丽乡村建设。同时，农村一二三产业融合发展，可以促进城乡一体化建设，实现城乡共同繁荣，缩小城乡差距，为最终消除城乡两元结构作出贡献。

二、3个相近概念的异同

“农业纵向一体化”“六次产业”和“农村产业融合”3个概念均含有农业产业化发展的相似内涵，但仔细分析又可窥见其中的区别。

（一）提出的时间不同

在农业经济学理论中，农业纵向一体化概念于20世纪50年代提出，是专业化分工和社会化生产的必然产物，本质上是一种市场主体内部协同或外部协同下的高效经营模式。我国于20世纪80—90年代提出农业产业化经营的概念，与国际上通行的农业纵向一体化理论基本一致。

“六次产业”是日本以其本国发展实践为基础，由日本学者（今村奈良臣，1994）在产业经济学范畴下提出或创立，该理论提出的六次产业是指农村地区各产业之和，即1+2+3＝6。其意为，农业不仅指农畜产品生产，而且还应包括与农业相关联的第二产业（农畜产品加工和食品制造）和第三产业（流通、销售、信息服务和农业旅游）。后来他对这一提法进行了修改，认为农业的六次产业应是农村地区各产业之乘积，即1×2×3＝6。其意为，农村产业链中若其中一个产业的产值为零，则六次产业所带来的总体效益变为零。农业“六次产业”的界定从农村的各产业相加之和向各产业相乘转变，意在向人们警示，只有依靠农业为基础的各产业间的合作、联合与整合，才能取得农村地区经济效益的提高。其本质强调的是以农业生产者为主体，主导“六次产业”的发展，获取农业产业功能拓展的增值或溢价效应。

农村产业融合的概念在我国首次提出是2015年的中央一号文件，其在理论范畴上综合了农业纵向一体化和“六次产业”，其核心内涵指向多元市场主体依托高效经营模式，利用工业化、城镇化外溢效应等，创造出回流“三农”的一二三产业融合新价值。

(二) 实施政策目的、对象重点有区别

欧美国家长期采取的农业纵向一体化是基于当时农产品过剩条件下，扩张中间消费需求，以更好适应消费者导向的生产经营模式的转型，因此，发展农工商综合体是其主要政策目标对象。我国的农业产业化经营在起步期与此相仿，要解决农产品卖难和卖个好价钱的问题，涉农工商龙头企业成为政策实施的主要目标对象，特别是在当时农民组织化程度很低的状况下。日本的“六次产业”的实施，源于农村人口过疏、农户收入长期徘徊及实现进口替代的农业保护考量，政策实施的目标对象主要落脚在日本农协、农事合作社等农业法人上。

我国的农村产业融合，作为目前农业转型期的一项新政策，它源于农业产业化经营，但又是农业产业化经营的创新思路和政策预期，旨在通过工业化助力农业提升创新空间，通过城镇化借力消费需求结构变化的推动，在路径创新、业态创新、工具创新等实现方式上深度挖掘，最终指向提高农业竞争力，增加农民收入的总目标。其政策实施的目标对象，不仅包括龙头企业、合作社、家庭农场等农业经营主体，也开始向农业园区、产业化集群、创业平台等主体扩展。

(三) 对策措施各有特色，效果不尽相同

3个概念下的发展促进措施，通常均采取税收优惠、项目补贴、金融支持等在内的政策工具。但从国别看，政策内容和力度有所差异。以具有代表性的美国、日本为例。美国在农业纵向一体化发展中，注重对农业基础设施等公共物品的提供，促进农产品加工、流通、储藏等环节及关联的生产性服务业得到长足发展，农业发展环境大大改善；并通过价格支持政策和信贷支持政策提高农业的集中度，农场规模化、组织化程度进一步提高，经营规模不断扩大。在政府的支持下，各类农业综合体发展成熟，跨国公司日趋强大，对全球化影响加深。

日本的“六次产业”发展措施，支持重点是农业生产者和农业的深度产业价值挖掘，比如有专门的政策法案规定，在“六次产业”农工商合作类型中的工商业出资份额不能超过 49%；另有规模较大的财政专项资金，也有低利率、长期限、高额度的优惠信用贷款用于“六次产业”；比较有特色的是，由国家和民间企业共同出资设立农林渔业产业化成长基金，以及在此基础上再由基金与地方自治体及金融机构以 1∶1 出资成立子基金。日本的这些做法，适应日本的国情，较好地避免了工商业主体对农业生产者和农业利益的侵害，有效推进了农村产业结构的持续优化。

三、推进农村一二三产业融合发展的背景

进入 21 世纪以来，我国农业发展态势良好，粮食生产取得了连续十多年的丰收，许多地区的农民收入增长较快。然而，在靓丽数据的背后，也隐藏着一些不容忽视的问题，农业竞争力连年下降，粮食生产结构性问题突出，库存压力巨大，资源环境不堪重负，农民增收速度趋于下降，农业现代化出现发展瓶颈，遇到“两个天花板”的压力，粮食和油脂加工业以及部分畜牧行业在生死线上挣扎，从这个视角来看，农业已经成为四个现代化的短板。在这个时间节点，中央提出促进农村一二三产业融合发展，正是基于当前无序的生产发展和滞后的产业链建设之间的矛盾。

上述问题的出现是当前农业供给侧结构性问题的综合反映，如何破解这些顽固不化的问题，必须从源头上找原因，以农业产业融合的视野，创新农业产业化的发展思路，解决农村产业链脱节问题，增强农业增效、农民增收的动能。

目前，农村产业链存在农产品生产、加工和销售相互脱节的问题。在农产品主产区，主要表现为当地农产品加工企业规模较小、实力较弱、竞争力不强，没有形成聚集效应和规模经济，加工转化能力不强，无法有效提高农产品附加值，主产区成为“原”字号农产品的调出地。在加工区和主销区，主要表现为上游基地建设滞后，原料基本上通过市场收购，受市场信号传导滞后效应和蛛网效应的影响，农民生产的农产品与加工和市场的需要不相匹配，价格波动大，原料供应不稳定。特别是由于信息不对称及其导致的逆向选择，造成了“大路货”充斥市场，而加工企业买不到优质专用的农产品，产业链各环节处于脱节状态。

另外，从价值链上看，产中环节的收益与产后环节的收益脱节。在农业价值链的构成中，虽然农产品生产端的价值处于基础地位，然而，由于农民生产经营的分散性特征，在竞争中难以改变弱势地位，在价值链中始终处于不利的位置，不仅无法分享加工和流通环节的增值收益，就连生产环节的收益也不能

完全得到保证。同样，农民还不能公平分享产业链延伸发展的成果。从市场角度分析，由于农民拥有的物质资本、人力资本有限，无力在市场营销渠道、品牌建设等方面获得优势定位，所以，就无法分享农业产业化延伸的溢价蛋糕，因此，从政府承担的社会责任分析，完全有必要帮助弱势群体摆脱困境，有义务去改变这种状态，把农业的产业链捆绑得更加紧密，把利益溢出的蛋糕分好，让农民分享产业链延伸所创造的价值增值。

第二节　我国农村一二三产业融合发展的现状

一、农村一二三产业融合发展的概况

进入21世纪后，随着我国城镇化和工业化的快速推进，农业农村基础设施不断完善，信息化技术快速应用，全国各地开始出现了农业与二三产业融合发展的倾向。例如，在城镇郊区发展观光旅游农业、休闲娱乐农业、文化体验农业等；在发达地区发展信息农业、设施农业、工厂化农业；在农产品主产区，发展高端增值农业，建立农产品加工基地，设立农产品直销地等。

概括起来，目前我国各地农业与二三产业融合发展有4种形式。

一是农业内部产业重组型融合，比如种植与养殖业相结合。这种融合是一些新型农业经营主体，以农业优势资源为依托，将种植业、养殖业的某些环节甚至整个环节连接在一起，形成农业内部紧密协作、生态资源循环利用、一体化发展的经营方式。这种模式有利于调整优化农业种植养殖结构，发展高效绿色农业，促进以高效益、新品种、新技术、新模式为主要内容的“一高三新”农业蓬勃发展，有利于传统资源、农业废弃物被综合利用，农业潜力被激发。

二是农业产业链延伸型融合。即一些涉农经营组织，以农业为中心向前向后延伸，将种子、农药、肥料供应与农业生产连接起来，或将农产品加工、销售与农产品生产连接起来，或者组建农业产供销一条龙。这种形式有利于整个产业链的深度融合，构建利益共享机制，促进农业的品牌化、标准化，降低成本，提高经济效益，形成核心竞争力。

三是农业与其他产业交叉型融合，例如，农业与文化、观光旅游业的融合。这里农业与生态、文化、旅游等元素结合起来，大大拓展了农业原来的功能，使农业从过去只卖产品转化到还卖风景、观赏，卖感受、参与，卖绿色、健康。由此，农业产生了意想不到的价值提升。据不完全统计，目前我国各类休闲观光旅游农业经营主体有180多万家，接待游客年均增长保持在15%以

上，2014 年接待人数达 9 亿人次。

四是先进要素技术对农业的渗透型融合，例如，在“互联网+”下，农业实现在线化、数据化，农业生产经营的网络在线监控管理，农产品线上预定、结算，线下交易、销售（O2O）。信息技术的快速推广应用，既模糊了农业与二三产业间的边界，也大大缩短了供求双方之间的距离，这就使得网络营销、在线租赁托管等都成为可能。据统计，2014 年我国涉农类电商企业达到 3.1 万家，其中，涉农交易类电商企业 4 000 家，农产品电子商务交易额超过 1 000 亿元。从近几年的国内发展实践看，农村一二三产业融合发展取得了显著效果，农业产业链延长了，农村产业范围拓宽了，农业附加值提高了，农民收入也得到明显增加。

二、农村一二三产业融合发展的阶段性特点

尽管从中央到地方，各级政府高度重视农村一二三产业融合发展，出台了一系列政策文件，农产业融合发展得到社会多方面的赞同和支持。但是，由于我国农村一二三产业融合发展还处于初级发展阶段，或多或少暴露出起步阶段的特点和不足，主要表现如下。

一是农业与二三产业融合程度低、层次浅，表现为农业与二三产业融合程度不紧密，链条短，附加值不高。

二是新型农业经营组织发育迟缓，对产业融合的带动能力不强，主要表现在有带动能力的新型经营主体太少，一些新型经营主体有名无实，还有一些新型主体成长慢、创新能力较差，不具备开发新业态、新产品、新模式和新产业的能力。

三是利益联结机制松散，合作方式简单。目前，农村地区产业融合多采取订单式农业、流转承包农业，真正采取股份制或股份合作制，将农民利益与新型农业经营主体利益紧密连接在一起的，所占比例并不高。

四是先进技术要素扩散渗透力不强，由于农业存在着自然和市场双重风险，加之盈利低下，许多社会资本和先进成熟的技术生产要素向农业农村扩散渗透进程缓慢，同时，由于农民的技能素质低下，农村产业融合型人才缺乏，也抑制了先进技术要素的融合渗透。

五是基础设施建设滞后，涉农公共服务供给不足。农村产业融合发展，需要互联互通的基础设施和高效的公共服务。目前，我国许多农村地区供水、供电、供气条件差，道路、网络通信、仓储物流设施落后，导致农村内部以及农村与城镇间互联互通水平低下，这对农村产业融合发展带来了严重影响。

三、推进农村一二三产业融合发展的方式

2015 年 12 月国务院办公厅印发《国务院办公厅关于推进农村一二三产业融合发展的指导意见》的文件，提出发展多类型农村产业融合方式。

（一）着力推进新型城镇化

将农村产业融合发展与新型城镇化建设有机结合，引导农村二三产业向县城、重点乡镇及产业园区等集中。加强规划引导和市场开发，培育农产品加工、商贸物流等专业特色小城镇。强化产业支撑，实施差别化落户政策，努力实现城镇基本公共服务常住人口全覆盖，稳定吸纳农业转移人口。

（二）加快农业结构调整

以种养结合、农林结合、循环发展为导向，调整优化农业种植养殖结构，加快发展绿色农业。建设现代饲草料产业体系，推广优质饲草料种植，促进粮食、经济作物、饲草料三元种植结构协调发展。大力发展种养结合循环农业，合理布局规模化养殖场。加强海洋牧场建设。积极发展林下经济，推进农林复合经营。推广适合精深加工、休闲采摘的作物新品种。加强农业标准体系建设，严格生产全过程管理。

（三）延伸农业产业链

发展农业生产性服务业，鼓励开展代耕代种代收、大田托管、统防统治、烘干储藏等市场化和专业化服务。完善农产品产地初加工补助政策，扩大实施区域和品种范围，初加工用电享受农用电政策。加强政策引导，支持农产品深加工发展，促进其向优势产区和关键物流节点集中，加快消化粮棉油库存。支持农村特色加工业发展。加快农产品冷链物流体系建设，支持优势产区产地批发市场建设，推进市场流通体系与储运加工布局有机衔接。在各省（区、市）年度建设用地指标中单列一定比例，专门用于新型农业经营主体进行农产品加工、仓储物流、产地批发市场等辅助设施建设。健全农产品产地营销体系，推广农超、农企等形式的产销对接，鼓励在城市社区设立鲜活农产品直销网点。

（四）拓展农业多种功能

加强统筹规划，推进农业与旅游、教育、文化、健康养老等产业深度融合。积极发展多种形式的农家乐，提升管理水平和服务质量。建设一批具有历史、地域、民族特点的特色旅游村镇和乡村旅游示范村，有序发展新型乡村旅游休闲产品。鼓励有条件的地区发展智慧乡村游，提高在线营销能力。加强农村传统文化保护，合理开发农业文化遗产，大力推进农耕文化教育进校园，统

筹利用现有资源建设农业教育和社会实践基地，引导公众特别是中小学生参与农业科普和农事体验。

（五）大力发展农业新型业态

实施“互联网+现代农业”行动，推进现代信息技术应用于农业生产、经营、管理和服务，鼓励对大田种植、畜禽养殖、渔业生产等进行物联网改造。采用大数据、云计算等技术，改进监测统计、分析预警、信息发布等手段，健全农业信息监测预警体系。大力发展农产品电子商务，完善配送及综合服务网络。推动科技、人文等元素融入农业，发展农田艺术景观、阳台农艺等创意农业。鼓励在大城市郊区发展工厂化、立体化等高科技农业，提高本地鲜活农产品供应保障能力。鼓励发展农业生产租赁业务，积极探索农产品个性化定制服务、会展农业、农业众筹等新型业态。

（六）引导产业集聚发展

加强农村产业融合发展与城乡规划、土地利用总体规划有效衔接，完善县域产业空间布局和功能定位。通过农村闲置宅基地整理、土地整治等新增的耕地和建设用地，优先用于农村产业融合发展。创建农业产业化示范基地和现代农业示范区，完善配套服务体系，形成农产品集散中心、物流配送中心和展销中心。扶持发展一乡（县）一业、一村一品，加快培育乡村手工艺品和农村土特产品品牌，推进农产品品牌建设。依托国家农业科技园区、农业科研院校和“星创天地”，培育农业科技创新应用企业集群。

第三节　全国农村一二三产业融合发展的试点工作

为贯彻落实《国务院办公厅关于推进农村一二三产业融合发展的指导意见》（国办发〔2015〕93号），围绕产业融合模式、主体培育、政策创新和投融资机制等，积极探索和总结成功的做法，形成可复制、可推广的经验，推进农村产业融合加快发展，国家发展改革委、财政部、农业部、工业和信息化部、商务部、国土资源部、国家旅游局等七部门决定实施农村产业融合发展“百县千乡万村”试点示范工程。（以下内容选自《关于印发农村产业融合发展试点示范方案的通知》）。

一、总体要求

（一）分级负责，共同推进

农村产业融合发展“百县千乡万村”试点示范采取分级负责的实施方式，

中央层面重点抓好“百县”试点示范工程（含县级市、区、旗、新疆兵团和黑龙江农垦团场等，下同），乡级、村级试点示范参照县级方式，分别由省级、县级有关部门负责。各级发展改革、财政、农业、工业和信息化、商务、国土资源、旅游等部门要密切配合，形成合力，共同推进试点示范工作。

（二）合理确定试点示范规模

综合考虑农林牧渔业总产值、规模以上农产品加工业主营业务收入、农村地区社会消费品零售总额占全国的比重、农业产业化经营组织规模与数量，适当考虑脱贫攻坚等因素，确定各省（区、市）试点示范县、乡、村数量。其中，2014 年农林牧渔业总产值超过 5 000 亿元的省（区）试点示范县数量不超过 5 个，其他省（区）不超过 3 个，直辖市不超过 2 个，计划单列市不超过 1 个，新疆生产建设兵团、黑龙江农垦可确定 2 个团（场）开展试点示范。各省（区、市）试点示范乡、村的数量原则上不超过试点示范县数的 10 倍、100 倍。

（三）择优确定试点示范名单

县级试点示范名单由拟开展试点示范的县（市、区等）自愿申报，省级有关部门根据国家相关要求和工作任务，结合本省区实际情况，在组织编制试点示范实施方案并组织联合评审的基础上择优确定。试点示范乡、示范村由试点示范县按规定数量自行选择确定。农村产业融合试点示范县、乡、村的选择，可以与各部门已经确定的相关试点示范结合，对已列为新型城镇化试点地区、现代农业示范区、农业产业化示范基地、电子商务进农村综合示范县、休闲农业与乡村旅游示范县、乡村旅游模范村、美丽休闲乡村、农产品加工示范基地等试点示范范围的地区，可适当优先考虑。

（四）加强试点示范成效总结推广

建立试点示范县建设评价指标体系，定期进行监测评估，确保各项试点示范任务有效落实，及时总结推广试点示范过程中的好经验、好做法。各省（区、市）加强对试点示范单位的指导，并建立信息上报制度，及时上报工作进展、成效及取得的经验、存在的问题、相关建议等。

二、县级试点示范的主要任务

（一）优化县域空间发展布局，推进产城融合发展

探索农村产业融合发展与新型城镇化相结合的有效途径，合理规划县域内城乡产业布局，引导二三产业向县城、重点乡镇及产业园区等集中，发挥产业集聚优势，提高综合竞争力和企业经济效益。加强规划引导和市场开发，通过

培育农产品加工、商贸物流、休闲旅游等专业特色小城镇，实现产业发展和人口集聚相互促进、融合发展。

（二）探索多种产业融合形式，构建现代农业产业体系

支持试点示范县结合地方资源优势，通过推进农业内部融合、延伸农业产业链、拓展农业多种功能、发展农业新型业态等多种形式，探索并总结一批适合不同地区的农业产业融合商业模式，努力构建农业与二三产业交叉融合的现代农业产业体系。

（三）培育多元化产业融合主体，激发产业融合活力

重点是探索农民合作社和家庭农场在农村产业融合中更好发挥作用的有效途径，鼓励农民合作社发展农产品加工、销售，鼓励家庭农场开展农产品直销。支持龙头企业和领军企业通过直接投资、参股经营、签订长期供销合同等方式建设标准化、规模化原料生产基地以及营销设施，带动农户和农民合作社发展适度规模经营。引导行业协会和产业联盟发展，加强产业链整合和供应链管理。

（四）健全产业链利益联结机制，让农民更多分享产业增值收益

鼓励试点示范县围绕股份合作、订单合同、服务协作、流转聘用等利益联结模式，建立龙头企业与农户风险共担的利益共同体。引导龙头企业创办或入股合作组织，支持农民合作社入股或兴办龙头企业，采取“保底收益、按股分红”的分配方式，实现龙头企业与农民合作社深度融合。鼓励试点示范县将财政资金投入农业农村形成的经营性资产，通过股权量化到户，让集体（合作）经济组织成员长期分享资产收益。

（五）创新产业融合投融资机制，拓宽资金渠道

按照企业主导、政府支持、社会参与、市场运作的原则，进一步完善农村产业融合投融资体制。指导试点示范县制定具体办法，对社会资本投资建设连片面积达到一定规模的高标准农田、生态公益林等，允许利用一定比例土地，按规划开展观光和休闲度假旅游、加工流通等经营活动。综合运用奖励、补助、税收优惠等政策，鼓励金融机构与新型农业经营主体建立紧密合作关系，推广产业链金融模式，加大对农村产业融合发展的信贷支持。挖掘农村资源资产资金的潜力，探索通过“资源变股权、资金变股金、农民变股东”，把闲置和低效利用的农村资源、资金优化用于农村产业融合发展。

（六）加强基础设施建设，完善产业融合服务

支持试点示范县加强农村基础设施建设，推动水电路、信息等基础设施城乡联网、共建共享。改善物流基础设施，完善交通运输网络体系，降低物流成

本。合理布局教育、医疗、文化、旅游、体育等公共服务设施，提升宜居宜业水平。支持试点示范县搭建农村综合性信息化服务平台，提供电子商务、休闲农业与乡村旅游、农业物联网、价格信息、公共营销等服务。优化农村创业孵化平台，提供设计、创意、技术、市场、融资等定制化解决方案等服务。

三、农村一二三产业融合发展试点工作成效显著

近年来，各地各部门加大工作力度，出台支持政策，开展试点示范，大力推进农村一二三产业融合发展，取得明显成效，农村产业融合已经成为农业投资的热点领域和农村创新创业的突出亮点（以下内容主要选自中国网，作者是原国家发展改革委原副主任 杜鹰）。

（一）探索了多种产业融合模式，为农业农村发展注入新活力

各地积极探索农村产业融合发展的路径和模式，涌现出了多种融合模式。在产城融合方面，各地把推进农村产业融合发展与新型城镇化、农民工等人员返乡创业、美丽乡村建设有机结合，进一步释放了农村发展活力。浙江省开展了第一批 10 个农业产业集聚区和 24 个特色农业强镇创建工作。山东省新泰市按照产城融合理念，与企业合作投资建设产城一体化示范区，吸引并聚集形成规模 5 万人的生态宜居城镇。在农业内部融合方面，农牧结合、农林结合、循环发展正在成为现代农业发展的重要内容，农业种植养殖结构进一步优化。积极推进“粮改饲”试点，启动实施种养结合循环一体化示范工程建设，已经取得初步成效。湖北省大力推广稻虾共生模式，不仅促进了小龙虾产业的快速发展，而且提高了稻米品质，实现了农业效益的大幅提升。在产业链延伸方面，许多地区通过发展农产品加工和流通产业，完善农业产业链，提升了农业附加值，提高了农业竞争力。四川省围绕水果、蔬菜、中药材等特色优势产业，新建农产品产地初加工设施 2 100 座，累计形成农产品储藏保鲜烘干能力 360 万吨。贵州省逐步形成了以特色食品加工和民族制药为主的农产品加工产业体系，2016 年前 10 个月全省规模以上农产品加工业生产总值达到 2 448 亿元。在农业多功能拓展方面，“农业+旅游”“农业+文化”“农业+健康养老”等新兴产业发展迅猛，农业的生态、文化、旅游等功能得到进一步挖掘，乡村旅游成为近年来发展最快、活力最强的领域。广西壮族自治区创建国家级休闲农业与乡村旅游示范县 8 个、示范点 22 个，全国特色景观旅游名镇（村）19 个、全国休闲农业星级企业 48 家。山东、浙江、黑龙江省把大力发展乡村旅游和休闲观光农业作为农村产业融合的重点之一，三省 2016 年乡村旅游总收入达到 393 亿元。在农村新产业新业态方面，“互联网+现代农业”行动加快

实施，农产品电子商务和创意农业蓬勃兴起，工厂化高科技农业、会展农业、农业众筹等新业态、新模式加快发展。山东省特色农产品在线经营企业和商户达到10万多家，2016年全年农产品电子商务交易额约600亿元，同比均增长40%以上。江苏省率先创建150个电商村、42家电商镇，2016年上半年全省农产品网络交易额达130亿元，同比增长20%。

（二）培育大批产业融合主体，成为推动农业现代化的重要力量

各地各部门把培育新型经营主体作为推动农村产业融合发展的重要抓手，通过政策扶持、规划引导等方式，为其发展壮大营造良好环境，各类农业企业、农民合作社、家庭农场等新型经营主体大批涌现，有效推动了农村产业融合发展，并成为推进农业现代化的重要力量。目前，全国耕地经营面积在50亩以上的农户达到356万户；家庭农场87.7万个，经营耕地达到1.76亿亩；农民合作社达177万家，入社成员超过1亿户，统一经营面积超过1.1亿亩；各类农业产业化经营组织达到38.6万个，龙头企业12.9万家，辐射带动1.2亿农户发展生产，户均增收3 300多元。山东省着力做强家庭农场、农民合作社、规模以上龙头企业等“三大主体”，发挥新型经营主体“先吃螃蟹”的引领作用，将农村产业融合打造成破解农民增收难题的“金钥匙”。四川省通过贷款贴息、以奖代补、先建后补等方式，大力扶持新型农业经营主体。内蒙古推动成立了农牧业产业化龙头企业协会，为龙头企业提供政策、资金、科技、融资、冷链物流等方面的服务。新疆认定了29家农业产业技术创新战略联盟单位，打造企业、科研人员、农户等多方参与的利益共同体。甘肃省在定西市陇西县、酒泉市肃州区等地开展政银保合作模式的小额贷款保证保险，加强对各类经营主体的信贷支持。

（三）创新和完善产业链利益联结机制，有效带动了农民增收

各地总结推广“公司+合作社+农户”“公司+基地+农民”等产业组织方式，形成了最低收购价、“订单+股份合作”“农民入股+保底分红”、利润二次返还等多种紧密型的利益联结形式，有效带动农民增收。据农业部统计，为入社成员提供产加销一体化服务的农民合作社已占合作社总数的52.9%。重庆市鼓励农民自愿以土地、资金、资产等入股参与农业产业化经营，发展股份合作制等形式，分享产业增值收益。四川崇州的土地股份合作社经营纯收入按10%作为公积金、20%作为农业职业经理人佣金、70%作为社员土地入股分红分配，保障入社社员收益。吉林省通过龙头企业带动农民增收，2016年省级农业产业化龙头企业辐射带动种植业基地4 000万亩，带动畜禽养殖量达3.1亿头（只），户均增收2 750元。黑龙江省386户龙头企业与农民建立了稳固

的利益联结关系，全省农户从龙头企业方面获得保底、分红收益分别达到94亿元和57亿元。

第四节　农村一二三产业融合发展的思路

农村一二三产业融合发展主要依托农业，立足农村，惠及农民，重点在县和县以下，关键在创新。为此要注意用创新的思路，推进农村产业融合发展。

一、充分发挥本地新型农业经营主体在产业融合中的主体作用

推进农村一二三产业融合发展，必须加强政府引导，但更主要的是做好“使市场在资源配置中起决定性作用”的大文章。为此，要明确支持新型农业经营主体参与本地农村产业融合发展，积极引导农业经营主体在推进农村一二三产业融合发展中发挥主力军作用。什么样的农村一二三产业能够融合发展，怎样才能更好地融合发展，关键要看农业经营主体的积极性和经营理念。农村一二三产业融合发展涉及面广，复杂性强，跨界融合的主导特征显著，新技术、新业态、新商业模式贯穿其中，以普通农户为代表的传统经营主体如果不能向新型农业经营主体转型，往往难以在农村一二三产业融合发展中发挥主导作用。因此，相对于一般意义上的发展现代农业，推进农村一二三产业融合发展，往往更需重视新型农业经营主体的作用。新型农业经营主体是转变农业发展方式的生力军，也是推进农村一二三产业融合发展的“开路先锋”。国外农业产业化发展的经验表明，即使是那些实力较强的规模化农业生产者，单靠其自主发展“产业一体化”也存在巨大困难，需要工商业的带动和协力支持。可见，在推进农村一二三产业融合发展的过程中，仍应是专业大户、家庭农场、农民合作社、龙头企业、甚至公司农场多管齐下，竞争发展，努力促进其分工协作、优势互补、网络发展。

为了更好地促进农村一二三产业融合发展，在支持新型农业经营主体方面，要注意协调两个关系。一是新型农业经营主体与普通农户的关系；二是不同类型新型农业经营主体的关系。“一花独放不是春，百花齐放春满园。”要通过新型农业经营主体更好地发挥引领、示范和带动作用，带动更多的普通农户增强参与农村一二三产业融合发展的能力，更好地分享农村一二三产业融合发展的成果，这样的农村一二三产业融合发展，才是应该优先支持的。日本发展“第六产业”战略的核心是促进“地产地销”，通过促进农产品本地化利用，发展相关的农产品加工、流通和旅游等产业，来提高农民收入，将本要流

向外部的就业岗位和附加值内部化。日本“六次产业化”强调支持基于农业后向延伸，形成立足农业资源利用的农村二三产业，让农业生产者更好地分享农产品加工、流通乃至旅游等消费环节的利润；防止工商资本通过前向整合兼并农业，加剧农民对工商资本的依附关系。从日本的经验来看，在推进农村一二三产业融合发展的过程中，应该优先支持本土化的新型农业经营主体成长。但这些本土化的新型农业经营主体由于资源、能力、理念和营销渠道的限制，推进农村一二三产业融合发展往往非常缓慢，在提升农业价值链、增加农业附加值方面的效果也受到很大局限，迫切需要外部植入型的新型农业经营主体通过发挥引领、示范作用，带动本土化的新型农业经营主体更好地实现提质增效升级。

二、坚持满足消费需求为导向的发展理念

随着我国国民经济的持续增长，人均可支配收入的增加，人们生活水平的不断提高，城乡居民的消费观念、消费结构、生活方式正在发生新的重大阶段性变化，对农产品加工品的消费需求快速扩张，占农产品消费的比重不断提高，同时对食品、农产品质量安全和品牌农产品消费的重视程度明显提高，农产品消费需求迅速分化，市场细分、市场分层对农业发展的影响不断深化。此外，农产品消费日益呈现功能化、多样化、便捷化和安全化的趋势，个性化、体验化、高端化日益成为农产品消费需求增长的重点，小众化或特色化的土特产品消费日益受到中高收入消费者的青睐。这些市场消费需求的变化，为推进农村一二三产业融合发展提供了空前良好的市场条件。与此同时，随着城乡居民生活水平的提高，人们重新期望感受农业农村生活体验，享受农村田园风光，由此带动与农业相关的功能性开发，农业休闲旅游、文化传承、生态环保、科技教育等消费需求扩张，创新供给、激活需求对农业发展的意义也在迅速凸显。

推进农村一二三产业融合发展，必须始终以满足消费需求为导向的前提。农村产业融合发展，能否取得经济效益、社会效益，实现可持续发展，最后的裁判是市场，只有经得起市场考验的产业融合，才能持久健康发展。农村一二三产业融合发展，理念创新是先导。但是，再好的理念，如果得不到市场的认可，要么难以落地生根，要么难以持续，只能是中看不中用的“镜中花，水中月”。

按照消费导向推进农村一二三产业融合发展，首先要关注社会人口结构的变化及其对农业需求的影响，深入研究不同类型、不同年龄人群消费行为、消

费方式、消费结构的差异，为农村一二三产业融合发展优选市场定位、瞄准细分市场创造条件。如近年来，食品短链、社区支持农业、电子商务等新型农业消费方式日益引起消费者的青睐，与“80后”甚至“90后”“00后”日益成为社会主流消费群体有密切关系。其次，要在重视适应需求、面向需求的同时，注意增强创新供给、引导或激活需求的能力。如鼓励企业借鉴国内外发展体验经济的理念和商业模式，通过对消费者的感官刺激，让消费者获得对产品或服务的美好印象，促进消费过程有效转化为让消费者获得美好体验的过程，让消费者为快乐而买单。实践证明，发展体验经济，是引导中高端消费需求的重要途径，也是农村一二三产业融合发展，开拓市场、创造市场、提升产业附加值的重要选择。

三、发展农村二三产业，强化产业融合基础

农村一二三产业融合发展，必须有二三产业作为与农业融合的对象。延长农业产业链、提升价值链，关键是促进第一产业接二连三、向后延伸。

为此，必须加快发展农产品加工业和现代食品产业，农产品加工业是现代农业发展的关键环节和重要标志，也是经济社会发展的战略性支柱产业，是保证国民营养安全健康的重要民生产业。在优势农产品产地打造农产品加工和食品加工产业集群。实施农产品加工业提升行动，积极推进传统主食工业化、规模化生产，大力发展方便食品、休闲食品、速冻食品、马铃薯主食产品。大力推广“生产基地+中央厨房+餐饮门店”“生产基地+加工企业+商超销售”等产销模式，挖掘开发具有保健功能的食品。

第一，推进农村一二三产业融合发展的战略意义不仅在于促进农民增收，还在于加快构建现代农业产业体系和农业经营体系，丰富农业农村发展的内涵，增加农村就业增收机会，甚至为引导农村人口就近城镇化创造条件；在于引导适宜农村发展的第二、第三产业在农村发展，通过产业融合发展，更好地带动城乡协同发展和农业农村发展方式转变。近年来，在越来越多的地区，农业生产、农产品加工、农业装备等涉农工业和服务业加快融合，深刻影响着现代农业发展和新农村建设的进程，为解决农业、农村发展中的问题提供了新的路径。

第二，要大力发展农村第三产业，如果没有现代化的第三产业，创新驱动农村产业融合就无从谈起。没有农村服务业的适度加快发展，推进农村一二三产业融合发展也容易成为“空中楼阁”。从国内外趋势看，农业价值链的主要驱动力正在呈现从生产者向加工者再向大型零售商转移的趋势，农机服务、农

产品流通、农业咨询设计、涉农融资租赁服务、农产品品牌服务、农业供应链管理等农业生产性服务业对农业提质增效升级的重要性迅速凸显，甚至越来越成为农业发展方式转变的引擎和农业产业链价值增值的主要源泉。发展农业生产性服务业日益成为推进农业现代化的重要战略性工程。有些人认为，近年来，某些农产品价格涨得多，但价格上涨的好处主要被流通环节截留了，农民从中获得的好处并不多。这里面原因很多，但主要由两方面值得进一步重视。一是农产品流通环节相对于生产环节组织化程度高，在产业链的利益分配中容易占据有利地位；二是农产品流通服务发展滞后，亟待将提质增效升级与加快发展有机结合起来。此外，发展农村服务业，促进城乡服务业协同发展，还可以借助新型农民培训和发展职业教育等方式，夯实农村一二三产业融合发展的人才支撑。当今世界，信息化的迅速发展为产业融合提供了新的引擎和催化剂，加速了产业融合的进程。发展农村服务业，尤其是信息服务业，也将为农村一二三产业融合发展提供新的动力和黏合剂。

四、深化农村管理体制改革，加强政策扶持力度

在新形势下，原有体制和政策已经难以满足农村产业深度融合发展的需要，必须要有新的体制和政策安排，为此，必须加快构建农村一二三产业融合发展的产业政策框架，围绕全产业链制定全面、系统的政策支持，提高对农业农村产业融合的政策扶持力度。要继续深化农村产权制度改革，重点推动土地三权分离和集体资产股份权能改革。继续深化农村金融体制改革，在确保政策性金融供给的同时，积极开展金融制度创新，提高村镇银行的覆盖面，拓展商业银行对农村信贷业务范围，支持新型农村合作金融组织健康发展。同时，制定产业融合的标准化建设体系，开展对涉农企业家和农民的技能培训，提高他们的产业融合能力。

五、培育三大农村产业融合经营主体

家庭农场、农民专业合作社、农业龙头企业等是农村产业融合的重要载体，要加强培育，充分发挥其支撑引领作用。为强化农民合作社和家庭农场基础作用，要鼓励农民合作社发展农产品加工、销售，拓展合作领域和服务内容，支持符合条件的农民合作社、家庭农场等优先承担政府涉农项目，支持家庭农（林）场、农民合作社等参与全产业链建设。同时，培育壮大农业产业化龙头企业，引导其重点发展农产品加工流通、电子商务和农业社会化服务，并通过直接投资、参股经营、签订长期合同等方式，建设标准化和规模化的原

料生产基地，带动家庭农场和农民合作社发展适度规模经营。

一是大力发展家庭农场。家庭农场是农业专业大户的升级版，是未来商品农产品的主要提供者。由于农业经营收益是其主要经济来源，决定了家庭农场更加注重经营效益。随着我国农村土地所有权、承包权、经营权的分置，家庭农场迎来了重大发展机遇，我国农村“家家务农”的状况必将改变，家庭农场将逐步取代传统小规模农户成为农业经营的新型主体。当前，在土地加速向家庭农场流转，家庭农场经营规模不断扩大的基础上，一方面要注重家庭农场与市场的连接，通过提供信息服务、加强组织化程度等方式，促进产销对接；另一方面，要引导大型家庭农场自身延长产业链条，发展初加工、地产地销等产业形态，促进产业融合。

二是支持和规范发展农民合作社。农民专业合作社在农村产业融合发展的过程中发挥着不可替代的纽带作用。无论是合作社自身主导的产业融合，还是农民或龙头企业主导的产业融合，合作社都可以依托其组织优势，在扩大产业规模、提高农民谈判地位、降低交易费用、让农民分享增值获益等方面发挥重要的作用。为此，要进一步发挥好农民合作社在一二三次产业融合中的作用，一方面要加大对合作社的支持力度，加强人才培养，提高合作社经营能力、市场竞争力和抗风险能力；另一方面，要推进合作社的规范化建设，加强制度建设和执行，规范运行管理制度和财务管理制度，让合作社真正成为农民自己的合作社。

三是做强、做优农业产业化龙头企业。农业龙头企业具备资金、技术、人才等多方面的比较优势，依托产业化发展机制，带动农民合作社、家庭农场发展生产，发展农产品精深加工和营销，促进农业转型升级，是一二三产业融合的引领力量。事实证明，龙头企业主导的产业融合，具有产业链条长、价值增值大、充分发挥各主体比较优势的特点，具有很强的复制性和推广性。而要发挥好龙头企业的优势，就需要做强、做优农业龙头企业。所谓做强，就是要通过实施财税、金融、人才等配套措施，支持农业龙头企业发展壮大和转型升级，让农业龙头企业有能力有条件在产业融合中发挥主导性作用；所谓做优，就是要通过农业龙头企业与农户相互入股、龙头企业领办创办农民合作社等方式，完善利益联结关系，支持龙头企业与专业大户、家庭农场、合作社有效对接，推进各类主体的深度融合。

六、大力支持发展多种类型的产业新业态

探索互联网+现代农业的业态形式，推动互联网、物联网、云计算、大数

据与现代农业结合，构建依托互联网的新型农业生产经营体系，促进智能化农业、精准农业的发展；引入历史、文化、民族以及现代元素，对传统农业种养殖方式、村庄生活设施面貌等进行特色化的改造，鼓励发展多种形式的创意农业、景观农业、休闲农业、农业文化主体公园、农家乐、特色旅游村镇；利用生物技术、农业设施装备技术与信息技术相融合的特点，发展现代生物农业、设施农业、工厂化农业；支持发展农村电子商务，鼓励新型经营主体利用互联网、物联网技术，在农产品、生产生活资料以及工业品下乡等产购销活动中，开展 O2O、APP 等。

七、不断完善利益协调机制

我国农业产业化经营历经多年的发展，其主体间利益关系出现一些机制创新和调整，但从共享经济的发展要求和农村产业融合发展的政策方向来看，各个环节之间形成利益均衡的目标还存在差距，农业、农民的弱势地位还没有根本改变。今后，在农村产业融合发展应朝着构建股份经济的利益格局发力，要建立互惠共赢、风险共担的紧密型利益联结机制，让各参与者形成真正的利益共享、风险共担关系。

在完善利益协调机制方面，需要做好大量基础的工作。首先是要创新发展订单农业，密切企业与农民的利益关系，加强订单农业管理，进一步规范合同内容，严格合同管理，鼓励支持新型经营主体与普通农民签订保护价合同，并按收购量进行利润返还或二次结算。其次是要积极推广股份制和股份合作制，鼓励有条件地区开展土地和集体资产股份制改革，将农村集体建设用地、承包地和集体资产确权分股到户，支持农户与新型经营主体开展股份制或股份合作制。要引导龙头企业创办或入股合作组织，支持农民合作社入股或兴办龙头企业，采取“保底收益、按股分红”的分配方式，实现龙头企业与农民合作社深度融合。鼓励试点示范县将财政资金投入农业农村形成的经营性资产，通过股权量化到户，让集体（合作）经济组织成员长期分享资产收益。另外，鼓励产业链各环节连接的模式创新，推进官产学研多元利益机制，打造农业产业技术创新和增值提升战略联盟；鼓励农商双向合作，强化“农超对接”；引导新业态发展，支持新型经营主体和农民利用互联网+、金融创新建立利益共同体，最终实现创收增收。

总之，在产业融合发展过程中，如何让处于产业链底端的农户公平分享到产业增值收益，是建立利益共享机制的关键。在实践中，农户和企业之间的利益关系并不是相互排斥的，而是能产生“1+1>2”的效应。通过建立合理的利益关系，能形成健康的产业生态环境，有助于稳定合作预期，降低交易成本，增大交易剩余，对交易双方都是大有裨益的。当前在各地实践中的“保底收益+二次分红”、农户以土地等要素入股企业、企业以农业设施等投入入股农户、企业与农户实行反租倒包等方式，都是基层自发探索的好的利益共享模式，值得进一步总结和推广。

八、优化产业融合发展布局，推进产城融合发展

推进农村一二三产业融合发展，要通过发展农村工业、农产品物流、农产品流通、乡村旅游等方式，让农业产业链增值的成果更好地留在农村，增加农民增收就业的机会。但是涉农工业和服务业发展有一个科学布局的问题，要避免“摊大饼”式分散布局，农村发展农产品初加工，应该按照地域特点，积极发展特色加工业和特色服务业，但是对于多数精深加工业和高端服务业，应该按照农村小城镇发展的规划，相对集中布局，以利于形成产业集聚效应，《我国新型城镇化规划（2014—2020 年）》提出要“有重点地发展小城镇”，推动小城镇发展“与特色产业发展相结合、与服务‘三农’相结合”。推进农村一二三产业融合发展，应该把握好“有重点地发展小城镇”机会，探索农村产业融合发展与新型城镇化相结合的有效途径，合理规划县域内城乡产业布局，引导二三产业向县城、重点乡镇及产业园区等集中，发挥产业集聚优势，提高综合竞争力和企业经济效益。加强规划引导和市场开发，通过培育农产品加工、商贸物流、休闲旅游等专业特色小城镇，实现产业发展和人口集聚相互促进、融合发展。让农村一二三产业融合发展的布局选择，同国家推进新型城镇化战略有序对接起来，完善城乡产业分工协作关系，更好地发挥城市产业对农村产业发展的引领、辐射、带动作用。

九、探索多种产业融合形式，构建现代农业产业体系

要积极支持各地区结合区域资源优势，通过推进农业内部融合，延伸农业产业链，拓展农业多种功能，发展农业新型业态，探索并总结一批适合不同地区的农业产业融合商业模式，努力构建农业与二三产业交叉融合的农村新型产业体系。

要积极培育多元化产业融合主体，激发产业融合活力。重点是探索农民合作社和家庭农场在农村产业融合中更好发挥作用的有效途径，鼓励农民合作社发展农产品加工、销售，鼓励家庭农场开展农产品直销。支持龙头企业和领军企业通过直接投资、参股经营、签订长期供销合同等方式建设标准化、规模化

原料生产基地以及营销设施，带动农户和农民合作社发展适度规模经营。引导行业协会和产业联盟发展，加强产业链整合和供应链管理。要重视产业融合的模式创新，构建运作高效、形式多种、善于应变、利益共享、市场化运作的农村产业融合现代管理机制，建成城乡一体化的混合型产业发展体系。

十、创新产业融合投融资机制，拓宽资金渠道

按照企业主导、政府支持、社会参与、市场运作的原则，进一步完善农村产业融合投融资体制。各地区应该结合区域规划要求，出台相关政策，对社会资本投资建设连片面积达到一定规模的高标准农田、生态公益林等，允许利用一定比例土地，按规划开展观光和休闲度假旅游、加工流通等经营活动。综合运用奖励、补助、税收优惠等政策，鼓励金融机构与新型农业经营主体建立紧密合作关系，推广产业链金融模式，加大对农村产业融合发展的信贷支持。挖掘农村资源资产资金的潜力，探索通过“资源变股权、资金变股金、农民变股东”，把闲置和低效利用的农村资源、资金优化用于农村产业融合发展。

十一、加强基础设施建设，完善产业融合服务

推进农村一二三产业融合发展，需要加强农村基础设施建设，完善产业融合的服务体系。第一是加强农村交通设施建设，推动水电、信息等基础设施城乡联网、共建共享。第二是改善物流基础设施，完善运输网络体系，降低物流成本。第三是合理布局教育、医疗、文化、旅游、体育等公共服务设施，提升宜居、宜业水平。第四是支持搭建农村综合性信息化服务平台，提供电子商务、休闲农业与乡村旅游、农业物联网、价格信息、公共营销等服务。第五是优化农村创业孵化平台，提供设计、创意、技术、市场、融资等定制化解决方案等服务。

附件：成立农民专业合作社具体范本如下，供参考。

附表1　农民专业合作社名称预先核准申请书

申请名称	×××县（市、区）×××乡（镇）×××村××× 养殖农民专业合作社
备选名称	1. 2.
业务范围	1. ×××养殖、销售等。2. 新技术、新品种的引引进。3. 技术培训、交流和信息咨询服务等。
住所	×××县（市、区）×××乡（镇）×××村
企业类型	农民专业合作社
住所地	×××县（市、区）×××乡（镇）×××村
设立人	
姓名或名称	证照类别及号码
×××	身份证及号码
×××	身份证及号码
×××	身份证及号码
×××	身份证及号码
×××	身份证及号码
×××	身份证及号码
×××	身份证及号码
×××	身份证及号码
×××	身份证及号码

附表2　农民专业合作社设立登记申请书

名称	×××县（市、区）×××乡（镇）×××村×××养殖农民专业合作社			
备选名称 （请选用不同字号）	1. 2.			
住所	×××县（市、区）×××乡（镇）×××村			
	邮政编码		联系电话	
成员出资总额	（万元）			

（续表）

名称	×××县（市、区）×××乡（镇）×××村×××养殖农民专业合作社
业务范围	1. ×××养殖、销售等；2. 新技术、新品种的引进；3. 技术培训、交流和信息咨询服务等
法定代表人	

成员总数：（名）其中：农民成员：（名）所占比例：% 企业、事业单位或社会团体成员：（名）所占比例：%

本农民专业合作社依照《中华人民共和国农民专业合作社法》、《中华人民共和国农民专业合作社登记管理条例》设立，提交文件材料真实有效。谨对真实性承担责任

法定代表人签名：

年 月 日

附表 3 农民专业合作社法定代表人登记表

姓名		联系电话	
现住所		邮政编码	
居民身份证号码			

（身份证复印件粘贴处）

《中华人民共和国农民专业合作社法》第三十条规定："农民专业合作社的理事长、理事、经理不得兼任业务性质相同的其他农民专业合作社的理事长、理事、监事、经理。"第三十一条规定："执行与农民专业合作社业务有关公务的人员，不得担任农民专业合作社的理事长、理事、监事、经理或者财务会计人员。"

本人符合《中华人民共和国农民专业合作社法》第三十条、第三十一条的规定，并对此承诺的真实性承担责任

法定代表人签名：

年 月 日

附表 4 农民专业合作社设立登记提交文件目录

序号	文件名称	份数
1	法定代表人签署的农民专业合作社设立登记申请书	1
2	全体设立人签名、盖章的设立大会纪要	1
3	全体设立人签名、盖章的章程	1
4	法定代表人、理事的任职文件	1
	法定代表人、理事的身份证明	1
5	全体出资成员签名、盖章的出资清单	1
6	法定代表人签署的成员名册	1
	成员主体资格证明	1
7	住所使用证明	1
8	指定代表或者委托代理人的证明	1
9	名称预先核准通知书	1
10	登记前置许可或审批文件（业务范围涉及前置许可的须提交）	1

经办人签名：

年　　月　　日

注：经办人为全体设立人指定代表或者委托代理人。

附表 5 农民专业合作社成员出资清单

内容序号	出资成员姓名或名称	出资方式（现金或实物）	出资额（万元）	备注
合计				

成员出资总额：　　（万元）

出资成员签名或盖章：

法定代表人签名：

年　　月　　日

附表6 农民专业合作社成员名册

序号	成员姓名或名称	证件名称及号码	住所	成员类型

成员总数： （名）

其中：农民成员： （名）所占比例： %

企业、事业单位或社会团体成员： （名）所占比例： %

本农民专业合作社的成员符合《农民专业合作社登记管理条例》第十三条、第十四条的规定，并对此承诺的真实性承担责任

法定代表人签名：

年 月 日

附表7 指定代表或者委托代理人的证明

指定代表或者委托代理人姓名： ＊＊＊。

指定代表或委托代理人的权限： 办理名称预先核准、设立登记

□同意√□ 不同意 □ 修改有关表格的填写错误。

指定或者委托的有效期限：自 年 月 日至 年 月 日

指定代表或委托代理人联系电话	固定电话：
	移动电话：

（指定代表或委托代理人身份证复印件粘贴处）

全体社员签名或盖章：

年 月 日

注：1. 指定代表或者委托代理人的权限按授权内容自行填写，主要包括：办理名称预先核准、设立登记、变更登记、注销登记或备案等；指定代表或者委托代理人更正有关材料的权限，选择“同意”或“不同意”并在 □中打√。

2. 在选择的委托人类型 □ 中打√，委托人是自然人的由其签名；委托人是法人的由其盖章。

3. 指定代表或者委托代理人证件复印件应当注明“与原件一致”并由本人签名或者单位盖章。

4. 委托人签名、盖章写不下的，可另备页面签名、盖章。

附件8　×××县（市、区）×××乡（镇）×××村×××养殖农民专业合作社设立大会纪要

一、设立大会召开时间及地点：　年　月 日，×××县（市、区）×××乡×××村。

二、设立大会情况：应到　人，实到　人。

三、设立大会一致表决通过事项：

（一）全体设立人表决统一设立“×××县（市、区）×××乡（镇）×××村×××养殖农民专业合作社”，本社办公地点为×××县（市、区）×××乡（镇）×××村。主要生产经营范围：1.×××养殖、销售等；2. 新技术、新品种的引进；3. 技术培训、交流和信息咨询服务等。

（二）全体设立人一致表决通过《×××县（市、区）×××乡（镇）×××村×××养殖农民专业合作社章程》。

（三）按照《中华人民共和国农民专业合作社法》《农民专业合作社登记条例》和《章程》的要求，选举产生理事会和执行监事，其中理事会由×××、×××、×××、×××、×××组成，由×××担任理事长，为本专业合作社法定代表人，×××担任副理事长。执行监事由×××担任。

（四）经全体设立人审查，本专业合作社设立人（成员）组成及人数符合法定要求。设立人共　名，其中农民身份　人，占设立人总数　%。

（五）经全体设立人审查，本专业合作社设立人的出资全部到位，总出资额　万元人民币。其中按人民币出资的以人民币计算，非人民币出资（例如以物资出资）的按照专业合作社《章程》规定的程序和方式，由全体设立人进行评估，并同意最后评估作价结果。

（六）全体设立人共同委托×××全权负责办理本专业合作社的设立登记、税务登记以及相关的前置手续。

全体设立人签名、盖章：

年　月　日

附件9　×××养殖农民专业合作社章程

年　月　日召开设立大会，由全体设立人一致通过。

第一章　总　则

第一条　为保护成员的合法权益，增加成员收入，促进本社发展，依照《中华人民共和国农民专业合作社法》和有关法律、法规、政策，制定本

章程。

第二条　本社由×××、×××、×××、×××、×××等　人发起，于　　年　　月　　日召开设立大会。

本社名称：×××县（市、区）×××乡（镇）×××村×××养殖农民专业合作社。

成员出资总额　　万元。

本社法定代表人：　×××。

本社住所：×××县（市、区）×××乡×××村，邮政编码：　。

第三条　本社以服务成员、谋求全体成员的共同利益为宗旨。成员入社自愿，退社自由，地位平等，民主管理，实行自主经营，自负盈亏，利益共享，风险共担，盈余主要按照成员与本社的交易量（额）比例返还。

第四条　本社以成员为主要服务对象，依法为成员提供农业生产资料的购买，农产品的销售、加工、运输、贮藏以及与农业生产经营有关的技术、信息等服务。主要业务范围如下。

（一）×××养殖；

（二）组织收购、销售成员生产的产品；

（三）开展成员所需的贮藏、加工、包装等服务；

（四）引进新技术、新品种，开展技术培训、技术交流和咨询服务。

上述内容应与工商行政管理部门颁发的《农民专业合作社法人营业执照》中规定的主要业务内容相符。

第五条　本社对由成员出资、公积金、国家财政直接补助、他人捐赠以及合法取得的其他资产所形成的财产，享有占有、使用和处分的权利，并以上述财产对债务承担责任。

第六条　本社每年提取的公积金，按照成员与本社业务交易量（额）依比例量化为每个成员所有的份额。由国家财政直接补助和他人捐赠形成的财产平均量化为每个成员的份额，作为可分配盈余分配的依据之一。

本社为每个成员设立个人账户，主要记载该成员的出资额、量化为该成员的公积金份额以及该成员与本社的业务交易量（额）。

本社成员以其个人账户内记载的出资额和公积金份额为限对本社承担责任。

第七条　经成员大会讨论通过，本社投资兴办与本社业务内容相关的经济实体；接受与本社业务有关的单位委托，办理代购代销等中介服务；向政府有关部门申请或者接受政府有关部门委托，组织实施国家支持发展农业和农村经济的建设项目；按决定的数额和方式参加社会公益捐赠。本社及全体成员遵守社会公德和商业道德，依法开展生产经营活动。

第二章 成 员

第九条 具有民事行为能力的公民，从事×××养殖生产经营，能够利用并接受本社提供的服务，承认并遵守本章程，履行本章程规定的入社手续的，可申请成为本社成员。本社吸收从事与本社业务直接有关的生产经营活动的企业、事业单位或者社会团体为团体成员。具有管理公共事务职能的单位不得加入本社。本社成员中，农民成员至少占成员总数的80%。

第十条 凡符合前条规定，向本社理事会提交书面入社申请，经成员大会审核并讨论通过者，即成为本社成员。

第十一条 本社成员的权利。

（一）参加成员大会，并享有表决权、选举权和被选举权；

（二）利用本社提供的服务和生产经营设施；

（三）按照本章程规定或者成员大会决议分享本社盈余；

（四）查阅本社章程、成员名册、成员大会记录、理事会会议决议、监事会会议决议、财务会计报告和会计账簿；

（五）对本社的工作提出质询、批评和建议；

（六）提议召开临时成员大会；

（七）自由提出退社声明，依照本章程规定退出本社。

第十二条 本社成员大会选举和表决，实行一人一票制，成员各享有一票基本表决权。

出资额占本社成员出资总额30%以上或者与本社业务交易量（额）占本社总交易量（额）40%以上的成员，在本社投资兴办经济实体、重大财产处置、生产经营活动等事项决策方面，最多享有1票的附加表决权。享有附加表决权的成员及其享有的附加表决权数，在每次成员大会召开时告知出席会议的成员。

第十三条 本社成员的义务。

（一）遵守本社章程和各项规章制度，执行成员大会和理事会的决议；

（二）按照章程规定向本社出资；

（三）积极参加本社各项业务活动，接受本社提供的技术指导，按照本社规定的质量标准和生产技术规程从事生产，履行与本社签订的业务合同，发扬互助协作精神，谋求共同发展；

（四）维护本社利益，爱护生产经营设施，保护本社成员共有财产；

（五）不从事损害本社成员共同利益的活动；

（六）不得以其对本社或者本社其他成员所拥有的债权，抵销已认购或已认购但尚未缴清的出资额；不得以已缴纳的出资额，抵销其对本社或者本社其他成员的债务；

（七）承担本社的亏损。

第十四条　成员有下列情形之一的，终止其成员资格。

（一）主动要求退社的；

（二）丧失民事行为能力的；

（三）死亡的；

（四）团体成员所属企业或组织破产、解散的；

（五）被本社除名的。

第十五条　成员要求退社的，须在会计年度终了的3个月前向理事会提出书面声明，方可办理退社手续；其中，团体成员退社的，须在会计年度终了的六个月前提出。退社成员的成员资格于该会计年度结束时终止。资格终止的成员须分摊资格终止前本社的亏损及债务。

成员资格终止的，在该会计年度决算后1个月内，退还记载在该成员账户内的出资额和公积金份额。如本社经营盈余，按照本章程规定返还其相应的盈余所得；如经营亏损，扣除其应分摊的亏损金额。

成员在其资格终止前与本社已订立的业务合同应当继续履行。

第十六条　成员死亡的，其法定继承人符合法律及本章程规定的条件的，在3个月内提出入社申请，经成员大会讨论通过后办理入社手续，并承继被继承人与本社的债权债务。否则，按照第十五条的规定办理退社手续。

第十七条　成员有下列情形之一的，经成员大会讨论通过予以除名。

（一）不履行成员义务，经教育无效的；

（二）给本社名誉或者利益带来严重损害的；

（三）成员共同议决的其他情形。

本社对被除名成员，退还记载在该成员账户内的出资额和公积金份额，结清其应承担的债务，返还其相应的盈余所得。因前款第二项被除名的，须对本社作出相应赔偿。

第三章　组织机构

第十八条　成员大会是本社的最高权力机构，由全体成员组成。

成员大会行使下列职权。

（一）审议、修改本社章程和各项规章制度；

（二）选举和罢免理事长、理事、执行监事或者监事会成员；

（三）决定成员出资标准及增加或者减少出资；

（四）审议本社的发展规划和年度业务经营计划；

（五）审议批准年度财务预算和决算方案；

（六）审议批准年度盈余分配方案和亏损处理方案；

（七）审议批准理事会、执行监事或者监事会提交的年度业务报告；

（八）决定重大财产处置、对外投资、对外担保和生产经营活动中的其他重大事项；

（九）对合并、分立、解散、清算和对外联合等作出决议；

（十）决定聘用经营管理人员和专业技术人员的数量、资格、报酬和任期；

（十一）听取理事长或者理事会关于成员变动情况的报告。

第十九条　本社成员超过一百五十人时，每30名成员选举产生一名成员代表，组成成员代表大会。成员代表大会履行成员大会的 表决、否决 等职权。成员代表任期2年，可以连选连任。

第二十条　本社每年召开4次成员大会成员大会由理事长负责召集，并提前十五日向全体成员通报会议内容。

第二十一条　有下列情形之一的，本社在20日内召开临时成员大会。

（一）30%以上的成员提议；

（二）执行监事或者监事会提议；

（三）理事会提议。

理事长不能履行或者在规定期限内没有正当理由不履行职责召集临时成员大会的，执行监事或者监事会在15日内召集并主持临时成员大会。

第二十二条　成员大会须有本社成员总数的2/3以上出席方可召开。成员因故不能参加成员大会，可以书面委托其他成员代理。一名成员最多只能代理1名成员表决。

成员大会选举或者做出决议，须经本社成员表决权总数过半数通过；对修改本社章程，改变成员出资标准，增加或者减少成员出资，合并、分立、解散、清算和对外联合等重大事项作出决议的，须经成员表决权总数2/3以上的票数通过。成员代表大会的代表以其受成员书面委托的意见及表决权数，在成员代表大会上行使表决权。

第二十三条　本社设理事长一名，为本社的法定代表人。理事长任期2年，可连选连任。

理事长行使下列职权。

（一）主持成员大会，召集并主持理事会会议；

（二）签署本社成员出资证明；

（三）签署聘任或者解聘本社经理、财务会计人员和其他专业技术人员聘书；

（四）组织实施成员大会和理事会决议，检查决议实施情况；

（五）代表本社签订合同等。

第二十四条　本社设理事会，对成员大会负责，由 5 名成员组成，设副理事长 1 人。

理事会成员任期 2 年，可连选连任。

理事会行使下列职权。

（一）组织召开成员大会并报告工作，执行成员大会决议；

（二）制订本社发展规划、年度业务经营计划、内部管理规章制度等，提交成员大会审议；

（三）制定年度财务预决算、盈余分配和亏损弥补等方案，提交成员大会审议；

（四）组织开展成员培训和各种协作活动；

（五）管理本社的资产和财务，保障本社的财产安全；

（六）接受、答复、处理执行监事或者监事会提出的有关质询和建议；

（七）决定成员入社、退社、继承、除名、奖励、处分等事项；

（八）决定聘任或者解聘本社经理、财务会计人员和其他专业技术人员。

第二十五条　理事会会议的表决，实行一人一票。重大事项集体讨论，并经 2/3 以上理事同意方可形成决定。理事个人对某项决议有不同意见时，其意见记入会议记录并签名。理事会会议邀请执行监事或者监事长、经理和 4 名成员代表列席，列席者无表决权。

第二十六条　本社设执行监事一名，代表全体成员监督检查理事会和工作人员的工作。执行监事列席理事会会议。

监事行使下列职权。

（一）监督理事会对成员大会决议和本社章程的执行情况；

（二）监督检查本社的生产经营业务情况，负责本社财务审核监察工作；

（三）监督理事长或者理事会成员和经理履行职责情况；

（四）向成员大会提出年度监察报告；

（五）向理事长或者理事会提出工作质询和改进工作的建议；

（六）提议召开临时成员大会；

（七）代表本社负责记录理事与本社发生业务交易时的业务交易量（额）情况。

卸任理事须待卸任1年后方能当选监事。

第二十七条　本社经理由理事会聘任或者解聘，对理事会负责，行使下列职权。

（一）主持本社的生产经营工作，组织实施理事会决议；

（二）组织实施年度生产经营计划和投资方案；

（三）拟订经营管理制度；

（四）提请聘任或者解聘财务会计人员和其他经营管理人员；

（五）聘任或者解聘除应由理事会聘任或者解聘之外的经营管理人员和其他工作人员。

本社理事长或者理事可以兼任经理。

第二十八条　本社现任理事长、理事、经理和财务会计人员不得兼任监事。

第二十九条　本社理事长、理事和管理人员不得有下列行为。

（一）侵占、挪用或者私分本社资产；

（二）违反章程规定或者未经成员大会同意，将本社资金借贷给他人或者以本社资产为他人提供担保；

（三）接受他人与本社交易的佣金归为己有；

（四）从事损害本社经济利益的其他活动；

（五）兼任业务性质相同的其他农民专业合作社的理事长、理事、监事、经理。

理事长、理事和管理人员违反前款第（一）项至第（四）项规定所得的收入，归本社所有；给本社造成损失的，须承担赔偿责任。

第四章　财务管理

第三十条　本社实行独立的财务管理和会计核算，严格按照国务院财政部门制定的农民专业合作社财务制度和会计制度核定生产经营和管理服务过程中的成本与费用。

第三十一条　本社依照有关法律、行政法规和政府有关主管部门的规定，建立健全财务和会计制度，实行每季度第三个月28日财务定期公开制度。

本社财会人员应持有会计从业资格证书，会计和出纳互不兼任。理事会、监事会成员及其直系亲属不得担任本社的财会人员。

第三十二条　成员与本社的所有业务交易，实名记载于各该成员的个人账户中，作为按交易量（额）进行可分配盈余返还分配的依据。利用本社提供服务的非成员与本社的所有业务交易，实行单独记账，分别核算。

第三十三条　会计年度终了时，由理事长或者理事会按照本章程规定，组织编制本社年度业务报告、盈余分配方案、亏损处理方案以及财务会计报告，经执行监事或者监事会审核后，于成员大会召开 15 日前，置备于办公地点，供成员查阅并接受成员的质询。

第三十四条　本社资金来源包括以下几项。

（一）成员出资；

（二）每个会计年度从盈余中提取的公积金、公益金；

（三）未分配收益；

（四）国家扶持补助资金；

（五）他人捐赠款；

（六）其他资金。

第三十五条　本社成员可以用货币出资，也可以用库房、加工设备、运输设备、农机具、农产品等实物、技术、知识产权或者其他财产权利作价出资，但不得以劳务、信用、自然人姓名、商誉、特许经营权或者设定担保的财产等作价出资。成员以非货币方式出资的，由全体成员评估作价。

第三十六条　本社成员认缴的出资额，须在 2 个月内缴清。

第三十七条　以非货币方式作价出资的成员与以货币方式出资的成员享受同等权利，承担相同义务。

经理事长或者理事会审核，成员大会讨论通过，成员出资可以转让给本社其他成员。

第三十八条　为实现本社及全体成员的发展目标需要调整成员出资时，经成员大会讨论通过，形成决议，每个成员须按照成员大会决议的方式和金额调整成员出资。

第三十九条　本社向成员颁发成员证书，并载明成员的出资额。成员证书同时加盖本社财务印章和理事长印鉴。

第四十条　本社从当年盈余中提取 20% 的公积金，用于扩大生产经营、弥补亏损或者转为成员出资。

第四十一条　本社从当年盈余中提取 10% 的公益金，用于成员的技术培训、合作社知识教育以及文化、福利事业和生活上的互助互济。其中，用于成员技术培训与合作社知识教育的比例不少于公益金数额的 5%。

第四十二条　本社接受的国家财政直接补助和他人捐赠，均按本章程规定的方法确定的金额入账，作为本社的资金（产），按照规定用途和捐赠者意愿用于本社的发展。在解散、破产清算时，由国家财政直接补助形成的财产，不得作为可分配剩余资产分配给成员，处置办法按照国家有关规定执行；接受他人的捐赠，与捐赠者另有约定的，按约定办法处置。

第四十三条　当年扣除生产经营和管理服务成本，弥补亏损、提取公积金和公益金后的可分配盈余，经成员大会决议，按照下列顺序分配。

（一）按成员与本社的业务交易量（额）比例返还，返还总额不低于可分配盈余的 60%。

（二）按前项规定返还后的剩余部分，以成员账户中记载的出资额和公积金份额以及本社接受国家财政直接补助和他人捐赠形成的财产平均量化到成员的份额，按比例分配给本社成员，并记载在成员个人账户中。

第四十四条　本社如有亏损，经成员大会讨论通过，用公积金弥补，不足部分也可以用以后年度盈余弥补。

本社的债务用本社公积金或者盈余清偿，不足部分依照成员个人账户中记载的财产份额，按比例分担，但不超过成员账户中记载的出资额和公积金份额。

第四十五条　执行监事或者监事会负责本社的日常财务审核监督。根据成员大会或者理事会的决定或者监事会的要求，本社委托审计机构对本社财务进行年度审计、专项审计和换届、离任审计。

第五章　合并、分立、解散和清算

第四十六条　本社与他社合并，须经成员大会决议，自合并决议作出之日起 10 日内通知债权人。合并后的债权、债务由合并后存续或者新设的组织承继。

第四十七条　经成员大会决议分立时，本社的财产作相应分割，并自分立决议作出之日起 10 日内通知债权人。分立前的债务由分立后的组织承担连带责任。但是，在分立前与债权人就债务清偿达成的书面协议另有约定的除外。

第四十八条　本社有下列情形之一，经成员大会决议，报登记机关核准后解散。

（一）本社成员人数少于 5 人；

（二）成员大会决议解散；

（三）本社分立或者与其他农民专业合作社合并后需要解散；

（四）因不可抗力因素致使本社无法继续经营；

（五）依法被吊销营业执照或者被撤销。

第四十九条　本社因前条第一项、第二项、第四项、第五项、第六项情形解散的，在解散情形发生之日起15日内，由成员大会推举3名成员组成清算组接管本社，开始解散清算。逾期未能组成清算组时，成员、债权人可以向人民法院申请指定成员组成清算组进行清算。

第五十条　清算组负责处理与清算有关未了结业务，清理本社的财产和债权、债务，制定清偿方案，分配清偿债务后的剩余财产，代表本社参与诉讼、仲裁或者其他法律程序，并在清算结束后，于10日内向成员公布清算情况，向原登记机关办理注销登记。

第五十一条　清算组自成立起10日内通知成员和债权人，并于60日内在报纸上公告。

第五十二条　本社财产优先支付清算费用和共益债务后，按下列顺序清偿。

（一）与农民成员已发生交易所欠款项；

（二）所欠员工的工资及社会保险费用；

（三）所欠税款；

（四）所欠其他债务；

（五）归还成员出资、公积金；

（六）按清算方案分配剩余财产。

清算方案须经成员大会通过或者申请人民法院确认后实施。本社财产不足以清偿债务时，依法向人民法院申请破产。

第六章　附　则

第五十三条　本社需要向成员公告的事项，采取会议方式发布，需要向社会公告的事项，采取公示方式发布。

第五十四条　本章程由设立大会表决通过，全体设立人签字后生效。

第五十五条　修改本章程，须经半数以上成员或者理事会提出，理事长或者理事会负责修订，成员大会讨论通过后实施。

第五十六条　本章程由本社理事会或者理事长负责解释。

全体设立人签名、盖章：

年　　月　　日

主要参考文献

蔡跟女 . 2005. 农业企业经营管理学［M］. 北京：高等教育出版社 .
曹林奎 . 1999. 都市农业导论［M］. 上海：上海科学技术出版社 .
曹林奎 . 2011. 农业生态学原理［M］. 上海：上海交通大学出版社 .
杜鹰 . 2017. 农村一二三产业融合发展成效显著 . 中国网，3-14.
李贵春，李虎，宋彦峰 . 2009. 农业产业化、标准化、现代化知识读本［M］.
梁伟军 . 2012. 产业融合与现代农业发展［M］. 北京：华中科技大学出版社 .
陆立才 . 2013. 农业企业经营管理实务［M］. 苏州：苏州大学出版社 .
宋玲芳 . 2016. 都市现代农业经营管理［M］. 上海：上海科技文献出版社.
宋英杰，陈银春 . 2006. 农业产业化经营概述［M］. 北京：中国社会出版社 .
王林贺 . 2006. 现代农业理论与实践［M］. 郑州：河南科学技术出版社 .
王雅鹏 . 2014. 农业技术经济学［M］. 北京：高等教育出版社 .
王有年，何忠伟 . 2009. 都市型现代农业概要［M］. 北京：金盾出版社 .
吴忠福 . 2015. 家庭农场经营与管理［M］. 北京：中国农业科技出版社 .
杨文钰 . 2005. 农业产业化概论［M］. 北京：高等教育出版社 .
姚元康，王秋芬，张文林 . 2016. 农民专业合作社创建与经营管理［M］. 北京：中国农业科学技术出版社 .
衣明圣，张正一，宋述元 . 2016. 家庭农场经营管理［M］. 北京：中国林业出版社 .
曾书琴 . 2012. 都市型现代农业的理论与实践［M］. 广州：中山大学出版社 .
张敏、秦富 . 2013. 农业产业化发展理论与实践［M］. 北京：中国农业出版 .
张正一，杨光丽 . 2015. 农民专业合作社经营与管理［M］. 北京：中国农业科学技术出版社 .
郑有贵 . 2008. 农民专业合作社建设与管理［M］. 北京：中国农业出版社.
朱顺富 . 2014. 家庭农场创建与发展［M］. 北京：中国农业科学技术出版社 .

新型职业农民培育工程通用教材

现代农业产业化经营与管理

中国农业科学技术出版社
官方微信公众号平台

责任编辑 徐 毅
封面设计 孙宝林 高 鋆

ISBN 978-7-5116-3271-5

9 787511 632715 >

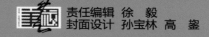

定价：52.00元

豫南夏花生
高产高效栽培技术

王家润 等　主编

中国农业科学技术出版社